高职高专机电类专业系列教材

检测技术及仪表
第 2 版

主　编　林锦实　宋艳丽
副主编　李忠明　祝洪宇
参　编　荆　珂　闫　兵　林春丽
主　审　李新光

机 械 工 业 出 版 社

本书共分7章，首先介绍了检测技术及测量仪表的一些基本概念、各种性能指标，测量误差的基本理论，测量准确度的评定与表示方法；然后按照测量参数的不同划分成5章，分别介绍了测量温度、压力、流量、物位和机械量的各种传感器和变送器的原理、结构和应用。最后一章介绍了过程分析仪器的原理及使用方法。

本书简化了公式推导，讲解深入浅出，图文并茂，简明实用，附有相关的思考题和习题，便于教学和自学，可作为高等职业技术教育工业过程自动化技术专业、电子测量技术与仪器专业、工业自动化仪表专业和机电一体化技术专业的教学用书，也可供大中专院校教师及相关技术人员参考。

扫描书中的二维码，可以查看相关动画资源，以便深入理解仪表的原理结构。本书有电子课件、思考题和习题答案、模拟试卷及答案等教学资源，凡选用本书作为授课教材的学校，均可通过电话（**010-88379564**）或**QQ（2314073523）**咨询，有任何技术问题也可通过以上方式联系。

图书在版编目（CIP）数据

检测技术及仪表/林锦实，宋艳丽主编．—2版．—北京：机械工业出版社，2016.7（2022.1重印）

高职高专机电类专业系列教材

ISBN 978-7-111-56609-0

Ⅰ.①检⋯ Ⅱ.①林⋯②宋⋯ Ⅲ.①自动检测–高等职业教育–教材 ②检测仪表–高等职业教育–教材 Ⅳ.①TP274 ②TP216

中国版本图书馆CIP数据核字（2017）第080488号

机械工业出版社（北京市百万庄大街22号　邮政编码100037）
策划编辑：曲世海　责任编辑：曲世海
责任校对：刘秀芝　封面设计：陈　沛
责任印制：常天培
固安县铭成印刷有限公司印刷
2022年1月第2版第6次印刷
184mm×260mm · 14.75印张 · 353千字
标准书号：ISBN 978-7-111-56609-0
定价：49.00元

电话服务　　　　　　　　网络服务
客服电话：010-88361066　机 工 官 网：www.cmpbook.com
　　　　　010-88379833　机 工 官 博：weibo.com/cmp1952
　　　　　010-68326294　金 书 网：www.golden-book.com
封底无防伪标均为盗版　机工教育服务网：www.cmpedu.com

前　言

《检测技术及仪表第 2 版》是高职高专机电类专业系列教材。根据高等职业技术教育培养目标的要求，本书力图使学生在学完本课程后能够系统地掌握现代检测技术的基本理论和应用，为将来从事科研和工业领域的技术工作奠定坚实的基础。

本书是由恒力石化（大连）有限公司的相关技术人员参与编写完成，企业提供了大量的工程案例。教材编写团队经验丰富，能够准确把握企业工作岗位的需求和高职院校教学的需求，理论联系实际，注重实际应用，具有较强的实用性和针对性。

本书根据该课程涉及的学科面广、实践性强、内容分散、缺乏系统性和连续性的特点，避免了繁琐的理论推导，深入浅出地分析了各种测量技术和仪表的原理和特点，注意同参数、不同测量仪表间的相互比较，增强了实际应用方面的知识。本书尽可能地反映了国内外检测技术领域的新成果、新进展，充分体现了高等职业技术教育培养应用型人才的宗旨，有利于培养学生分析问题、解决问题的能力。

本书共分 7 章，第 1 章主要介绍了测量的基本概念、测量仪表的性能指标、误差的分类方法和处理方法；第 2 章主要介绍了接触式、非接触式温度计和温度变送器的原理和使用方法；第 3 章介绍了压力和差压的测量方法和典型的差压变送器；第 4 章介绍了节流式流量计等 10 余种实用流量计的原理和使用方法，介绍了流量校验的方法；第 5 章介绍了物位的测量方法；第 6 章介绍了位移、转速、重量和厚度等机械量的测量方法；第 7 章介绍了常用的过程分析仪器的原理和使用方法。在附录中给出了标准化热电偶和热电阻的分度表。

本书采用双色印刷，突出重点，适合于自学和课程复习。书中还配套了丰富的动画、微课等数字化资源，资源丰富，制作精美，内容实用，扫描书中二维码可以在线观看，便于学习者理解复杂的结构和原理。

本书可作为高等职业技术教育工业过程自动化技术专业、电子测量技术与仪器专业、工业自动化仪表专业和机电一体化技术专业的教学用书，也可供大中专院校教师及相关技术人员参考。本书参考学时约为 78 学时，各校可根据各自的专业方向选讲有关的工程实例，以符合相应的学时。

全书由林锦实统稿。第 1 章由辽宁石化职业技术学院的李忠明编写；第 2 章、第 7 章和附录由辽宁机电职业技术学院的林锦实编写；第 3 章由辽宁机电职业技术学院的宋艳丽编写；第 4 章由辽宁石油化工大学职业技术学院的荆珂、闫兵编写；第 5 章的 5.1～5.5、5.7、5.8 节和第 6 章由辽宁科技大学高等职业技术学院的祝洪宇编写；第 5 章的 5.6 节由辽宁科技大学高等职业技术学院的林春丽编写。

本书由东北大学的李新光教授担任主审，对全书内容进行了认真、负责、全面的审阅，并提出了许多宝贵的修改意见，在此表示衷心的感谢。

由于检测技术发展较快，编者水平有限，书中难免有不妥或遗漏之处，恳请读者批评指正。

编　者

二维码索引

目　　录

第 1 章

测量技术及误差理论基础

【内容提要】

本章是全书的基础部分，首先分析了检测技术和测量仪表在人类认识自然、改造自然中的重要作用；然后介绍了测量的基本概念、仪表性能指标的计算方法和测量误差的基本理论，分析了测量误差的产生原因及处理方法；最后介绍了有关测量准确度的评定与表示方法。

1.1 概述

在工业生产过程中，为了保证产品的质量和生产安全，不断地提高劳动生产率，需要对生产过程中的各种参数进行有效的测量和调节。例如，在氨的合成过程中，为了使化学反应进行得充分而迅速，既要保证控制化学反应所需要的温度和压力，又要控制氢气和氮气的比例和流量；在冶金、钢铁和机械工业中则又需要对某些机械参数如重量、加速度、位移及厚度等进行测量和控制。配合这些工艺参数测量的仪表种类很多，其结构原理也不尽相同，然而从使用仪表进行测量的实质来看，却都有相同之处。要控制一个参数，就必须不断地、尽可能正确地收集反映这个参数特征的信息，并进行量化，这个收集信息并量化的过程就是测量。

1.1.1 测量的概念

所谓测量，就是借助专用的工具或装置，通过适当的实验方法或计算，收集被测对象信息的过程。测量的定义可分为狭义测量和广义测量两种。

1. 狭义测量

狭义测量就是指求出被测量是标准量多少倍的过程，这是古典测量的概念。

要知道一个参数的数量是多少，就要有标准量，即单位。单位必须是国家或国际上公认的。有了单位，就可以用专门的工具让被测量与同性质的标准量进行比较，求出被测量与标准量的比值（倍数），从而得出测量结果，可用下式表达：

$$K = \frac{X}{X_0} \tag{1-1}$$

式中，X 为被测量；X_0 为标准量，即单位；K 为比值（倍数）。

可见，被测量的数值就是比值乘以单位，即 $X = KX_0$。由于 X_0 往往取 1，所以比值 K 就代表了测量结果，但在比值后面要带上标准量 X_0 所选用的单位，即 $X = K$（单位）。例如在测量压力时，若标准量 X_0 所选用单位为 1Pa，则压力可表示为 $X = K$（Pa）。由此可见，比值 K 的大小与所选取的标准量的单位有关。对给定的被测量 X 而言，X_0 的单位越大，则 K 值越小；X_0 的单位越小，则 K 值越大。

由上可见，测量实际上是一个比较的过程。测量的结果应包含两部分：一部分是一个数值的符号（正或负）和大小；另一部分是测量单位。没有测量单位，测量结果是没有意义的。

2. 广义测量

所谓广义测量，就是对被测量检出、变换、分析、处理、判断、控制和显示等进行有机统一的综合过程，这是现代测量的概念和含义。也就是说，测量不仅仅是把被测量与标准量进行比较的过程，而是一个包括测量、变换、处理和控制等多功能的综合过程。

各种测量过程大体上都可以归纳为对比、示差、平衡和读数四个环节。以天平测量质量为例，在天平调整至零点之后，把被测量（物体质量）和标准量（砝码）分别放到天平两边的秤盘上对比；然后根据指针位置的变化值即示差，调整砝码的数值，使之平衡；最后，根据砝码的多少读出物体的质量，即读数。整个测量过程体现了上述四个环节。要改进测量工作，就应简化和完善这些环节。

1.1.2　测量方法

测量方法的选择和测量工具一样，是十分重要的。如果测量方法不当，那么即使有精密的测量仪器和设备，也不能得到理想的测量结果。测量方法各种各样，按取得测量结果的形式来分，有直接测量法、间接测量法和组合测量法。

1. 直接测量法

用测量精确程度较高的仪器测量被测量，直接得到测量结果的方法，称为直接测量法。比如，用椭圆齿轮流量计测量管道内流体的流量，用压力表测量某密闭容器的压力等，都能直接读出被测量的数值。

2. 间接测量法

利用被测量与某些物理量间的函数关系，先测出这些物理量（间接量），再得出被测量数值的方法，称为间接测量法。例如，利用物质的电阻率随温度变化的特征，通过测量电阻值而得到物体的温度。一般来说，间接测量法需要测量的量较多，因此测量和计算的工作量较大，引起误差的因素也较多。通常在采用直接测量很不方便或误差较大，或缺乏直接测量仪器时，才使用间接测量法。

3. 组合测量法

当被测量与多个量存在多元函数关系时，可以直接测量出这几个相关的量，然后解方程组求出被测量，此种测量方法称为组合测量法。组合测量法较为复杂，多用于高精度的测量，有些参数惟有此法方能测量。在计算机广泛使用的今天，组合测量法的应用日益普遍。

1.1.3 测量仪表的基本功能

测量仪表或工具是实现测量任务的物质手段。为了实现各种复杂的测量任务，测量仪表必须具备许多基本的功能。概括起来，测量仪表的基本功能有四种，即变换、选择、比较和显示功能。下面分别予以简单叙述。

1. 变换功能

在生产过程中，有些参数不便于直接测量。例如，温度是表征物体内部分子热运动平均动能的物理量，此量不易测量，只能借助其他物质的某一物理性质受热变化的特性来测量。有些参数虽然能直接测量，但是，测量结果往往不便于传输、处理和比较。这时，需要将被测量变换成便于传输的量，或者将被测量和标准量都变换成另一个便于比较和处理的量。这种利用物质的物理、化学性质，把被测量转变成便于测量、传输和处理的另一个物理量的过程，称为测量的变换。例如，炉温的测量，常常是利用热电偶的热电效应，把被测温度（热能）转换成热电动势（电能），再经毫伏检测仪表把热电动势转换成仪表指针的位移，然后与温度标尺相比较而显示出被测温度的数值；智能压力变送器把压力变换成电流信号，便于远距离传输、显示、调节和计算机控制。

总之，变换是测量仪表的主要功能之一。它可以使不能测量的参数实现测量，可以使同一参数的测量方法和途径更多，可以使测量结果的传输更方便、更迅速，也可以使测量精度大大提高。在传输信号统一化、规格化和计算机集中控制的今天，变换更必不可少。可以这么说，变换已经成了检测技术的基础和测量工作的核心。

根据材料的物理、化学性质对各种参数的敏感性，人们特意制成了一系列能够完成各种变换任务的元件，称为变换元件。使变换元件的功能更完善，使用起来更方便的组合装置称为传感器。

传感器或变换元件种类繁多，其变换的原理和类型也千差万别。但是，它们都是将被测量 x 变换成输出量 y，二者之间的函数关系 $y = f(x)$ 就称为变换函数。变换函数可能是线性的，也可能是非线性的。

另外，在变换过程中，往往要求信号足够大，以便于传输和满足其他功能的要求，这时就要对信号进行放大。放大也是变换，是一种特殊形式的变换，即同性质的量的变换。

2. 选择功能

测量仪表或变换元件的输出量 y 与输入量 x 往往不是单一的函数关系，即

$$y = f(x, u_1, u_2, u_3, \cdots, u_n) \tag{1-2}$$

式中，u_1，u_2，$\cdots$，u_n 是干扰变量或其他分量。

为了实现测量，在设计制造测量仪表或变换元件时，应使其具有选择的功能，即选择有用测量信号而抑制其他干扰信号的功能。以 DDZ - Ⅲ 型压力变送器为例，它是利用弹性元件受压变形产生位移，再将位移转变成电流信号的。但是，输出电流信号 I 与输入压力信号 p

不是单值函数关系，它受弹性元件的材质、几何尺寸和刚度的影响，受电源电压、频率波动的影响，受输出负载阻抗的影响，受环境温度、湿度及外磁场的影响等。因此，在设计、制造变送器时，除了对弹性元件进行合理设计，并进行稳定性工艺处理之外，还要根据力平衡原理，进行深度负反馈，在电路上进行温度补偿等，使变送器排除其他因素的干扰，具有只对被测压力敏感的选择功能。

3. 比较功能

在前面的测量方法中已经讲到，为了提高测量精度，大多数测量仪表都采取将被测量与标准量进行比较的方法，即测量仪表的比较功能。这里，标准量应保持稳定和准确。

4. 显示功能

测量的最终目的是获取测量结果。测量仪表将测量结果指示或记录下来的功能，称为显示功能。根据实际生产的需要，对测量结果的显示有瞬时值的显示，有时间历程的显示，也有累计值的显示。有的测量仪表能同时显示、记录若干个参数的测量值，有的测量仪表还能对许多参数进行巡回显示、记录。

测量仪表的显示形式可分为模拟式、数字式和图像式三种。各种指针式仪表的角位移、线位移属于模拟式显示；数码显示器的数字、数码显示或打印属于数字式显示；图像式屏幕显示还能显示曲线、表格、图像背景及被测量的动态变换过程。

测量仪表能否很好地实现它的基本功能，取决于仪表的一系列基本性能指标，如精确度、稳定性、抗干扰能力以及使用寿命等。这些指标是通过对仪表的精心设计和制造来实现的。

1.1.4 测量仪表的基本性能指标

测量仪表所要测量的信号可能是恒定量或缓慢变化的量，也可能是随时间变化较快的量。无论哪种情况，使用测量仪表的目的都是使其输出信号能够准确地反映被测量的数值或变化情况。对测量仪表的输出量与输入量之间对应关系的描述就称为测量仪表的特性。理想的测量仪表特性在实际中是不存在的，人们所能做的就是使实际的特性尽量接近理想的特性，而这种接近的程度，通常用一些性能指标来加以衡量。

评价测量仪表性能的品质指标是多方面的，有静态的，也有动态的，有可靠性方面的，也有经济性方面的。在这里，主要针对评价测量能力的品质指标予以介绍。

1. 静态特性指标

所谓静态，是指被测参数不随时间变化，或随时间变化非常缓慢的状态。仪表的静态特性指标主要体现其静态特性曲线。在被测参数处于稳定状态下，测量仪表的输出量 y 与输入量 x 的关系，称为仪表的静态特性。它可以用一个多项式表示，即

$$y = f(x) = a_0 + a_1 x + a_2 x^2 + \cdots + a_n x^n \quad (1\text{-}3)$$

式中，a_0、a_1、a_2、$\cdots$、a_n 为常数。

静态特性如图 1-1 中的曲线 1 所示。当 $a_0 = a_2 = a_3 = \cdots = a_n = 0$ 时，$y = f(x)$ 呈现为过坐标原点的直线，如图 1-1 中的直线 2 所示，此时仪表的输出量与输入量呈理想线性关系。

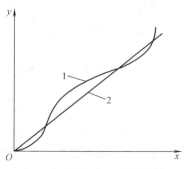

图 1-1 测量仪表的静态特性

（1）非线性度 为了表征测量仪表的实际特性曲线与理想线性曲线的吻合程度，引入了非线性度的概念。

任何测量仪表都是有一定的测量范围。仪表的最大输入信号（上限）$x_\text{上}$ 与仪表的最小输入信号（下限）$x_\text{下}$ 之差，称为仪表的测量量程。与输入极值信号相对应的仪表的最大输出信号 $y_\text{上}$ 与最小输出信号 $y_\text{下}$ 之差，称为仪表的输出量程，简称量程。在静态特性坐标图上，将两个极值坐标点用直线连接起来，此直线就称为仪表的端基直线，如图 1-2 所示。

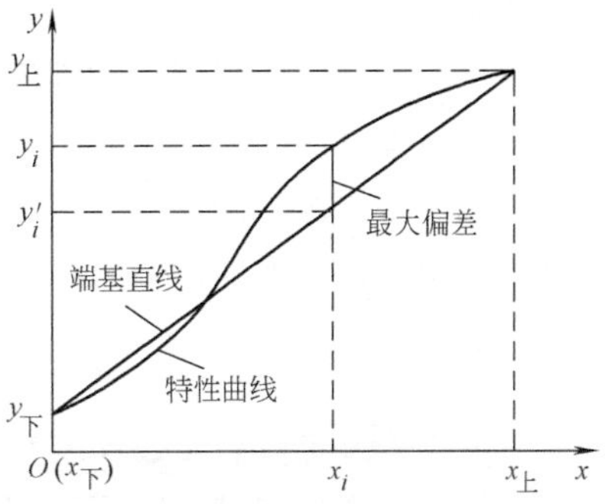

所谓非线性度，是指测量仪表的特性曲线与端基直线最大输出偏差值的绝对值与量程的比值百分数，即

$$E_\text{e}=\frac{|y_i-y_i'|_\text{max}}{y_\text{上}-y_\text{下}}\times100\%\qquad(1\text{-}4)$$

图 1-2 测量仪表的非线性度

式中，y_i 为偏差最大处仪表的输出值；y_i' 为端基直线上与 y_i 有相同输入信号 x_i 时所对应的坐标值。

（2）灵敏度 在稳定状态下，测量仪表的输出增量对输入增量的比值，称为仪表的灵敏度。它就是仪表静态特性曲线上相应点的斜率，即

$$S=\frac{\Delta y}{\Delta x}=\frac{\mathrm{d}y}{\mathrm{d}x}\qquad(1\text{-}5)$$

如果特性曲线为直线，则各点斜率相等，S 为常数，此仪表为等灵敏度仪表，如图 1-3a 所示。如果特性曲线不是直线，则量程内各点斜率不相等，仪表在量程内的不同输入值时，有不同的灵敏度，如图 1-3b 所示。由于仪表的输入量与输出量有各种单位，故灵敏度的单位为复合单位，如 mA/Pa、mV/℃ 等。由灵敏度定义表达式(1-5)可知，灵敏度实质上等同于仪表的放大倍数。只是由于 x 和 y 都有具体的量纲，所以灵敏度也有量纲，且由 y 和 x 确定，而放大倍数没有量纲，所以灵敏度的含义比放大倍数要广泛得多。

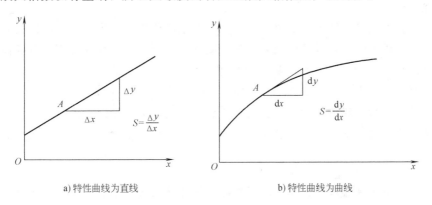

a)特性曲线为直线　　　　　　　　　b)特性曲线为曲线

图 1-3 测量仪表的灵敏度

容易与仪表灵敏度混淆的是仪表分辨力。它是仪表输出能响应和分辨的最小输入量，又称仪表灵敏限。

5

分辨力是灵敏度的一种反映，一般说仪表的灵敏度高，则其分辨力同样也高，因此实际中主要希望提高仪表的灵敏度，从而保证其足够高的分辨力。

在由多个仪表组成的测量或控制系统中，灵敏度具有可传递性。例如首尾串联的仪表系统（即前一个仪表的输出是后一个仪表的输入），其总灵敏度是各仪表灵敏度的乘积。

（3）变差　校验仪表的线性度时，常在测量范围内给仪表以等分点的输入信号，观察其输出信号与理论值的差值大小。测量仪表的输出量随着输入量的增加而增加的过程称为仪表的升行程，反之称为降行程。所谓变差，是指测量仪表在同一输入量下，其升行程与降行程输出量的最大差值。变差通常也表示成相对百分数的形式，即

$$\delta_b = \frac{|y_i - y'_i|_{\max}}{y_{上} - y_{下}} \times 100\%$$ (1-6)

式中，y_i、y'_i 为变差最大处仪表升行程与降行程在同一输入量 x_i 下的输出值。

变差表征了仪表升、降行程特性曲线的差异程度，是测量仪表的重要性能指标。变差产生的原因主要是由于传动机构的间隙、摩擦或者仪表元器件吸收、释放能量所造成的。例如运动件的惯性、磁性元件的磁滞性、电容的充放电等。仪表升、降行程特性曲线不重合所形成的闭合曲线，称为滞环，如图 1-4 所示。

（4）基本误差和精度　在测量仪表量程范围内，输出量和理论值的最大偏差值与量程比值的百分数，称为仪表的基本误差，即

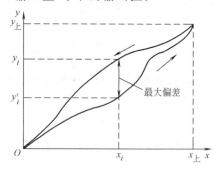

图 1-4　检测仪表的变差

$$\delta = \frac{\Delta y_{\max}}{y_{上} - y_{下}} \times 100\%$$ (1-7)

式中，$\Delta y_{\max}$ 为仪表输出示值与理论值偏差中最大的一个。

因偏差有正负，故 δ 值有正负之别。为了表征仪表的性能优劣，各种仪表都规定其基本误差的允许范围。

仪表的精确度简称精度，是描述仪表测量结果准确程度的指标。工业仪表的精确度常用仪表的精度等级来表示，是按照仪表的精确度高低划分的一系列标称值。对各种测量仪器仪表，国家都统一规定了精度等级系列标准，常用的有 0.1、0.2、0.5、1.0、1.5、2.5、4.0、5.0 等档次。例如 0.5 级的检测仪表，即表示其允许基本误差是 $-0.5\% \leqslant \delta_允 \leqslant 0.5\%$，也就是说，在精度等级值前加上正、负号，后面加%即为其允许误差范围。仪表精度等级值越小，精确度越高，就意味着仪表既精密又准确。仪表的精度等级在仪表面板上的表示符号通常为：⑴.5、△1.0 等。

一种仪表的精度等级是根据生产实际的需要和该仪表的制造技术水平来决定的，关于精度的计算在 1.2.2 节中介绍。

2. 动态特性指标

在实际测量中，大量的被测量是随时间变化的动态信号，这就要求仪表的输出不仅能精确地反映被测量的大小，还要正确地再现被测量随时间变化的规律。

仪表的动态特性是指仪表的输出对随时间变化的输入量的响应特性，反映了输出值真实再现变化着的输入量的能力。一个动态特性好的仪表，其输出将再现输入量的变化规律，即具有相同的时间函数。实际上除了具有理想的比例特性的环节外，由于仪表固有因素的影响，输出信号将不会与输入信号具有相同的时间函数，这种输出与输入之间的差异就是所谓的动态误差。研究仪表的动态特性主要是从测量误差角度分析产生动态误差的原因及改善措施。

由于绝大多数仪表都可以简化为一阶或二阶系统，所以研究测量仪表的动态特性可以从时域和频域两个方面，采用瞬态响应法和频率响应法分析。

（1）瞬态响应特性　在时域内研究测量仪表的动态特性时，常用的激励信号有阶跃函数、脉冲函数和斜坡函数等，仪表对所加激励信号的响应称为瞬态响应。一般认为，阶跃输入对于一个仪表来说是最严峻的工作状态。如果在阶跃函数的作用下，仪表能满足动态性能指标，那么在其他函数作用下，其动态性能指标也必定会令人满意。在理想情况下，阶跃输入信号在仪表特性曲线的线性范围内。下面以仪表的单位阶跃响应评价仪表的动态性能。

1）一阶仪表的单位阶跃响应。设 $x(t)$ 和 $y(t)$ 分别为仪表的输入量和输出量，均是时间的函数，则一阶仪表的传递函数为

$$H(s) = \frac{Y(s)}{X(s)} = \frac{k}{\tau \cdot s + 1} \tag{1-8}$$

式中，τ 为时间常数；k 为静态灵敏度。

由图 1-5 所示的一阶仪表响应曲线可知，仪表存在惯性，输出的初始上升斜率为 $1/\tau$，若仪表保持初始响应速度不变，则在 τ 时刻输出将达到稳态值。但实际的响应速率随时间的增加而减慢。理论上仪表的响应在 t 趋于无穷时才达到稳态值，但实际上当 $t = 4\tau$ 时，其输出已达到稳态值的 98.2%，可以认为已达到稳态。τ 越小，响应曲线越接近于输入的阶跃曲线，因此一阶仪表的时间常数 τ 越小越好。不带保护套管的热电偶是典型的一阶仪表。

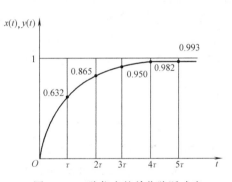

图 1-5　一阶仪表的单位阶跃响应

2）二阶仪表的单位阶跃响应。二阶仪表的传递函数为

$$H(s) = \frac{Y(s)}{X(s)} = \frac{\omega_n^2}{s^2 + 2\xi\omega_n s + \omega_n^2} \tag{1-9}$$

式中，ω_n 为仪表的固有频率；ξ 为仪表的阻尼比。

在单位阶跃信号作用下，二阶仪表阶跃响应曲线如图 1-6 所示。为了表征仪表的动态特性，引入以下性能指标：

① 上升时间 t_r：输出由稳态值的 10% 变化到稳态值的 90% 所需的时间。

② 响应时间 t_s：系统从阶跃输入开始到输出值进入所规定的允许误差范围内所需的时间。

③ 峰值时间 t_p：系统从阶跃输入开始到输出值达到第一个峰值所需的时间。

④ 超调量 σ：仪表输出超过稳态值的最大值 ΔA，常用相对于稳态值的百分比 σ 表示，

7

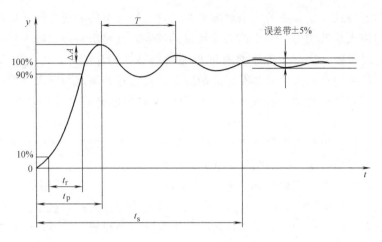

图 1-6　二阶仪表阶跃响应曲线

即 $\sigma = \dfrac{\Delta A}{y_\infty} \times 100\%$（式中，$y_\infty$ 为输出稳态值）。

（2）频率响应特性　仪表对一定频率和幅值的正弦输入信号的响应特性，称为频率响应特性。如果仪表的频率响应性能不好，会使仪表输出值的动态误差加大，甚至引起共振，使仪表不能正常工作。输出量的动态误差和相位移与仪表系统的阻尼有关，阻尼越大，动态误差和相位移越小，但是仪表的灵敏度也变小了。频率响应与系统的固有频率有关，如果仪表系统的固有频率 f_0 较大，则保持一定误差下的工作频率范围也就越宽。把输出动态误差值不超过运行误差范围的输入信号的频率上限 f_m 称为极限频率，显然，f_0 越大，f_m 也就越大，仪表的抗干扰能力也就越强。

3. 可靠性指标

仪表的可靠性是指仪表在规定的条件下和规定的时间内，实现规定功能的能力。它是仪表和各种产品的重要性能指标之一。任何产品要想发挥其作用，首先要求它能可靠地工作。但是，产品在使用过程中难免会发生各种功能失效的现象，特别是随着使用时间的延长，零部件乃至整个产品都要失效老化。永远保持完好的产品是没有的，如何延长仪表的使用寿命，使仪表在规定的运行期内减少失效发生的次数，花较少的费用取得较大的效益，这就是研究可靠性问题的目的。

仪表的可靠性取决于仪表设计上的先进合理和制造上的工艺精湛。要获得仪表整机的可靠，组成仪表的所有零部件也必须稳定可靠。另外，仪表的工作环境（如温度、湿度、腐蚀性、电源波动、外磁场及振动情况等）、仪表的负荷情况等也直接影响着仪表的可靠程度和使用寿命。对于可恢复性仪表，维修条件也直接影响着仪表的寿命。因此，可靠性是一门新兴的综合性技术。它既有设计制造问题，也有使用、维修问题；既有技术问题，也有管理问题；既要考虑性能，又要考虑成本、需求等。

仪表的可靠性指标主要有三项：可靠度、失效率和平均无故障工作时间（MTBF），下面分别予以简单介绍。

（1）可靠度 $R(t)$　产品在规定的条件下和规定的时间内，完成规定功能的概率，称为产品的可靠度。

设有 N 台仪表，在规定的条件下运行时间 t，有 $N_S(t)$ 台仪表失效，有 $N_w(t)=N-N_S(t)$ 台仪表完好，则失效仪表所占概率为

$$Q(t)=\frac{N_S(t)}{N}$$

而完好仪表所占概率为

$$R(t)=\frac{N_w(t)}{N}=1-Q(t) \tag{1-10}$$

这里，$R(t)$ 就称为这批仪表运行到 t 时间的可靠度。显然，$R(t)$ 和 $Q(t)$ 均是时间的函数。例如，有一批仪表 $R(t)=R(1000)=0.8$，就表明这批仪表工作 1000h 后，每 100 台仪表只有 80 台在可靠地工作着，即每台仪表的可靠度为 80%。

(2) 失效率 $\lambda(t)$ 一批仪表在规定的条件下工作到 t 时刻，在尚未失效的仪表中，单位时间内发生失效的概率，称为仪表在该时刻的失效率。对于可修复性产品，又称为故障率。

失效率 $\lambda(t)$ 是时间的函数。一般产品分为三个失效阶段：早期失效、偶然失效和耗损失效。

如图 1-7 所示，在产品运行的初期，由于制造、安装和运输上的缺陷，故障较多，这可以通过零件老化和试运行，减少其影响。产品工作到晚期，失效率迅速增大，这主要是由于产品零部件的老化失效、疲劳和磨损等原因造成的，应该更换仪表元器件乃至报废整个产品。偶然失效阶段是仪表的主要工作阶段。此阶段仪表运行稳定，虽然各种偶然的因素也会造成仪表出现故障，但失效率较低，且几乎是个常数，即 $\lambda(t)=\lambda$，此时

$$R(t)=e^{-\lambda t} \tag{1-11}$$

这就是说，可靠度是按指数分布的，λ 的单位是 h^{-1}。

产品或元器件的失效率，反映出一个国家或一个企业的产品质量和制造水平。随着材料性能和工艺水平的提高，产品或元器件的 λ 值将不断减小。

(3) 平均无故障工作时间（MTBF） 对于不可修复产品，即一次性产品，从使用起到发生失效前的一段时间，称为产品的寿命。对于可修复产品，相邻两次故障间的时间，称为产品的无故障工作时间。一批同类产品的寿命或无故障工作时间的平均值，称为该批产品的平均无故障工作时间，即 MTBF。MTBF 是 λ 的倒数，即

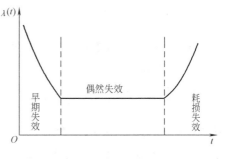

图 1-7　$\lambda(t)$-t 曲线

$$\text{MTBF}=\frac{1}{\lambda} \tag{1-12}$$

例如，若压力计的 $\lambda=1.3\times10^{-5}\,h^{-1}$，则 $\text{MTBF}=\frac{1}{\lambda}=77000h$。若某二极管的 $\lambda=10^{-8}\,h^{-1}$，则其 $\text{MTBF}=10^8 h$。若电视机显像管的 $\lambda=2.0\times10^{-4}\,h^{-1}$，则其 MTBF（寿命）$=5000h$。

1.2　测量误差

在测量中，测量结果往往与被测量的真实值（简称真值）不相等，二者的差值称为测量误差。

1.2.1　误差存在的绝对性

测量的最终目的就是求得被测量的真实值。但是，测量的过程始终是多因素共同存在和影响的过程。被测对象、测量工具、测量环境以及测量者本身，每时每刻无不受到各种因素的干扰，这些影响造成测量值和真实值之间总是存在一定的差别。就是说，测量误差的存在是绝对的，真值是永远测量不到的。人们只能通过各种努力，减小测量误差，力求使测量结果逼近真值。在检定和计量仪表时，常把某些计量设备的示值称为标准值。实际上，这些标准值也是有误差的，只是其误差相对来说小些而已。

对于测量工作来说，人们总是希望测量得精确些，误差更小些。但是，从测量工作的经济效益和整体而言，并非要求所有的测量值都必须非常精确，误差都很小，那样会耗费大量的资金和时间。对于一定的测量任务，只要求测量结果达到规定的精度，满足实际需要就行了。

测量技术是随着科学技术的进步和生产的发展而发展的。为了满足对生产流程日益严格的控制和对各种参数精确测量的要求，许多新发明、新技术、新材料和新工艺无不首先应用到测量领域，使得测量理论、测量工具和测量方法不断得到改进，测量的精确程度也在不断地提高。

1.2.2　误差的表示形式

误差的表示形式有许多种，常见的有三种：

1. 绝对误差

测量值与真实值的差值，称为绝对误差，即

$$\Delta x = x - x_0 \tag{1-13}$$

式中，x_0 为真值；x 为测量值。

当测量值大于真值时，误差 Δx 为正，反之为负。绝对误差的单位与被测量相同。

很显然，绝对误差能够直观地反映出测量结果的正确程度，在金融和商业上使用较普遍，但是在工程上，使用较多的往往是相对误差。

2. 相对误差

测量结果的绝对误差与真值的比值百分数称为相对误差，即

$$\delta = \frac{x - x_0}{x_0} \times 100\% = \frac{\Delta x}{x_0} \times 100\% \tag{1-14}$$

相对误差无量纲，但有正负之分。与绝对误差的表示形式相比，相对误差能够反映出测量工作的水平。例如，在长度测量中，若测得上海到郑州的距离为1001km，比实际距离多1km，相对误差为0.1%；若用米尺量布匹100m，误差为1m，尽管绝对误差比前者小得多，但相对误差却达到1%。显然，后者测量水平不如前者。

在检测技术中，被测量的值可能在仪表量程的不同处。这时，如果仍用上述相对误差定义就会失去其意义。因为真值不同，尽管绝对误差相等，也会得到不同的相对误差值。所以，测量仪表往往使用另一种形式的相对误差，即引用误差。

3. 引用误差

所谓引用误差，就是测量仪表在量程范围内某点示值的绝对误差与其量程的比值百分数，即

$$\delta = \frac{\Delta x}{x_{\max} - x_{\min}} \times 100\% = \frac{\Delta x}{M} \times 100\% \tag{1-15}$$

式中，Δx 为示值的绝对误差；$M = x_{\max} - x_{\min}$ 为仪表的量程。

由于引用误差是以量程作为相对比较量的，所以，引用误差又称为归算误差或满刻度相对误差。引用误差的最大值，就是仪表的基本误差。可以用最大引用误差表示仪表的精度等级。

例如精度为 1.5 级的仪表，其最大允许误差的引用误差形式为 $\delta_{表允} = \pm 1.5\%$，如果该仪表的量程为 4MPa，则仪表允许的绝对误差形式为

$$\Delta_{表允} = \delta_{表允} \times M = \pm 1.5\% \times 4\text{MPa} = \pm 0.06\text{MPa}$$

一般来说，一台合格仪表至少要满足：

$$|\delta_{引|\max}| \leqslant |\delta_{表允}| \leqslant |\delta_{工允}|$$

$$或 \quad |\Delta_{\max}| \leqslant |\Delta_{表允}| \leqslant |\Delta_{工允}| \tag{1-16}$$

式中，$\delta_{引|\max}$、$\Delta_{\max}$ 为仪表在测量范围内的最大引用误差和可能产生的最大绝对误差；$\delta_{表允}$、$\Delta_{表允}$ 为表的允许相对误差和绝对误差；$\delta_{工允}$、$\Delta_{工允}$ 为工艺允许的相对误差和绝对误差。

下面通过例题来说明确定仪表精度和选择仪表精度的方法。

例 1-1 某台温度检测仪表的测温范围为 100～600℃，校验该表时得到的最大绝对误差为 3℃，试确定该仪表的精度等级。

解：由式（1-15）可知，该测温仪表的最大引用误差为

$$\delta_{引|\max} = \frac{\Delta_{\max}}{M} \times 100\% = \frac{3}{600 - 100} \times 100\% = 0.6\%$$

去掉%后，该表的精度值为 0.6，介于国家规定的精度等级中 0.5 和 1.0 之间，而 0.5 级表和 1.0 级表的允许误差 $\delta_{表允}$ 分别为 $\pm 0.5\%$ 和 $\pm 1.0\%$。按式（1-16），这台测温仪表的精度等级只能定为 1.0 级。

例 1-2 现需选择一台测温范围为 0～500℃ 的测温仪表。根据工艺要求，温度指示值的误差不允许超过 ± 4℃，试问：应选哪一级精度等级的仪表？

解：工艺允许相对误差为

$$\delta_{工允} = \frac{\Delta_{工允}}{M} \times 100\% = \frac{\pm 4}{500 - 0} \times 100\% = \pm 0.8\%$$

去掉±和%后，该表的精度值为 0.8，也是介于 0.5～1.0 之间，而 0.5 级表和 1.0 级表的允许误差 $\delta_{表允}$ 分别为 $\pm 0.5\%$ 和 $\pm 1.0\%$。按式（1-16），应选择 0.5 级的仪表才能满足工艺上的要求。

从以上两个例子可以看出，根据仪表校验数据来确定仪表精度等级时，仪表的精度等级应向低靠；根据工艺要求来选择仪表精度等级时，仪表精度等级应向高靠。

1.2.3 误差的分类

在测量过程中，由于被测量千差万别，产生误差的原因也不相同，所以，误差的种类也很多。若按照误差产生的原因及其性质来分，误差分为系统误差、随机误差、疏忽误差和缓变误差等。

1. 系统误差

测量过程中，在重复测量同一个参数时，常出现大小和方向保持固定，或按一定规律变化的误差，这种误差称为系统误差。系统误差的产生，主要是由于测量系统本身有缺陷，或者是测量理论、测量方法不完善，或者环境条件的重大影响等。系统误差一般较容易被发现和掌握。对于固定不变的系统误差，只要在测量结果中用一修正值便可消除。

有的系统误差，由于数值很小，人们往往只知道其范围，而不知其具体数值，这个系统误差的范围，就称为系统不确定度或系统误差限。

2. 随机误差

在相同条件下多次测量同一参数时，常出现各次测量结果都不相同，各次测量误差的大小和方向没有规律性。但是，若对这些误差进行大量统计，则其出现是符合统计规律的。这种出现的几率符合统计规律的误差，称为随机误差。

随机误差是由各种微小的偶然因素造成的。这些不可控制的偶然因素，尽管其中的一个对测量结果的影响是微小的，但是，大量的偶然因素综合作用，会造成测量结果的较大差异。

对于随机误差，不能像对待系统误差那样，用固定的修正值进行消除。只能利用统计学原理，研究误差出现的规律，将其中误差值较大的测量值予以剔除。

大量实验表明，测量过程中出现的随机误差一般符合正态分布（见图1-8），即具有如下特点：

1）对称性。绝对值相等的正负误差出现的概率相同。

2）单峰性。绝对值大的误差出现的概率小，绝对值小的误差出现的概率大，而零误差出现的概率最大。

3）有界性。绝对值很大的误差出现的概率几乎为零。

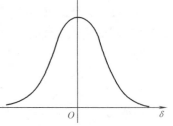

图1-8 随机误差的正态分布曲线

4）抵偿性。在同一条件下，测量次数趋于无穷多时，全部误差的代数和趋于零。

3. 疏忽误差

由于操作者的粗心大意或失误造成的测量误差，称为疏忽误差，也称为疏失误差或粗差。操作者不正确地使用测量设备，读错、记录错或计算错误，都会使测量结果失实。疏忽误差的出现是不允许的，其测量结果显然不符合事实，是坏值，是无效的。一旦发现，必须剔除。消除疏忽误差的办法是加强对操作者的思想教育和技术培训，提高其责任心和操作水平。

4. 缓变误差

误差的数值随着时间而缓慢变化的误差，称为缓变误差。缓变误差主要是仪器零部件的逐渐老化、失效、变形和磨损等原因造成的。这种误差在短时间内不易被察觉，经过一段较长的时间，误差逐渐显著。缓变误差是不可避免的，但在制造仪表的过程中加强工艺处理，可以延缓此过程的出现。在仪表的使用过程中，要经常定期地进行计量和校正，克服此误差造成的影响。

上面叙述的误差分类是按照误差的产生原因及性质来划分的。若按测量技能和手段分类，可以分为工具误差和方法误差。前者是由于测量工具的不完善、不精确所造成，后者是测量理论和方法的缺陷所造成。若按被测量的时态性来分，误差又可分为静态误差和动态误差。前者是指被测量不随时间变化的测量误差，而后者是指被测量随时间而变化的过程中所产生的测量误差，它多数是由于测量仪器的滞后性使测量信号受到仪表系统的阻碍、衰减或延迟而造成的。若按照测量仪表的使用条件来分类，又可将误差分为基本误差和附加误差。前者是指仪表在标准使用条件下所产生的误差，后者是指测量仪表偏离标准使用条件时所造成的额外测量误差。附加误差的允许值都有规定的计算公式来确定。一般地，仪表偏离标准使用条件程度越远，附加误差允许值也越大。

1.2.4 仪表的准确度

在测量工作中，为了笼统地表示测量结果的好坏和测量水平的高低，人们常常使用正确度、精密度和准确度等概念。为了定性地说明这些概念，撇开疏忽误差，并且忽略缓变误差，只研究系统误差和随机误差对这几个概念影响。

1. 正确度

测量结果与真值的接近程度，称为测量的正确度。如果一个被测量的真值为 x_0，则测量值 x 越接近 x_0，测量的正确度就越高。如果对该被测量连续测量，测得值为 x_1，x_2，…，x_n，则测量的正确度就是该组数据的平均值 $\bar{x}$ 与 x_0 的接近程度。显然，测量值的绝对误差 $x-x_0$ 或 $\bar{x}-x_0$ 能表示测量的正确度。图 1-9 用平面坐标形象地表示了两组测量数据的正确度，图 1-9a 的正确度显然高于图 1-9b。

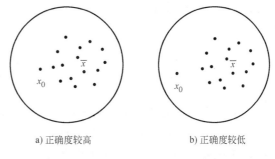

a) 正确度较高　　　　b) 正确度较低

图 1-9　测量结果的正确度示意图

系统误差直接影响测量值与真值的差值，它是表征测量结果正确度的误差。

2. 精密度

相同条件下，多次测量值的离散程度，称为测量结果的精密度。对于一组测量数据，如果各个测量值 x_1，x_2，…，x_n 与其平均值 $\bar{x}$ 都相差甚小，则说明此测量结果精密度较高。图1-10形象地表示了两次测量结果的精密度，显然，图 1-10a 的测量精密度高于图 1-10b。

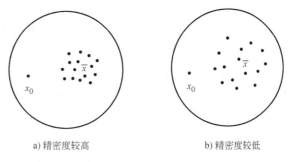

a) 精密度较高　　　　b) 精密度较低

图 1-10　测量结果的精密度示意图

随机误差的大小和方向没有规律，其分布状况反映了重复测量值的离散程度，因此，一般用随机误差来表征测量结果的精密度。

3. 准确度

由以上叙述可见，正确度和精密度是两个不同的概念。精密度高的测量，其测量结果的正确度不一定很高。例如，对一个真值为127℃的温度场，多次测量的数据是：129.8℃、130.2℃、129.7℃、129.9℃、130.1℃。可以看出，这组测量数据的离散程度较小，最大值与最小值只相差0.5℃，与平均值离散最大的数据才差0.26℃。但是，这组测量结果与真值偏差较大，最大偏差3.2℃，最小偏差也达2.7℃，即正确度较低。同样，测量正确度高的数据，其测量精密度不一定也高，尤其是用平均值来表示测量结果的正确度时，更是如此。

为了同时表示测量结果的正确度和精密度，引入了另一个概念——准确度。所谓准确度，就是同时表征测量结果与真值的接近程度和多次测量值的离散程度的物理量，又称精确

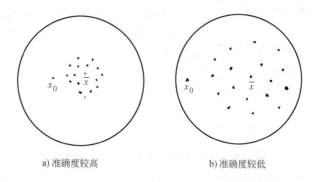

a) 准确度较高　　　　b) 准确度较低

图1-11　测量结果的准确度示意图

度。它是反映系统误差和随机误差合成情况的一个物理量。图1-11a所示的一组测量值，其平均值$\bar{x}$与真值x_0较接近，离散程度也较小，故其测量结果的准确度高于图1-11b所示的一组测量值。

本 章 小 结

测量技术及误差理论是检测技术的基础，本章概括地介绍了测量的基本概念、测量仪表的基本性能指标和测量误差处理等知识。

测量是指利用各种物理和化学效应，将物质世界的有关信息赋予定性或定量结果的过程。测量的方法可分为直接测量和间接测量。测量的基本功能分变换、选择、比较和显示。

仪表的基本性能指标中介绍了静态性能指标和动态性能指标。静态性能指标中介绍了非线性度、灵敏度、变差、基本误差和精度等级的含义和计算方法；动态性能指标中介绍了阶跃响应特性和频率响应特性的分析方法。

在测量过程中，由于测量方法、测量仪表、测量环境以及测量者等方面的原因，使得测量不可避免地出现误差，这就是误差存在的绝对性。误差的大小反映了测量结果的准确程度。

误差有多种分类方法：①从比较对象上看，分为绝对误差、相对误差和引用误差；②从特性来说，可分为系统误差、随机误差、疏忽误差和缓变误差。

仪表的精确度是仪表测量的精密度和准确度，它反映了系统误差与偶然误差合成大小的程度。它由最大的引用误差来计算，并根据国家标准确定出相应的等级。

思考题和习题

1. 试判断下列说法是否正确。

(1) 测量某压力时，用精度等级为 0.5 级的压力表一定比用 1.0 级的压力表测量得更准确。

(2) 引用误差的最大值即基本误差。

(3) 选择仪表的原则是灵敏度越高、精度越高越好。

(4) 变差表示升、降行程测量的不重合程度。

2. 将下列答案中的正确选项填入括号中。

(1) 某压力仪表引用误差均控制在 0.6%～0.8%，该压力表的精度等级应定为 （　　） 级。

A. 0.2　　　　　B. 0.5　　　　　C. 1.0　　　　　D. 1.5

(2) 要购买压力表，希望压力表的基本误差小于 0.9%，应购买 （　　） 级的压力表。

A. 0.2　　　　　B. 0.5　　　　　C. 1.0　　　　　D. 1.5

(3) 用某电子秤称得的重量总是比实际重量低 1kg，该误差属于 （　　）。

A. 系统误差　　　B. 疏忽误差　　　C. 随机误差　　　　D. 缓变误差

(4) 用某电流表进行测量时发现，测量同一标准电流所得结果随时间变化而变化，该误差属于 （　　）。

A. 系统误差　　　B. 疏忽误差　　　C. 随机误差　　　　D. 缓变误差

(5) 仪表出厂前，需进行老化处理，其目的是为了 （　　）。

A. 提高精度　　　B. 加速其衰老　　　C. 测试其各项性能指标　D. 提高可靠性

(6) 有一温度计，它的温度测量范围为 50～250℃，精度为 0.5 级，则该表可能出现的最大绝对误差为 （　　）。

A. 1℃　　　　　B. 0.5℃　　　　　C. 10℃　　　　　D. 200℃

(7) 欲测 240V 左右的电压，要求测量值相对误差的绝对值不大于 0.6%，问：①若选用量程为 250V 电压表，其精度应选 （　　） 级。②若选用量程为 300V 的电压表，其精度应选 （　　） 级，③若选用量程为 500V 的电压表，其精度应选 （　　） 级。

A. 0.25　　　　　B. 0.5　　　　　C. 0.2　　　　　D. 1.0

3. 有一台测量压力的仪表，压力测量范围为 0～10kPa，输入—输出特性曲线如图 1-12 所示，请用作图法求该仪表在 2kPa 和 8kPa 时的灵敏度 K_1、K_2，并求该仪表的非线性度。

4. 什么是测量仪表的动态响应？画出一、二阶微分系统的仪表在阶跃信号下的动态响应曲线，并标出动态特性指标。

5. 一个温度测量范围为 -100～400℃、0.5 级精度的温度计，其允许的绝对误差和基本误差各是多少？

6. 基本误差和引用误差的区别和联系是什么？

7. 一台精度为 0.5 级的温度显示仪表，下限刻度为负值，为全量程的 25%，该仪表在全量程内的最大允许绝对误差为 1℃，求该仪表的上、下限及量程各为多少？

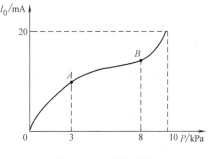

图 1-12　习题 3 图

8. 欲测某压力，其值在 2000Pa 附近波动，现有 A、B 两压力表：A 表精度为 0.5 级，压力测量范围为 0～10000Pa；B 表精度为 1.0 级，压力测量范围为 0～3000Pa，问选择哪一块压力表测量更准确？为什么？

第 **2** 章

温度的测量

【内容提要】

温度是一个重要的物理参数，许多物理、化学过程都要求在一定的温度条件下才能正常进行。在某些生产流程中，温度的测量点甚至会占全部测量点的50%，对生产过程的自动控制有着十分重要的意义。本章首先介绍了温度和温标的概念，然后按照测量方法的分类，分别介绍了各种测温方法和仪表。接触式测温中，介绍了膨胀式液体温度计和固体温度计、压力式温度计、热电偶温度计和热电阻温度计；非接触式测温中，介绍了光学高温计、光电高温计、辐射高温计和比色高温计；在测温新技术方面简要介绍了集成温度传感器和光纤温度传感器；最后概述了仪表系列温度变送器和一体化温度变送器。

2.1 概述

2.1.1 温度和温标

1. 温度的基本概念

温度是表征物体冷热程度的物理量。从微观上来说，物体温度的高低标志着组成物体的大量分子无规则运动的剧烈程度，即对其分子平均动能大小的一种度量。显然，物体的物理、化学特性与温度密切相关。

温度概念的建立以及温度的测量都是以热平衡为基础的。当两个冷热不同的物体接触后就会产生导热换热，即热量从高温物体向低温物体传递，直到两物体温度相等，即达到热平衡为止，这就是温度最基本的性质。

2. 温度的测量

温度是最难于准确测量的一个基本物理量。虽然有时可通过人的感觉来感知物体的冷热程度，但是单凭人的感觉来判断温度的高低是不科学的，也无法定量，不但所能感知的温度范围很窄，而且容易出现差错。例如，用手去摸同一环境中的铁块和木块，尽管二者具有相同的温度，但由于铁比木头传热快，所以给人们的感觉是铁块比木块凉，因此常有人得出铁块比木块温度低的错误结论。为此，物体温度的准确测量要靠专门的仪器——温度计来进行。

温度不能像长度、时间等物理量那样可直接进行测量。但人们发现，许多物质的物理特性都与温度有密切的关系，例如物体的尺寸、体积、电导率、热电动势和辐射功率等都随着温度的不同而改变，因此借助于这些物质某些特性的变化可间接地获得温度值。

3. 温标

为了保证温度量值的统一和准确，应该建立一个用来衡量温度的标准尺度，简称为温标。温度的高低必须用数字来说明，温标就是温度的数值表示方法。各种温度计的数值都是由温标决定的，即温度计必须先进行分度，或称标定。好比一把测量长度的尺子，预先要在尺子上刻线后，才能用来测量长度。由于温度这个量比较特殊，只能借助于某个物理量间接表示，因此温度的尺子不能像长度的尺子那样明显，它是将一些物质的"相平衡温度"作为固定点刻在"标尺"上，而固定点中间的温度值则是利用一种函数关系来描述，称为内插函数（或称内插方程）。通常把温度计、固定点和内插方程称为温标的"三要素"，或称为三个基本条件。

（1）摄氏温标（℃）　摄氏温标规定在标准大气压下，水的冰点为 0℃，水的沸点为 100℃，并将两固定点之间等分 100 份，每一份称为摄氏一度，一般用"℃"表示摄氏度数。摄氏温标是工程上通用的温度标尺。

（2）华氏温标（℉）　华氏温标规定在标准大气压下，水的冰点为 32℉，水的沸点为 212℉，并将两固定点之间等分 180 份，每一份称为华氏一度，用"℉"表示。

华氏温标与摄氏温标有如下关系：

$$m = 1.8n + 32 \tag{2-1}$$

式中，m、n 分别表示华氏温度值和摄氏温度值。

应该指出，以上两种温标都是人为规定的，称为经验温标。它们都依赖于物质的物理性质。选用的测温物质的纯度、玻璃管的材质等因素都会影响测量结果，测温的上下限也受到限制，这是它们的缺点。因而还必须找到一种不取决于物质的、更理想的温标来统一各国的基本温度单位。

（3）热力学温标（K）　随着科学技术的发展，人们为克服经验温标的不足而进行了大量的研究工作。1848 年英国物理学家开尔文在总结前人温度测量的实践基础上，从理论上提出了热力学温标。热力学温标是建立在热力学第二定律基础之上的一种理想温标，它与物质的性质无关。1927 年第七届国际计量大会将它作为基本温标。但热力学温标是纯理论性的，无法直接加以实现。后来人们又研究了热力学温标与理想气体温标的关系，证明两者是完全一致的，这样，就可以用气体温度计来复现热力学温标。

（4）90 国际温标（ITS—90）　用气体温度计可以复现热力学温标，但气体温度计若要做到很高的精度，则装置就很复杂，不适于实际应用。为克服气体温度计在实际使用上的不方便，于是制定了一种通用的国际实用温标。它规定的温度很接近热力学温标，所以单位也与热力学温标相同。随着测量精度要求的不断提高，国际实用温标也曾经过了几次修改。修改的原因主要是由于温标的基本内容（即所谓温标"三要素"）发生变化，即温度计（或内插仪器）、固定点和内插函数（方程）的改变。可以说，温标发展的历史，就是"三要素"发展的历史。目前各国都已经使用 1990 年国际温标（简称 ITS—90）。我国从 1994 年 1 月 1 日起全面实行这一温标，其基本内容如下：

1）温度单位。ITS—90 同时使用国际开尔文温度（符号 T_{90}）和国际实用摄氏温度（符号 t_{90}）。T_{90} 与 t_{90} 的关系为

$$t_{90} = T_{90} - 273.15 \tag{2-2}$$

式中，T_{90} 的单位是开尔文（K）；t_{90} 的单位是摄氏度（℃）。这里开尔文与摄氏度的温度分度值相同，即温度间隔 1K 等于 1℃。

2）定义固定温度点。90 国际温标定义的固定温度点是利用一系列纯物质各相间可复现的平衡状态或蒸气压建立起来的特征温度点。这些特征温度点的温度指定值是由国际上公认的最佳测量手段测定的。ITS—90 定义了 17 个固定温度点，如表 2-1 所示。

表 2-1　ITS—90 定义的固定温度点

序　号	温　度		物　质	状　态
	T_{90}/K	$t_{90}/℃$		
1	3～5	−270.15～−268.15	³He（氦）	蒸气压点
2	13.8033	−259.3467	e-H_2（氢）	三相点
3	≈17	≈−256.15	e-H_2（氢）或⁴He（氦）	蒸气压点或气体温度计点
4	≈20.3	≈−252.85	e-H_2（氢）或⁴He（氦）	蒸气压点或气体温度计点
5	24.5561	−248.5939	Ne（氖）	三相点
6	54.3584	−218.7916	O_2（氧）	三相点
7	83.8058	−189.3442	Ar（氩）	三相点
8	234.3156	−38.8344	Hg（汞）	三相点
9	273.16	0.01	H_2O（水）	三相点
10	302.9146	29.7646	Ga（镓）	熔点
11	429.7485	156.5985	In（铟）	凝固点
12	505.078	231.928	Sn（锡）	凝固点
13	692.677	419.527	Zn（锌）	凝固点
14	933.473	660.323	Al（铝）	凝固点
15	1234.93	961.78	Ag（银）	凝固点
16	1337.33	1064.18	Au（金）	凝固点
17	1357.77	1084.62	Cu（铜）	凝固点

注：1. 在"物质"一栏中，除³He外的其他物质均为自然同位素成分。e-H_2为正、仲分子态处于平衡浓度时的氢。

2. 在"状态"一栏中，对于不同状态的定义以及有关复现这些不同状态的建议可参阅"ITS—90 补充资料"。

3. 三相点是指固、液、蒸气相呈平衡时的温度。

4. 熔点和凝固点是指在 101325Pa 压力下，固、液相的平衡点温度。

3）复现固定温度点的方法。90 国际温标把温度分为 4 个温区，各个温区的范围及使用的标准仪器分别如下：

①0.65～5.0K，^{3}He 和 ^{4}He 蒸气压温度计。②3.0～24.5561K，^{3}He 和 ^{4}He 定容气体温度计。③13.8033～1234.93K，铂电阻温度计。④961.78℃以上，光学高温计或光电高温计。

在使用中，一般在水的冰点以上的温度使用摄氏度单位（℃），在冰点以下的温度使用热力学温度单位（K）。

以上有关温度计的分度方法与固定点之间的内插方程，90 国际温标都有明确的规定，有需要时可参考 ITS—90 标准文本。

> **例 2-1**　已知某点温度为 10℃，将该温度转换为华氏温标和 90 国际温标。
>
> **解：**根据各种温标间的关系：
> $$m = 1.8n + 32 = (1.8 \times 10 + 32)℉ = 50℉$$
> $$T_{90} = t_{90} + 273.15 = (10 + 273.15)K = 283.15K$$

4. 温标的传递

各国都要根据国际温标的规定，相应地建立起自己国家的温度标准。为保证这个标准的可靠性，还要与国际温标进行比对。通过这种方法建立起来的温标就可作为本国温度测量的最高依据，即国家基准。我国的国家基准保存在中国计量科学研究院，而各个地区、省、市计量局的标准要定期与上一级基准比对，以保证本地区测温标准的统一。

测温仪表按其准确度可分为基准、工作基准、Ⅰ级基准、Ⅱ级基准以及工作用仪表。不管哪一等级的仪表都必须定期到上一级计量部门进行检定，这样才能保证准确可靠。因此对测温仪表进行检定是除了对测温仪表分度以外的另一项重要任务。

2.1.2　测温方法的分类

温度测量仪表的分类既可按工作原理来划分，又可根据测温范围（高温、中温、低温等）或仪表准确度（基准、标准等）来划分，也可根据测量方法（感温元件与被测对象接触与否）来划分。本文采用后者，将温度测量划分为接触式测温和非接触式测温两大类。

1. 接触式测温

接触式测温是基于物体的热交换原理设计而成的。其优点是：较直观、可靠，系统结构相对简单，测量准确度高。其缺点是：测温时有较大的滞后（因为要进行充分的热交换）；在接触过程中易破坏被测对象的温度场分布，从而造成测量误差；不能测量移动的或太小的物体的温度；测温上限受到温度计材质的限制，故所测温度不能太高。

接触式测温仪表主要有：基于物体受热膨胀原理制成的膨胀式温度计、基于密闭容积内工作介质随温度升高而压力升高的性质制成的压力式温度计、基于热电效应的热电偶温度计、基于导体或半导体电阻值随温度变化而变化的热电阻温度计等。

2. 非接触式测温

非接触式测温是基于物体的热辐射特性与温度之间的对应关系设计而成的。其优点是：测温范围广（理论上没有上限限制），测温过程中不破坏被测对象的温度场分布，能测量运动的物体，测温响应速度快。缺点是：所测温度受物体发射率、中间介质和测量距离等的影响。

目前应用较广的非接触式测温仪表有：光学高温计、光电高温计、辐射高温计和比色高温计等。

以上两种测温方法各有优缺点，且技术已经成熟，但是它们只能在传统的场合应用，尚不能满足许多领域的要求，尤其是高科技领域。因此，各国专家都在有针对性地竞相开发各种特殊而实用的测温技术，如光纤测温技术、集成温度传感器测温技术等。表2-2给出了工业上采用的主要温度测量方法及特点。

表 2-2　工业上采用的主要温度测量方法及特点

测温方法	测温分类及仪表		测温范围/℃	主 要 特 点
接触式	膨胀式	液体膨胀式	−100～600	结构简单、使用方便、测量准确度较高、价格低廉，测量上限和准确度受玻璃质量的限制，易碎，不能远传
		固体膨胀式	−80～600	结构紧凑、牢固、可靠，测量准确度较低，量程和使用范围有限
	压力式	气体	−270～500	简单可靠，抗震性好，且具有良好的防爆性，价格低廉，但这种仪表准确度较低，动态性能差，示值的滞后较大，不易测量迅速变化的温度
		蒸气	−20～350	
		液体	−100～600	
	热电偶温度计		−271.15～2800	测量范围广，测量准确度高，便于远距离、多点、集中检测和自动控制，需进行冷端温度补偿，在低温段测量准确度较低，在高温段或长期使用时，易受被测介质影响或腐蚀而发生劣化
	热电阻	金属热电阻	−260～850	测量准确度高，便于远距离、多点、集中检测和自动控制，不能测量高温，要注意环境温度的影响
		半导体热敏电阻	−50～350	灵敏度高，体积小，结构简单，使用方便，互换性较差，测量范围有一定限制
非接触式	光学高温计		0～3500	测温范围广，不破坏原温度场的分布，可测量运动物体的温度，易受外界环境的影响，标定和发射率确定较困难
	光电高温计			
	辐射高温计			
	比色高温计			

2.2　接触式测温方法及仪表

2.2.1　膨胀式温度计

测温敏感元件在受热后尺寸或体积会发生变化，该变化与温度具有一定的函数关系，膨胀式温度计就是利用这个函数关系设计而成的。膨胀式温度计又可分为液体膨胀式和固体膨胀式温度计两类。

1. 液体膨胀式温度计

液体膨胀式温度计是一种直读式的、应用最早的温度测量仪表，最常见的是玻璃管式温度计，其结构如图2-1所示。它由安全包1、标尺2、毛细管3和感温包4组成。毛细管一般用玻璃制造。液体受热膨胀后使毛细管中的液柱高度发生变化，根据液柱上升的高度可直接读出温度值。

在玻璃管式温度计中，水银温度计用得最多。其优点是：不易氧化、不沾玻璃、易提纯，能在很大温度范围内（－36～365℃）保持液态，特别是在200℃以下，它的体积膨胀与温度几乎呈线性关系，因此水银玻璃管式温度计的刻度是均匀的。若在毛细管中充以加压的氮气，并采用石英玻璃管，则测温上限可达600℃或更高。玻璃管式温度计的感温液体除水银外，还有其他几种，应根据不同的测量范围来确定，如表2-3所示。

表2-3 玻璃管式温度计的感温液体

感温液体	测量温度范围/℃
水银（汞）	－30～750
甲苯	－90～100
乙醇	－100～75
戊烷	－200～20

液体膨胀式温度计的测温上下限主要受到液体的汽化和凝固温度的限制，在高温下还要受到外壳软化的限制。

2. 固体膨胀式温度计

利用固体膨胀原理做成的温度计主要有杆式和双金属片式两种。

（1）杆式温度计 杆式温度计的结构如图2-2所示。测温管6是用膨胀系数大的金属材料制成的感温元件，其上端固定在温度计的外壳4上。测温管内的传递杆7是用膨胀系数小的材料制成的传递元件，其下端用弹簧5紧压在测温管6的顶端上。当测温管周围的被测介质温度升高或降低时，由于测温管的线胀系数比传递杆大，故使传递杆的上端向下或向上移动，并通过摇板2使指针3转动，从而指示出被测温度的数值。

（2）双金属片式温度计 双金属片式温度计是固体膨胀式温度计中应用较多的一种。它的感温元件是用两片线胀系数不同的金属片叠焊在一起而成的。双金属片受热后，由于两金属片的膨胀长度不同而产生弯曲，如图2-3所示。温度越高，产生的线膨胀长度差也就越大，因而引起的弯曲角度就越大。双金属片式温度计就是按这一原理而制成的。为了增大线胀系数差，提高灵敏度，也可选用非金属材料，如石英、陶瓷等。

双金属片式温度计通常被用做温度继电控制器、极值信号器或某一仪表的温度补偿器。最简单的双金属片式温度开关是由一端固定的双金属条形敏感元件直接带动触头构成的，如图2-4所示。温度低时触头接触，电热丝加热；温度高时双金属片向下弯曲，触头断开，加热停止。温度切换值可用调温旋钮调整，它可以调整弹簧片的位置，也就改变了切换温度的高低。

目前已有直接用来指示温度的双金属片式温度计，其结构如图2-5所示。螺旋状双金属片感温元件5是装在金属保护管3内，以保护其不受机械损伤或有害介质的侵蚀。同时它的一端焊在保护管的尾部上，为固定端；另一端焊在指针轴4上，为自由端。

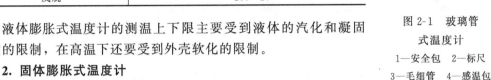

图2-1 玻璃管
式温度计
1—安全包 2—标尺
3—毛细管 4—感温包

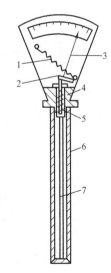

图2-2 杆式温度计
1—拉簧 2—摇板 3—指
针 4—外壳 5—弹簧
6—测温管 7—传递杆

21

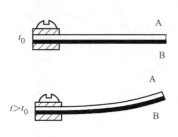

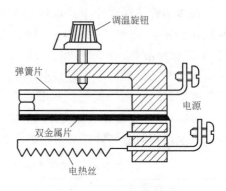

图 2-3 双金属片   图 2-4 双金属温度开关

当温度发生变化时，自由端旋转，并带动固定在指针轴上的指针 1 转动，在表壳 2 内的刻度盘上可直接读出被测温度值。由于采用了螺旋状双金属片，所以仪表的灵敏度大大提高。

双金属片式温度计的特点是结构简单、可靠，但精度不高。

2.2.2 压力式温度计

压力式温度计的测量原理是基于封闭在容器中的液体、气体或某种低沸点的饱和蒸气受热后体积膨胀而使压力发生变化的性质。其特点是简单、可靠，抗震性好，且具有良好的防爆性，故常应用在飞机、汽车及拖拉机上，也可将它作为温度控制装置。但这种仪表动态性能差，示值的滞后较大，不易测量迅速变化的温度。

压力式温度计的结构如图 2-6 所示。在温度计的密闭系统中，填充的工作介质可以是液

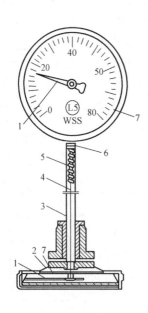

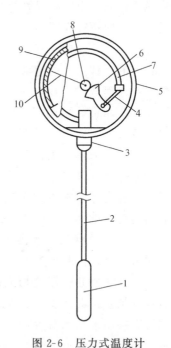

图 2-5 双金属片式温度计的结构   图 2-6 压力式温度计

1—指针 2—表壳 3—金属保护管 4—指针轴   1—温包 2—金属毛细管 3—基座 4—拉杆 5—外壳

5—双金属片感温元件 6—固定端 7—刻度盘   6—扇形齿轮 7—弹簧管 8—中心齿轮 9—刻度盘 10—指针

体、气体或蒸气。仪表中包括温包1、金属毛细管2、基座3和具有扁圆或椭圆截面的弹簧管7。弹簧管7的一端焊在基座3上，内腔与毛细管2相通，另一端封闭，为自由端。在温度变化时，温度计内腔的压力变化，使弹簧管7的自由端产生角位移，通过拉杆4、齿轮传动机构6和8带动指针10偏移，则在刻度盘9上指示出被测温度值。

2.2.3 热电偶温度计

目前，在接触式测温中，热电偶温度计的应用最为广泛。它由热电偶、连接导线和显示仪表（电位差计或动圈仪表）组成。热电偶温度计具有结构简单、制造方便、温度测量范围宽（-271.15~2800℃）、热惯性小、精度高、适于远距离测量和便于自动控制等优点。此外，它不仅可用于各种流体温度的测量，而且还可以测量固体表面和内部某点的温度。

1. 热电偶的测温原理

把两种不同材料的金属导体（或半导体）A和B连接成图2-7所示的闭合回路，若两个接点温度t与t_0不相等，则回路中就会产生热电动势，这一现象称为热电效应。由于这是塞贝克在1821年发现的，故又称为塞贝克效应。这两种不同材料的组合就是热电偶，单个导体称为热电极，两个接点中承受被测温度的一端称为测量端（热端或工作端），而另一端称为参比端（冷端或自由端）。

在图2-7所示的热电偶回路中，所产生的热电动势是由温差电动势和接触电动势两部分组成的。

（1）温差电动势 将一根均质金属导体A的一端加热，而另一端保持原状态，再用电流计将两端连接起来，如图2-8所示。就会发现有电流流过电流计，这说明在导体两端产生一个电动势，这一现象称为汤姆逊效应，所产生的电动势称为温差电动势。

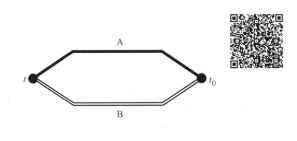

图2-7 热电偶回路

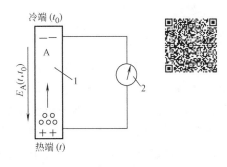

图2-8 温差电动势产生的示意图
1—金属导体 2—电流计

温差电动势形成的原因，是由于高温端的电子能量比低温端大，自由电子从高温端向低温端扩散的数目比低温端向高温端扩散的数目要多，其结果是，高温端因失去电子而带正电，低温端因得到电子而带负电，从而形成了一个由高温端指向低温端的静电场，该静电场的形成将阻止自由电子的进一步扩散，最后达到了某一动态平衡状态。此时，在导体两端就形成了一个相应的温差电动势。此电动势只与导体的性质和导体两端的温度有关。对于均质导体A，若两端温度分别为t和t_0，则此温差电动势$E_A(t,t_0)$为

$$E_A(t,t_0)=V_A(t)-V_A(t_0)$$

式中，$V_A(t)$、$V_A(t_0)$ 分别为高温端和低温端的电位。

(2) 接触电动势　当电子密度较大的导体 A 与电子密度较小的导体 B 相接触时，由于两导体的电子密度不同，自由电子向两个方向扩散的速率就不同，从导体 A 向导体 B 扩散的电子数目比从导体 B 向导体 A 扩散的电子数目要多，如图 2-9a 所示。其结果是，导体 A 因失去电子而带正电，导体 B 因得到电子而带负电。这样，在导体 A、B 接触面上就形成了一个由 A 指向 B 的静电场。这个静电场的形成将阻止电子的进一步扩散，最后达到某种动态平衡。此时，在 A、B 间就形成了一个电位差，这个电位差就是接触电动势，如图 2-9b 所示。接触电动势的大小取决于两种导体的性质和接触点的温度 t，接触电动势用 $E_{AB}(t)$ 来表示。

(3) 热电偶回路的总电动势　通过以上的分析可以看出，由均质导体 A、B 组成的热电偶回路，若两接点的温度分别为 t 和 t_0（设 $t > t_0$），则在回路中存在有两个接触电动势 $E_{AB}(t)$、$E_{AB}(t_0)$ 和两个温差电动势 $E_A(t,t_0)$、$E_B(t,t_0)$，如图 2-10 所示。

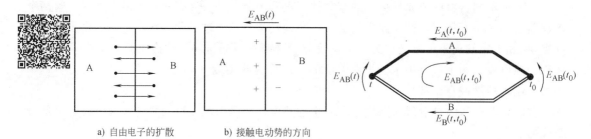

a) 自由电子的扩散　　b) 接触电动势的方向

图 2-9　接触电动势形成的过程　　　　　图 2-10　热电偶回路的热电动势分布图

热电偶回路的总热电动势 $E_{AB}(t,t_0)$ 为

$$E_{AB}(t,t_0) = E_{AB}(t) + E_B(t,t_0) - E_{AB}(t_0) - E_A(t,t_0)$$
$$= E_{AB}(t) + [V_B(t) - V_B(t_0)] - E_{AB}(t_0) - [V_A(t) - V_A(t_0)]$$

整理上式有

$$E_{AB}(t,t_0) = [E_{AB}(t) + V_B(t) - V_A(t)] - [E_{AB}(t_0) + V_B(t_0) - V_A(t_0)]$$
$$= f(t) - f(t_0) \tag{2-3}$$

式中，$f(t)$、$f(t_0)$ 分别为两接触点的温度函数。从式(2-3) 可看出，热电偶回路的热电动势仅是热电偶两端温度的函数差，而不是热电偶两端温度差的函数。

通过以上分析，可得出如下结论：

1) 热电偶回路热电动势的大小，只与组成热电偶的导体材料及两端温度有关，而与热电偶的长度、热电极直径无关。

2) 若组成热电偶回路的两热电极材料相同，无论两接点温度如何，由于两导体的电子密度相同，则不能形成接触电动势，而两个温差电动势大小相等，方向相反，因此回路中不能产生热电动势。利用此结论可验证两热电极材料是否相同。

3) 如果热电偶两接点温度相同，即 $t = t_0$，则尽管两导体材料不同，热电偶回路的总电动势亦为零，即 $E_{AB}(t,t_0) = f(t) - f(t_0) = 0$。

4) 当两个热电极材料确定以后，热电偶的热电动势只与两端温度有关。若保持冷端温度 t_0 为定值，即 $f(t_0) =$ 常数，则式(2-3) 变为

$$E_{AB}(t,t_0)=f(t)-C=Q(t)$$

此时热电偶的热电动势只是测量端温度 t 的函数了。这就是实际应用中，为什么要设法保持冷端温度恒定的原因。通常热电偶及其配套仪表都是在冷端保持 0℃ 时刻度的。

2. 热电偶的回路特性

前面介绍了热电偶的测温原理，而在实际应用之前，还必须对热电偶回路的三个定律搞清楚，然后才能正确地掌握、应用它。

（1）中间导体定律　在热电偶回路中引入第三种导体（见图 2-11），只要第三种导体两端的温度相同，则此第三种导体的引入不会影响热电偶回路的热电动势。

中间导体定律具有如下实用价值：

1）为在热电偶回路中连接各种仪表、连接导线等提供理论依据。即只要保证连接导线、仪表等接入时两端温度相同，则不影响热电动势。

2）可采用开路热电偶测量温度。应用这种方法时，热电偶的热电极 A、B 的端部可直接插入液态金属中或焊在金属表面上，而不必把热电偶事先焊好再去进行测量。这是把液态金属或固态金属看作接入热电偶回路的第三种导体，只要保证热电极 A 和 B 的插入位置的温度相等（或极为相近），那么热电偶所产生的热电动势将不受任何影响，如图 2-12 所示。

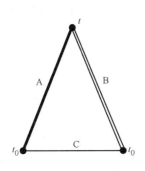

图 2-11　引入第三种导体的热电偶

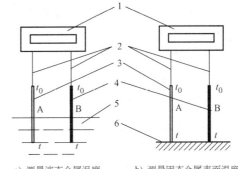

a) 测量液态金属温度　　b) 测量固态金属表面温度

图 2-12　开路热电偶的使用

1—显示仪表　2—连接导线　3—热电极 A

4—热电极 B　5—液态金属　6—固态金属

（2）中间温度定律　热电偶回路在两接点温度为 t 和 t_0 时所产生的热电动势 $E_{AB}(t,t_0)$ 等于该热电偶在两接点温度为 t 和 t_n 时所产生的热电动势 $E_{AB}(t,t_n)$，与该热电偶在两接点温度为 t_n 和 t_0 时所产生的热电动势 $E_{AB}(t_n,t_0)$ 的代数和，如图 2-13 所示，即

$$E_{AB}(t,t_0)=E_{AB}(t,t_n)+E_{AB}(t_n,t_0) \tag{2-4}$$

中间温度定律具有如下实用价值：

1）为在热电偶回路中应用补偿导线提供了理论依据。

2）为制定和使用热电偶分度表奠定了基础。各种热电偶的分度表都是在冷端温度为 0℃ 时制成的。如果在实际应用中热电偶冷端不是 0℃，而是某一中间温度 t_0，这时仪表指示的热电动势值为 $E_{AB}(t,t_0)$，根据中间温度定律有

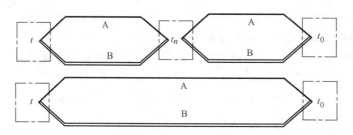

图 2-13　中间温度定律引证图

$$E_{AB}(t,0)=E_{AB}(t,t_0)+E_{AB}(t_0,0) \tag{2-5}$$

根据上式可以计算出 $E_{AB}(t,0)$，再用分度表查出温度 t，即实际温度。

例 2-2　用镍铬—镍硅（K 型）热电偶测量炉温，热电偶的冷端温度为 40℃，测得的热电动势为 35.72mV，问被测炉温为多少?

解：查 K 型热电偶分度表知 $E(40,0)=1.611\text{mV}$，测得 $E(t,40)=35.72\text{mV}$，则

$$E(t,0)=E(t,40)+E(40,0)=(35.72+1.611)\text{mV}=37.33\text{mV}$$

据此再查上述分度表知，37.33mV 对应的温度为 $t=900.1℃$，则被测炉温为 900.1℃。

（3）标准电极定律　在接点温度均为 t、t_0 时，用导体 A、B 组成的热电偶的热电动势，等于由导体 A、C 组成的热电偶和由导体 C、B 组成的热电偶的热电动势的代数和（导体 C 称为标准电极），如图 2-14 所示，即

$$E_{AB}(t,t_0)=E_{AC}(t,t_0)+E_{CB}(t,t_0) \tag{2-6}$$

标准电极定律的实用价值：只要知道某两种金属导体分别与标准电极相配的分度表，就可以根据式(2-6)计算出这两种导体组成的热电偶的分度表。在实际应用中，一般都选择易提纯，物理、化学性质稳定，复现性好，熔点较高的铂作为标准电极。

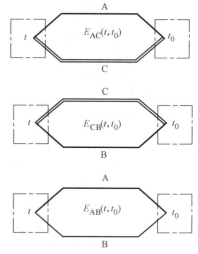

图 2-14　标准电极定律引证图

3. 热电极材料

根据以上分析可知，似乎任意两种导体都可以配成热电偶，但并不是所有金属材料都适宜制作热电偶。为了保证在应用中有足够的精度和高的可靠性，热电极材料都必须经过严格的选择。具体要求如下：

1）热电动势及热电动势率（温度每变化 1℃ 引起的热电动势的变化）要大，这样才能保证仪表具有足够的灵敏度。

2）热电动势与温度之间的关系（即热电特性）最好是线性或近似线性的单值函数关系。

3）能在较宽的温度范围内使用，且经过长期使用之后，其物理、化学性质要稳定。

4）要有高的电导率、小的电阻温度系数及小的导热系数。

5）复现性要好，即用同一种材料制成的热电偶其热电特性要一致，这样便于制作统一的分度表。

6）材料组织要均匀，具有良好的韧性，焊接性好，以便热电偶的制作。

7）资源要丰富，价格要低廉。

实际当中没有一种材料能同时满足上述要求。因此，在选择材料时，应根据具体的使用条件来最大限度地考虑上述要求，使配成的热电偶能适应不同的测温条件。

4. 热电偶的种类

（1）标准化热电偶 所谓标准化热电偶是指工艺较成熟，能成批生产，性能优良，应用广泛并已列入工业标准文件中的几种热电偶。同一型号的标准化热电偶可以互换，并具有统一的分度表，使用很方便，且有与其配套的显示仪表可供使用。

目前国际上已有 8 种标准化热电偶，其性能简介如表 2-4 所示，热电动势与温度的关系（热电特性）如图 2-15 所示。其中，温度的测量范围是指热电偶在良好的使用环境下允许测量温度的极值，实际使用中，特别是长期使用时，一般允许测量的温度上限是极限值的 60%～80%。由图 2-15 可见，热电偶热电动势与温度之间存在非线性，使用时应进行修正。

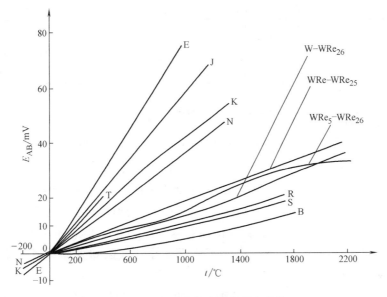

图 2-15 标准化热电偶的热电特性

表 2-4 标准化热电偶

分度号	热电偶名称	等级	温度范围/℃	允许误差
S	铂铑$_{10}$-铂	I	0～1100	±1℃
			1100～1600	±$[1+0.003(t-1100)]$℃
		II	0～600	±1.5℃
			600～1600	±0.25%t
R	铂铑$_{13}$-铂	I	0～1100	±1℃
			1100～1600	±$[1+0.003(t-1100)]$℃
		II	0～600	±1.5℃
			600～1600	±0.25%t
B	铂铑$_{30}$-铂铑$_6$	I	600～1700	±0.25%t
		II	600～800	±4℃
			800～1700	±0.5%t

分度号	热电偶名称	等级	温度范围/℃	允 许 误 差
K	镍铬-镍硅	Ⅰ	−40~1100	±1.5℃或±0.4%$\lvert t \rvert$
		Ⅱ	−40~1300	±2.5℃或±0.75%$\lvert t \rvert$
		Ⅲ	−200~40	±2.5℃或±1.5%$\lvert t \rvert$
N	镍铬硅-镍硅	Ⅰ	−40~1100	±1.5℃或±0.4%$\lvert t \rvert$
		Ⅱ	−40~1300	±2.5℃或±0.75%$\lvert t \rvert$
		Ⅲ	−200~40	±2.5℃或±1.5%$\lvert t \rvert$
E	镍铬-康铜	Ⅰ	−40~800	±1.5℃或±0.4%$\lvert t \rvert$
		Ⅱ	−40~900	±2.5℃或±0.75%$\lvert t \rvert$
		Ⅲ	−200~40	±2.5℃或±1.5%$\lvert t \rvert$
J	铁-康铜	Ⅰ	−40~750	±1.5℃或±0.4%$\lvert t \rvert$
		Ⅱ	−40~750	±2.5℃或±0.75%$\lvert t \rvert$
T	铜-康铜	Ⅰ	−40~350	±1.5℃或±0.4%$\lvert t \rvert$
		Ⅱ	−40~350	±2.5℃或±0.75%$\lvert t \rvert$
		Ⅲ	−200~40	±2.5℃或±1.5%$\lvert t \rvert$

注：1. 铂铑$_{10}$表示含铂90%，铑10%，依此类推。

2. 热电偶的名称中写在前面的是正极材料，写在后面的是负极材料。

3. t为被测温度，$\lvert t \rvert$为t的绝对值。

4. 允许误差以温度偏差值或被测温度绝对值的百分数表示，二者之中采用最大值。

1）铂铑$_{10}$—铂热电偶（S型）。这种热电偶在1300℃（有的国家规定为1400℃）以下温度范围可以长期使用。在良好的环境下可短期测量1600℃的高温。在所有标准化热电偶中，S型热电偶准确度等级最高，稳定性最好，且测温区域宽，使用寿命长，可用于精密测量和作为标准热电偶，适用于氧化性和惰性气氛中。但它价格昂贵，热电动势小，灵敏度低，热电特性曲线非线性较大，不适于还原性气氛和含有金属或非金属蒸气的气氛中。

2）铂铑$_{13}$—铂热电偶（R型）。R型与S型热电偶相比热电动势稍大（大约大15%），但灵敏度仍不高，其他特点相同。

3）铂铑$_{30}$—铂铑$_6$热电偶（B型）。由于B型热电偶的两热电极均为铂铑合金，因此又称为双铂铑热电偶，可长期测量1600℃的高温，短期可测1800℃的高温。它的特点是性能稳定，测量精度高，适于在氧化性和惰性气氛中使用，也适合在真空中短期使用。但B型热电偶在还原性气氛中易被侵蚀，热电动势小，灵敏度比S型热电偶还低，且价格昂贵。由于在低温时热电动势极小，因此在50℃以下时不需要对冷端温度进行补偿。

4）镍铬—镍硅热电偶（K型）。这是一种在工业中广泛使用的廉金属热电偶，长期使用测温上限可达1000℃，短期测量可达1300℃，适合于氧化性和惰性气氛中使用。其优点是灵敏度高（每变化1℃热电动势变化0.04mV），热电动势是S型的4~5倍，热电特性接近线性，复现性好，抗氧化性强，受辐射影响较小，故常被用于核工业测温。缺点是准确度低，不适用于还原气氛。

5）镍铬硅—镍硅热电偶（N型）。N型热电偶是一种新型镍基合金测温材料，也是国际上近 20 年来在廉金属热电偶合金材料研究方面取得的惟一重大成果。N 型热电偶的测温范围为 $-200\sim1300℃$，长期使用测温上限为 $1200℃$，短期为 $1300℃$。其优点是：在相同条件下，尤其在 $1100\sim1300℃$ 的高温条件下，N 型热电偶的高温稳定性及使用寿命较 K 型热电偶有成倍的提高，且与 S 型热电偶接近，但其价格仅为 S 型的 1/20；在 $1300℃$ 以下，高温抗氧化能力强，耐核辐射能力强，耐低温性能也好，可用于其他金属热电偶不能胜任或者过于勉强的场合；在 $400\sim1300℃$ 范围内，与 K 型热电偶相比，N 型热电偶的热电特性线性更好。因此，在 $-200\sim1300℃$ 整个温度范围内，有全面代替传统廉金属热电偶和部分取代 S 型热电偶的趋势。但 N 型热电偶材料较硬，难于加工，在低温范围内（$-200\sim400℃$）的非线性误差较大。

6）镍铬—康铜（E 型）。这是一种在标准化热电偶中灵敏度最高的热电偶，可测微小温度的变化，是一种较重要的低温热电偶。适宜在 $-200\sim+900℃$ 范围内的氧化性和惰性气氛中使用，尤其适宜在 $0℃$ 以下使用。在湿度较高的情况下，较其他热电偶耐腐蚀，价格较 K 型热电偶便宜。其缺点是热电均匀性较差，不能用于还原性气氛中。

7）铁—康铜（J 型）。这是工业中应用很普遍的热电偶，它价格低廉，灵敏度较高，测量范围较广，在氧化或还原气氛中均可使用，多用于化工厂的温度检测。J 型热电偶的测量上限，在氧化性气氛中为 $750℃$，在还原性气氛中为 $950℃$。但高温条件下，铁热电极的氧化速度加快，因此长期使用温度不宜超过 $538℃$，并且要选用粗线径的热电偶丝。

8）铜—康铜（T 型）。这种热电偶是几种标准化热电偶中最便宜的一种，适用于在 $-200\sim350℃$ 范围内测温。优点是热电极丝的均匀性好，热电动势较大，线性度好，在低温下具有良好的稳定性，可用于测量 $-200℃$ 左右的低温，在 $0\sim100℃$ 内可作为 Ⅱ 级标准仪器。但复现性较差，抗氧化性差，在氧化性气氛中长时间测量不宜超过 $300℃$。

以上 8 种标准热电偶中，前 3 种属于贵金属热电偶，后 5 种属于廉金属热电偶。

（2）非标准化热电偶 非标准化热电偶包括钨铼系、铂铑系和铱铑系热电偶等，使用较为普遍的是第一种。非标准化热电偶虽然也有热电偶分度表，但一个热电偶有一个分度表，分度表不能共用。

1）钨铼系热电偶。这是一种应用较多已定型的热电偶，特点是热电动势大，灵敏度高，适宜在干氢、真空和惰性气氛中使用，但不适宜在还原性气氛、潮湿的氢气及氧化性气氛中使用。钨铼系热电偶的最高使用温度一般为 $2400℃$，若不受绝缘材料的限制，还可用来测量更高的温度。列入我国国家标准的钨铼系热电偶有钨铼$_3$—钨铼$_{25}$、钨铼$_5$—钨铼$_{26}$，其长期使用温度范围为 $300\sim2000℃$。我国钨铼资源丰富，钨铼热电偶价格便宜，可部分取代贵金属热电偶，它是高温领域中很有前途的测温元件。钨铼系热电偶的允许误差如表 2-5 所示。

表 2-5 钨铼系热电偶的允许误差

分 度 号	热电偶名称	测量端温度/℃	允许误差/℃
WRe3—WRe25	钨铼$_3$—钨铼$_{25}$	$0\sim400$	$\pm4℃$
		$400\sim2300$	$\pm0.01t$
WRe5—WRe26	钨铼$_5$—钨铼$_{26}$	$0\sim400$	$\pm4℃$
		$400\sim2300$	$\pm0.01t$

2) 非金属热电偶。近几年来，非金属热电偶的发展是引人注目的。其特点是：热电动势和热电动势率大大超过金属热电偶，熔点高，测温上限高于金属热电偶，可用于氧化性和渗碳性气氛中等。此类热电偶目前较成熟的有：石墨—碳化钛热电偶和碳化硼—石墨热电偶等。但非金属热电偶有复现性极差、脆性大、体积大和输出非线性等缺点，尚需在今后的研究中予以解决。

5. 热电偶的结构形式

（1）装配式热电偶 装配式热电偶主要用于测量气体、蒸气和液体的温度。这类热电偶已经做成标准形式，其中有棒形、角形和锥形等。从安装固定方式来看，有固定法兰式、活动法兰式、固定螺纹式、焊接固定式和无专门固定式等几种。装配式热电偶主要由接线盒、保护套管、接线端子、绝缘套管和热电极组成基本结构，并配以各种安装固定装置组成。图 2-16 所示为法兰式和螺纹式装配热电偶的结构。

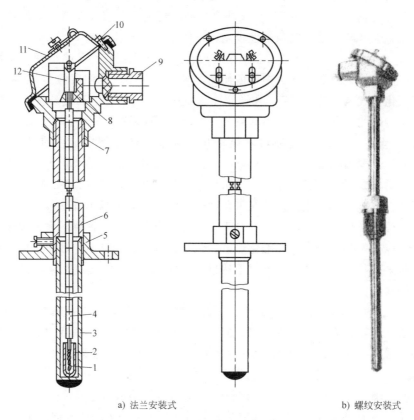

a) 法兰安装式　　　　　　　　　　　　　　　b) 螺纹安装式

图 2-16　装配式热电偶的结构

1—热电偶自由端　2—绝缘套管　3—下保护套管　4—绝缘珠管　5—固定法兰　6—上保护套管　7—接线盒底座　8—接线绝缘座　9—引出线套管　10—固定螺钉　11—接线盒外罩　12—接线柱

1) 热电极。热电极是热电偶的核心部分，其直径是由材料的价格、机械强度、电导率、用途和测温范围所决定的。如果是贵金属，则热电极直径多为 0.30～0.65mm 的细丝；若是廉金属，则热电极直径一般为 0.50～3.2mm。热电极的长度由安装条件，特别是热电偶的插入深度来决定，通常为 350～2000mm。

2) 绝缘套管。绝缘套管的作用是防止两个热电极之间或热电极与保护套管之间短路。

套管的材料由使用温度范围确定，在1000℃以下多采用普通陶瓷，在1000～1300℃之间多采用高纯氧化铝，在1300～1600℃之间多采用刚玉。绝缘套管结构有单孔、双孔和四孔等几种，如图2-17所示。

图 2-17　绝缘套管的结构

3）保护套管。保护套管的作用是使热电偶不直接与被测介质相接触，以防受机械损伤或被介质腐蚀、玷污。保护套管的材质一般根据测量范围、加热区长度、环境气氛以及测温的时间常数等条件来决定，主要有金属、非金属和金属陶瓷三种。

4）接线盒。接线盒是供热电极和补偿导线连接用的。通常由铝合金制成，一般分为普通式和密封式两种。为了防止灰尘和有害气体进入热电偶保护套管内，接线盒的出线孔和盖子均用垫片和垫圈加以密封。接线盒内用于连接热电极和补偿导线的螺钉必须紧固，以免产生较大的接触电阻而影响测量的准确性。

（2）铠装型热电偶　铠装型热电偶是由金属套管、绝缘粉料和热电极组合加工而成的一种坚实的热电偶组合体，又称为套管热电偶。外套管一般由不锈钢等金属材料制成。热电极之间和热电极与金属套管之间的绝缘采用氧化镁粉或氧化铝粉等高温绝缘材料。保护套管内可以铠装不同分度号的热电偶丝，如保护套管内铠装K型热电偶丝，通常就称之为K型铠装热电偶，其他依此类推。若保护管内铠装一对热电偶丝，就称为单芯铠装热电偶，否则称为多芯铠装热电偶。

铠装型热电偶的测量端一般有以下几种形式（见图2-18）：

1）碰底型。套管与热电偶丝焊在一起，其响应时间比露头型慢，但比不碰底型快。

2）不碰底型。热电偶的热接点封闭在完全焊合的套管内，热电偶与外套管之间是互相绝缘的。这是最普通的一种形式。

3）露头型。热电偶的热接点暴露在套管外面，仅在干燥的非腐蚀性介质中才能使用。

4）帽型，即把露头型的热接点套上一个用套管材料做成的保护帽，用银焊密封起来。

铠装型热电偶可用于测量高压装置及狭窄管道处的温度，与普通型热电偶相比，具有如下优点：①外径细（0.25～12mm），热容量小，因此响应速度快。②由于套管内部是填充实心的，所以能适应强烈的冲击和振动。③由于套管薄，并进行过退火处理，故具有很好的可挠性，可任意弯曲，便于安装。④可以作为感温元件放入普通型热电偶保护套管内使用。⑤铠

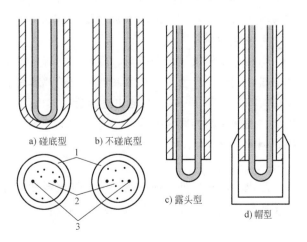

图 2-18　铠装型热电偶断面结构及测量端结构形式

1—金属套管　2—绝缘材料　3—热电极

装型热电偶还具有性能稳定、规格齐全、价格便宜、测量范围宽，适合于各种测量场合，在-200~1600℃内均可使用的特点。

（3）薄膜型热电偶　这是一种用真空蒸镀的方法，将两种金属热电极材料蒸镀到绝缘基板上而形成的一种特殊结构的热电偶，如图 2-19 所示。为了保护和绝缘，常在热电偶薄膜上镀上一层 SiO_2 薄膜。温度测量范围为-200~300℃。由于薄膜热电偶的热接点是很薄的薄膜（可薄到 0.01~0.10mm)，尺寸也很小，因此它的热惯性小，响应时间可达几毫秒，可用来测量瞬变的表面温度和微小面积上的温度。

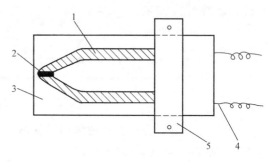

图 2-19　薄膜型热电偶
1—热电极　2—热接点　3—绝缘基板
4—引出线　5—引线接头部分

目前国产的有 BMB-I 型便携式薄膜型热电偶，它以陶瓷片作为基体材料，较好地解决了绝缘及镀膜牢固性问题。该薄膜型热电偶的测温范围为 0~1200℃，测温准确度为 0.5%F.S，时间常数小于 50μs，可广泛用于科研和生产行业。

（4）快速微型热电偶　这是一种用来测量钢水温度的热电偶，其结构如图 2-20 所示。快速微型热电偶的工作原理与一般热电偶相同，其结构上的特点主要是感温元件很小，而且每次测量后需更换。热电极通常采用直径为 0.1mm 的铂铑$_{10}$—铂和铂铑$_{30}$—铂铑$_6$ 等材料。热电极和 U 形石英保护管尺寸要小，以减小热容量，加速动态响应。为了保证测温过程中热电偶的冷端与补偿导线的连接处温度不超过100℃，一般用绝缘性能好的纸管保护。支撑石英管和保护帽的高温水泥也要有良好的绝缘性能。

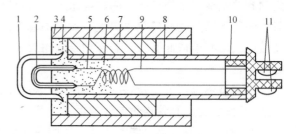

图 2-20　快速微型热电偶
1—钢帽　2—石英管　3—纸环　4—绝热水泥　5—热电偶冷端　6—棉花　7—绝热纸管　8—纸管
9—补偿导线　10—塑料插座　11—簧片

当热电偶插入钢水中以后，保护帽迅速熔化，这时 U 形石英保护管和被保护的热电偶即暴露在钢液中。由于石英管和热电偶的热容量都很小，因此能很快地反映出钢水的温度，反应时间一般为4~6s。在测出温度后，热电偶的许多部件都被烧坏，因此又称为消耗式热电偶。虽然是消耗式，但由于热电偶偶丝又细又短，用量不多，其他材料大部分是纸和水泥，因此成本并不高。这种热电偶的测量结果可靠、互换性好、准确度高，误差为±(5~7)℃。

除以上所述之外，还有用于测量气流温度的屏罩式热电偶、抽气式热电偶，用于测量高浓度氢气、甲烷等介质的吹气式热电偶等。

6. 热电偶的冷端温度补偿

由热电偶的工作原理可知，对于一定材料的热电偶来说，其热电动势的大小除与测量端温度有关外，还与冷端温度 t_0 有关。因此，只有在冷端温度 t_0 固定时，热电动势才与测量

端温度 t 成单值函数关系，并且，平时使用的热电偶的分度表都是在 t_0 为 $0℃$ 的情况下给出的，但实际应用中，其冷端温度一般都高于 $0℃$ 且不稳定，如果不加以适当的处理，就会造成测量误差。消除这种误差的方法称为冷端温度补偿，下面就介绍几种常用的冷端温度补偿方法。

（1）补偿导线法　在实际应用中，热电偶一般较短，冷端温度受热源影响，难以保持恒定，通常热电偶的输出信号要传至远离数十米的控制室里，且中间不能用一般的铜导线连接。最简单的方法是直接把热电偶电极延长，但实际上有的热电偶是贵金属，价格昂贵，不能拉线过长，而即使是非贵金属热电偶，有的比较粗，也不适宜拉线过长。特别是在工业装置上使用的热电偶一般都有固定结构，所以也不能随意延长热电极，常用的方法是补偿导线法。

1）原理。在 $100℃$ 以下的温度范围内，热电特性与所配热电偶相同且价格便宜的导线，称为补偿导线。如图 2-21 所示，其中 A'、B' 为补偿导线，实际上是两种不同的廉金属导体组成的热电偶，在一定温度范围内，它的热电特性与所配热电偶 AB 的热电性质基本相同，即

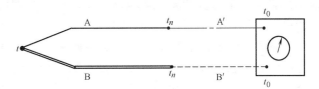

图 2-21　带补偿导线的热电偶测温原理图

A、B—热电偶电极　　A′、B′—补偿导线

t_n—热电偶原冷端温度　　t_0—热电偶新冷端温度

$$E_{A'B'}(t_n, t_0) = E_{AB}(t_n, t_0) \quad (2-7)$$

所以，有补偿导线的热电偶回路的总电动势（即仪表测得值）为

$$E = E_{AB}(t, t_n) + E_{A'B'}(t_n, t_0) = E_{AB}(t, t_0) \quad (2-8)$$

可见，补偿导线的作用就是延长热电极，即将热电偶的冷端延伸到温度相对稳定区。

例 2-3　用镍铬—镍硅热电偶测量某一实际温度为 $1000℃$ 的对象。所配用仪表在温度为 $20℃$ 的控制室里，设热电偶冷端温度为 $50℃$。当热电偶与仪表之间用补偿导线或普通铜导线连接时，问两者所测温度各为多少？又与实际温度相差多少？

解：查镍铬—镍硅热电偶（分度号为 K）的分度表，得 $E(1000,0) = 41.269\text{mV}$，$E(50,0) = 2.022\text{mV}$，$E(20,0) = 0.798\text{mV}$。

若用补偿导线，则新的冷端温度为 $20℃$，仪表测得的热电动势值为

$E(1000,20) = E(1000,0) - E(20,0) = (41.269 - 0.798)\text{mV} = 40.471\text{mV}$，查分度表得对应的温度为 $979.6℃$

若用铜导线，则冷端温度为 $50℃$，仪表测得的热电动势值为

$E(1000,50) = E(1000,0) - E(50,0) = (41.269 - 2.022)\text{mV} = 39.247\text{mV}$，查分度表得对应的温度为 $948.4℃$

两种方法测得的温度相差 $31.2℃$，测量误差分别为 $-20.4℃$ 和 $-51.6℃$。

2）型号和结构。补偿导线也是由两种不同的金属材料组成的。根据其材料性能，补偿导线可分为两种：①其材料与热电偶相同，称为延伸型补偿导线，一般用于廉金属热电偶。②是其材料不同于热电偶的热电极材料，称为补偿型补偿导线，通常适用于贵金属热电偶和某些非标准热电偶。常用的补偿导线型号如表 2-6 所示。各种补偿导线的正极绝缘层均为红色，可以根据负极绝缘层的颜色初步判别补偿导线的类型。

表 2-6　补偿导线的材料及绝缘层的着色

补偿导线型号	配用热电偶	补偿导线合金丝		绝缘层着色	
		正　极	负　极	正极	负极
SC	铂铑$_{10}$—铂	SPC（铜）	SNC（铜镍①）	红	绿
KC	镍铬—镍硅	KPC（铜）	KNC（康铜）	红	蓝
KX	镍铬—镍硅	KPX（镍铬）	KNX（镍硅）	红	黑
EX	镍铬—康铜	EPX（镍铬）	ENX（康铜）	红	棕
NC	钨铼$_5$—钨铼$_{26}$	NPC（铜）	NNC（铜镍②）	红	橙

① 表示 99.4% 铜，0.6% 镍。

② 表示 98.2%～98.3% 铜，1.7%～1.8% 镍。

补偿导线型号的第一个字母与配用热电偶的分度号相对应，第二个字母为"X"表示延伸型，字母为"C"表示补偿型。

补偿导线分普通型和带屏蔽层型两种，如图 2-22 所示。普通型由线芯 1、塑胶绝缘层 2 及塑胶保护套 3 组成。普通型外边再加一层金属编织的屏蔽层 4 就是带屏蔽层的补偿导线。

3）补偿导线的使用注意事项。补偿导线只能与相应型号的热电偶配套使用；补偿导线与热电偶连接处的两个接点温度应相同；补偿导线只能在规定的温度范围内（一般为 0～100℃）与热电偶的热电动势相等或相近，而且必须同极相连，其间的微小差值在精密测量中不可忽视。

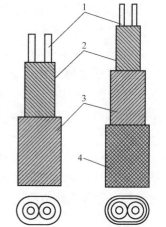

a) 普通型　　b) 带屏蔽层型

图 2-22　补偿导线的结构
1—线芯　2—塑胶绝缘层　3—塑胶保护套　4—屏蔽层

（2）冷端恒温法　这种方法就是将热电偶的冷端放置于恒温环境中，常用的有冰浴法、恒温箱法和恒温室法三种。

1）冰浴法。这是一种在精密测量或计量部门、实验室中常用的方法。如图 2-23 所示，将一热电偶两个热电极的冷端分别插入冰点器中的两个试管底部，并与底部的少量水银相接触。为防止水银蒸气逸出影响人体健康，在水银的上面应存放少量的变压器油或蒸馏水。有时试管中也可只装变压器油而不放水银。为保证冷端温度为 0℃，冰点器中的冰应尽可能碎并与清洁的水相混合，而且要使试管有足够的插入深度。

2）恒温箱法。把热电偶的冷端引至电加热的恒温箱内，维持冷端为某一恒定的温度。通常一个恒温器可供许多支热电偶同时使用，此法适合于工业应用。

3）恒温室法。将热电偶的冷端置于恒温空调房中，使冷端温度恒定。

应该指出的是，除了冰浴法是使冷端温度保持 0℃外，后两种方法只是使冷端保持在某一恒定（或变化较小）的温度上，因此后两种方法必须采用下述几种方法再予以修正。

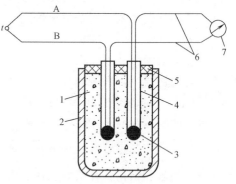

图 2-23　热电偶冷端冰点器
1—冰水混合物　2—冰点器　3—水银　4—试管
5—盖　6—铜导线　7—显示仪表

（3）计算校正法　计算校正法包括准确计算校正法和近似计算校正法两种。

1）准确计算校正法。如果测温热电偶的冷端温度不是0℃，而是某一稳定的温度 t_0，这时就不能用测得的热电动势 $E(t,t_0)$ 去查分度表直接求得测量端温度 t，而应根据中间温度定律，按式（2-5）对测得热电动势进行修正。

例2-4　用分度号为 S 的铂铑$_{10}$—铂热电偶测炉温，其冷端温度为30℃，而直流电位差计测得的热电动势为9.481mV，试求被测炉温。

解： 查铂铑$_{10}$—铂热电偶分度表，得 $E(30,0)=0.173$mV，由式（2-5）得

$$E(t,0)=E(t,30)+E(30,0)=(9.481+0.173)\text{mV}=9.654\text{mV}$$

再查该分度表得被测温度 $t=1006.5$℃。若不进行校正，则所测 9.481mV 对应的温度为 991℃，误差为-15.5℃。

这种校正方法适用于实验室中用直流电位差计测温的情况，校正的准确度主要取决于能否准确地测得冷端温度 t_n。

2）近似计算校正法。这是一种近似但使用方便的校正方法，它不需要将冷端温度 t 换算成热电动势，而直接采用公式

$$t=t'+Kt_n \tag{2-9}$$

进行冷端温度校正。上式中，K 为与热电偶材料和测量端温度有关的校正系数。对于镍铬—镍硅热电偶在0～1000℃范围内，K 值可近似取1；对于铂铑$_{10}$—铂热电偶在800～1300℃范围内，K 值可近似取0.5～0.6。t' 为仪表的指示温度值。

例2-5　用 S 型热电偶测炉温，其冷端温度为30℃，显示仪表的指示值为991℃，试求炉温。

解： 在1000℃左右，铂铑$_{10}$—铂热电偶的校正系数 K 可近似取0.55，因此按式（2-9）可得炉温 t 为

$$t=t'+Kt_n=(991+0.55\times30)\text{℃}=1007.5\text{℃}$$

与例2-4相比可以看出，近似计算法仅比准确计算方法相差1℃。这说明此种方法在一些精度要求不高的现场是可以使用的。

（4）仪表机械零点调整法　一般显示仪表在未工作时指针指在零位上。用热电偶测温时，若 $t_0=t_n\neq0$℃，要使指示值不偏低，可先将显示仪表指针调整到相当于热电偶冷端温度 t_n 的位置上，这就相当于在输入热电偶热电动势之前就给仪表输入了一个电动势值 $E(t_n,0)$，使得接入热电偶后，输入到仪表中的热电动势为 $E(t,t_n)+E(t_n,0)=E(t,0)$。根据中间温度定律，指示值能正确地反映出测量端温度 t。此方法虽然精度不高，但很方便，因此在一些精度要求不高、冷端温度不经常变化的情况下被采用。

（5）补偿电桥法　补偿电桥法是利用不平衡电桥产生的电动势来补偿热电偶冷端温度变化而引起的热电动势变化。有铜电阻补偿法、二极管补偿法和铂电阻补偿法等，其原理大致相同，下面仅以铜电阻补偿法为例加以说明。

如图2-24所示，不平衡电桥由 r_1、r_2、r_3、r_{Cu} 四个桥臂和稳压电源（直流4V）组成，串接在热电偶回路中。其中 $r_1=r_2=r_3=1\Omega$，由锰铜丝绕制，其阻值不随温度变化而变化。r_{Cu} 用铜丝绕制，其阻值随温度变化而变化。热电偶冷端与电阻 r_{Cu} 要感受相同的温度。当配用不同热电偶时，R_S 用来调整供电电压。电桥通常选在20℃时平衡，即此时的 $r_1=r_2=$

$r_3 = r_{Cu}$，桥路输出 $U_{ab} = 0$。当热电偶冷端温度升高时，电桥由于 r_{Cu} 值的增加而出现不平衡，桥路就有一个不平衡电动势 U_{ab} 输出，同时热电偶因冷端温度升高而使输出电动势减小。若适当选择电阻 R_S 的数值，就可以使不平衡电桥输出 U_{ab} 正好补偿热电偶减小的那部分热电动势，显示仪表即可以指示出实际温度。

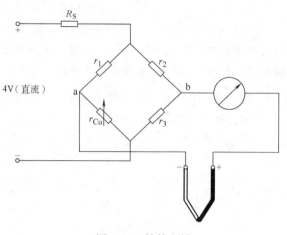

由于电桥在 20℃ 时平衡，因此在采用这种补偿电桥时须将仪表的机械零点预先调到 20℃ 的位置上。

图 2-24　补偿电桥

（6）集成温度传感器补偿法　为提高热电偶的测量精度，一些厂家相继推出了集成温度传感器冷端补偿法。如 MAX6675 是美国迈信公司生产的、基于 SPI 总线、专门用于工业中最常用的镍铬—镍硅 K 型热电偶的温度补偿芯片。它能将补偿后的热电动势转换为代表温度的数字脉冲，从 SPI 串行接口输出。MAX6675 工作时必须与热电偶冷端或补偿导线末端处于相同的温度场中。冷端温度 t_0 必须高于 0℃，低于 125℃。在此范围内，它将产生 41.6μV/℃ 的补偿电压，超出此范围，将引起较大的误差。MAX6675 构成的热电偶冷端温度补偿及测量显示电路框图如图 2-25 所示。

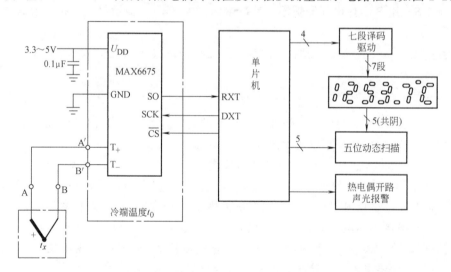

图 2-25　MAX6675 构成的热电偶冷端温度补偿及测量显示电路框图

（7）数字补偿法　目前常用的数字补偿法是采用最小二乘法，根据分度表拟合出关系矩阵，这样只要测得热电动势和冷端温度，就可以由计算机自动进行冷端补偿和非线性校正，并直接求出被测温度。该方法简单、速度快、准确度高，且为实现实时控制创造了条件，详见有关文献。

7. 热电偶的实用测温电路

（1）工业用热电偶测温的基本电路　热电偶测温电路由热电偶、中间连接部分（补偿导线、恒温器或补偿电桥、铜导线等）和显示仪表（或计算机）组成，如图2-26所示。连接时应注意：热电偶冷端和补偿导线接点的两个端子必须保持在同一温度上，否则将引起误差。

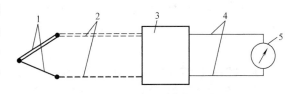

图 2-26　单点测温的基本电路

1—热电偶　2—补偿导线　3—恒温器或

补偿电桥　4—铜导线　5—显示仪表

（2）热电偶的串联　包括正向串联和反向串联两种形式。

1）热电偶的正向串联。图 2-27 是两支同型号热电偶的正向串联电路，此时输入给仪表的电动势信号为两支热电偶热电动势的总和。若将多支热电偶的测量端置于同一测量点上构成热电堆（如辐射温度计），测量微小温度变化或辐射能时，可大大提高灵敏度。在使用这种电路时，如果某支热电偶被烧断，热电动势随即消失，因此可以立刻知道。

2）热电偶的反向串联。将两支同型号的热电偶反向串联，可以测量两点间的温差，如图 2-28 所示。应特别注意的是，用这种差动电路测量温差时，两支热电偶的热电特性必须相同且成线性，否则会引起测量误差。

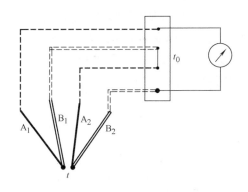

图 2-27　热电偶的正向串联电路

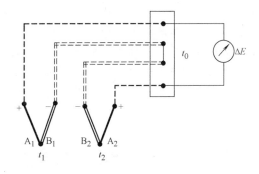

图 2-28　热电偶的反向串联电路

（3）热电偶的并联　图 2-29 所示为三支同型号热电偶的并联电路，此时输入到显示仪表的电动势值为三支热电偶输出热电动势的平均值，即 $E=(E_1+E_2+E_3)/3$。如果三支热电偶均工作在特性曲线的线性部分，则 E 值就代表了各点温度的算术平均值。当各点温度不同时，由于热电极电阻的差别，热电偶回路内的将电流将会受影响。为消除这种影响，每支热电偶要串联一个大电阻（对热电偶本身内阻而言）。这种电路的缺点是：当其中一支热电偶被烧坏时，不能立即觉察出来。

8. 热电偶的校验

热电偶在使用过程中，由于

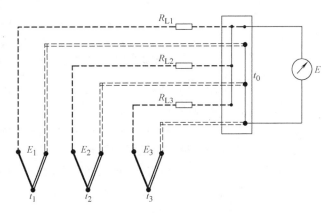

图 2-29　热电偶的并联电路

热电极和热接点容易受到氧化、腐蚀和污染，在高温下热电极材料容易发生再结晶，引起热电特性发生变化，使测量误差越来越大。为保证测量的精度，热电偶需定期进行校验，以确定其修正值。

热电偶的检定是指对热电偶热电动势与温度的关系进行校验，以检查其误差的大小，分度则是指确定热电偶热电动势与温度的对应关系，但两者的方法是一致的。热电偶的检定方法常用的是比较法，即用被校热电偶和标准热电偶同时测量同一对象的温度，然后比较两者的示值，以确定被校热电偶的基本误差等质量指标。

(1) 温度校验点　热电偶校验是一项较为重要的工作。根据国家规定的技术条件，各种不同型号的热电偶必须在表 2-7 规定的校验点进行校验，且每个温度校验点应控制在 ±10℃ 范围内。

表 2-7　工业用热电偶的校验点温度

热电偶名称	校验点温度/℃
铂铑$_{10}$—铂	600、800、1000、1200
镍铬—镍硅（镍铬—镍铝）	400、600、800、1000
镍铬—康铜	300、400（或500）、600

(2) 校验用仪器与设备　一般温度在 300～1200℃ 的热电偶校验系统如图 2-30 所示，它是由管式电炉、冰点槽、切换开关、手动直流电位差计和标准热电偶组成的。管式电炉是用电阻丝加热的，通过自耦变压器调节电流来控制校验点的温度。管子内径为 50～60mm，管子的长度为 600～1000mm。要求管内温度场要稳定，最好有 100mm 左右的恒温区。在读数过程中要求恒温区内的温度变化每分钟不得超过 0.2℃。

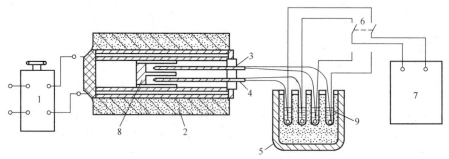

图 2-30　热电偶校验装置示意图
1—调压变压器　2—管式电炉　3—标准热电偶　4—被校热电偶　5—冰点槽
6—切换开关　7—直流电位差计　8—镍块　9—试管

冰点槽一般可用玻璃保温瓶代替，内盛冰水混合物。冰要尽可能地碎一些，水要清洁。把热电偶冷端插入冰点槽中，并保持冷端为 0℃。

直流电位差计及配套装置用于测量热电偶的热电动势，其精度等级不低于 0.05 级。

标准热电偶采用 Ⅱ 级或 Ⅲ 级标准铂铑$_{10}$—铂热电偶。

切换开关用以分别接通标准和被校热电偶的校验电路，其寄生电动势不得大于 1μV。

(3) 校验方法　校验铂铑$_{10}$—铂热电偶时，将被校热电偶从保护管中抽出，用铂丝将其测量端与标准热电偶的测量端捆扎在一起，插到管式电炉内的均匀温度场中（一般在炉的中心处）。校验镍铬—镍硅（镍铝）等廉金属热电偶时，为防止被校热电偶对标准热电偶产生有害影响，要将标准热电偶套上石英管，然后再用镍铬丝将被校热电偶的测量端与石英管的头部扎在一起，插到管式电炉的均匀温度场中。为使测量端感受同一温度，最好将标准热电偶与被校热电偶的测量端都放在金属镍块中，并将镍块置于管式电炉的中心处。

热电偶插入炉中的深度一般为 300mm，长度较短的热电偶的插入深度也不应小于 150mm。热电偶插入炉中后，炉口应用烧炼过的石棉堵严。热电偶的冷端置于冰点槽中以保持其为 0℃。用自耦变压器来调节炉温，当达到预定校验点温度 ±10℃ 以内，并且每分钟变化不超过 0.2℃ 时，便可开始读数。

在每一个校验点上的读数不应少于四次，然后分别取标准热电偶和被校热电偶热电动势读数的平均值，最后算出被校热电偶在各个校验点上的误差。当同时校验几支热电偶时，其读数顺序从标准热电偶开始依次进行，然后再按反顺序进行，即按照标准→被检 1→被检 2→……→被检 n→被检 n→……→被检 2→被检 1→标准→标准→被检 1→……的循环顺序读数，再进行数据处理。

（4）数据处理　热电偶校验后进行数据处理时，一定要考虑标准热电偶本身的测量值也有一定误差，必须考虑这部分误差后才能计算出测量点的真实温度。

例 2-6　在 1000℃ 下，测得被校 K 型热电偶热电动势的算术平均值为 41.347mV，Ⅱ级标准 S 型热电偶热电动势的算术平均值为 9.601mV。该标准热电偶证书上写明，在测量端为 1000℃、冷端为 0℃ 时的热电动势为 9.624mV。求此被校 K 型热电偶在 1000℃ 时的误差，并验证其是否合格。

解：首先查 S 型热电偶的分度表，查得测量端在 1000℃ 的热电动势为 9.585mV，则该标准热电偶的修正值为 (9.624−9.585)mV＝0.039mV，可见标准热电偶的示值是偏高的。因此要把标准热电偶热电动势的算术平均值减去修正值：(9.601−0.039)mV＝9.562mV。再查 S 型热电偶的分度表，查得 9.562mV 相当于 998℃，这个温度就是被校热电偶与标准热电偶测量端的真实温度。

从 K 型热电偶的分度表中查得 41.347mV 相当于 1002℃，所以此被校热电偶在 1000℃ 时的误差为 (1002−998)℃＝4℃。

根据表 2-4 可以看出，被校 K 型热电偶在 −40～1300℃ 的温度范围内，允许偏差为 ±0.75%|t|，所以被校热电偶的实际偏差小于允许偏差，即 4℃＜998×0.75%℃＝7.485℃。此热电偶在该校验点合格。

若其他各校验点均不超出误差范围，此被校热电偶才算校验合格。

2.2.4　热电阻温度计

按照性质不同，热电阻可分为金属热电阻和半导体热电阻两大类。前者简称为热电阻，而后者的灵敏度比前者高十倍以上，所以又称为半导体热敏电阻。

1. 热电阻

热电阻主要是利用电阻随温度升高而增大这一特性来测量温度的，在工程上常用来测量 −200～＋850℃ 之间的温度。热电阻温度计的优点是：测量精度高，测量范围广，稳定性好；灵敏度高，其输出信号比热电偶要大得多；与热电偶相比，它无需进行冷端温度补偿；信号便于远距离传输和多点切换测量等。因此，热电阻温度计在温度测量中（特别是在低温区）占有重要地位。它的缺点是：感温元件体积大，热惯性大，只能测量某一区域的平均温度；在使用时，需要外加电源供电；连接导线的电阻易受环境温度的影响而产生测量误差。

(1) 热电阻的材料与温度的关系　热电阻的电阻值随温度变化的关系常用电阻温度系数来表示。所谓电阻温度系数是指温度每变化 1℃ 的电阻值的相对变化量，用 α 来表示，即

$$\alpha = \frac{\mathrm{d}R/R}{\mathrm{d}t} = \frac{1}{R}\frac{\mathrm{d}R}{\mathrm{d}t} \qquad (2\text{-}10)$$

若导体的电阻与温度的关系是线性的，则 α 可用下式表示：

$$\alpha = \frac{R_{100} - R_0}{100R_0} = \frac{1}{100}\left(\frac{R_{100}}{R_0} - 1\right) \qquad (2\text{-}11)$$

式中，R_0、R_{100} 分别为 0℃ 和 100℃ 时的电阻值。

热电阻的纯度对电阻温度系数影响很大，一般用电阻比 $W_{100} = R_{100}/R_0$ 来表示，则由式 (2-11) 可知：

$$W_{100} = 1 + 100\alpha \qquad (2\text{-}12)$$

可见：W_{100} 越大，电阻丝的纯度越高，α 值越大；W_{100} 越小，电阻丝的杂质越多，α 值越小，而且不稳定。因此，热电阻常用纯金属制成。

(2) 热电阻的测温原理　当温度发生改变时，热电阻的阻值随之变化。通过变化的电阻值可间接地测得温度的变化量，这就是热电阻的测温原理。这种电阻随温度变化的特性可用如下三种方法表示：

1) 列表法。列表法就是以表格的形式将感温元件的电阻值与温度的对应关系表示出来，即电阻—温度对照表，通常称为分度表。分度表在实际工作中的用途很大。通常用热电阻测温得到的是电阻值，要根据其数值的大小在分度表中查出相应的温度来。与热电阻配套的显示仪表、调节器或温度变送器的刻度及电路设计等，也都以分度表为依据来进行的。

铂电阻和铜电阻是统一设计的定型产品，均有相应的分度表（见附录 B）。凡分度号相同的铂电阻和铜电阻均符合相应的分度规定。

2) 作图法。这是将热电阻的电阻与温度的关系特性用曲线在坐标纸上表示出来的方法。这种方法的特点是直观，可在一张图上方便地比较各种不同电阻的特性。铂电阻和铜电阻的电阻—温度特性曲线如图 2-31 所示。

3) 数学表示法。数学表示法就是用数学公式描述热电阻感温元件的电阻与温度的关系特性。铂电阻和铜电阻的电阻与温度的关系见式 (2-13)、式 (2-14) 和式 (2-16)。

(3) 热电阻的结构　普通工业用铂电阻和铜电阻的结构如图 2-32 所示，它由电阻体、引出线、绝缘管、保护管和接线盒等组成。除此之外，也有根据不同用途制造的特殊结构的热电阻。工业普通热电阻与热电偶的外形很相似，根据用途不同也有与热电偶相应的类型。

1) 电阻体。电阻体是热电阻的敏感元件，

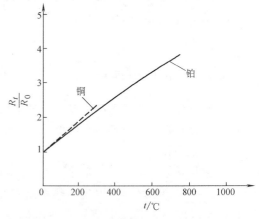

图 2-31　热电阻的电阻—温度特性曲线

它一般是采用无感双绕法将电阻丝绕在骨架上而成的，如图2-33所示。常用骨架材料有云母、石英玻璃、陶瓷和有机塑料（只适用于铜电阻）等。骨架的形状通常有平板形、圆柱形和螺旋形等几种。

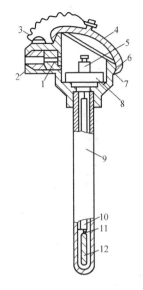

图 2-32　工业用热电阻的结构

1—出线口密封圈　2—出线口螺母　3—链条　4—盖
5—接线柱　6—盖的密封圈　7—接线盒　8—接线座
9—保护管　10—绝缘管　11—引出线　12—电阻体

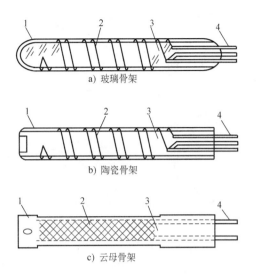

a) 玻璃骨架

b) 陶瓷骨架

c) 云母骨架

图 2-33　热电阻的电阻体

1—外壳或绝缘片　2—铂丝
3—骨架　4—引出线

2）热电阻的引出线。引出线是热电阻出厂时自身具备的引线，位于保护管内，其功能是使感温元件能与外部测量电路相连接。因保护管内温度梯度大，引线要选用纯度高、不产生热电动势的材料。对于工业铂电阻，中低温用银丝作引线，高温用镍丝。对于铜和镍电阻的引线，一般都用铜、镍丝。为了减少引线电阻的影响，其直径往往比电阻丝的直径大得多。

热电阻的引出线对测量结果有较大的影响，目前常用的引线方式有两线制、三线制和四线制。

① 两线制。在热电阻感温元件的两端各连一根导线，如图2-34所示。这种引线方式简单、费用低，但是引线电阻以及引线电阻的变化会带来附加误差。因此两线制适用于引线不长，测温准确度要求较低的场合。

② 三线制。在热电阻感温元件的一端连接两根引线，另一端连接一根引线，如图2-35所示。这种引线形式使两条引出线和两条导线的电阻分别加到电桥相邻的两臂中，可以较好地消除引线电阻的影响，测量准确度高于两线制，所以应用较广。工业热电阻通常采用三线制接法，尤其是在测温范围窄、导线长、架设铜导线途中温度发生变化等情况下，必须采用三线制接法。

③ 四线制。在热电阻感温元件的两端各连两根引线，如图2-36所示。其中两根和恒流源连接，另外两根线和电位差计相连。测量时，恒流源电流流过热电阻产生压降，再用电位差计测出。尽管热电阻的连接导线存在电阻，但电流回路中连接导线上的压降并不在测量范围内。在测量回路中虽然有导线电阻，但由于电位差计在测量时电流为零，所以导线电阻上的压降为零。因此，四线制总能消除连接导线电阻的影响，主要用于高精度温度检测。

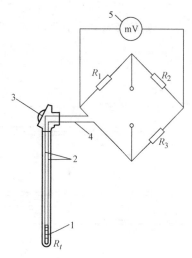

图 2-34 两线制

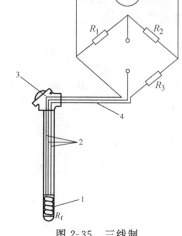

图 2-35 三线制

1—热电阻 2—引出线 3—接线盒 4—连接线 5—显示仪表

值得注意的是，无论是三线制还是四线制，引线都必须从热电阻感温元件的根部引出，不能从热电阻的接线端子上分出。

3）热电阻的保护管和绝缘管。热电阻的引出线要通过瓷管进行绝缘，以免发生短路。为了使电阻体免受机械损伤和腐蚀性介质的污染，延长使用寿命，一般电阻体外面均套有保护管。但在特殊情况下也可裸露使用。对保护管和绝缘管材料的要求与热电偶一样。

（4）标准化热电阻 金属热电阻主要有铂电阻、铜电阻、镍电阻、铁电阻和铑铁合金等，主要金属热电阻的代号、分度号和基本参数（测量范围、R_0 及允许误差、W_{100} 及允许误差）如表 2-8 所示。其中铂电阻和铜电阻最为常用，有统一的制作要求、分度表和计算公式，铂电阻测温准确度最高。

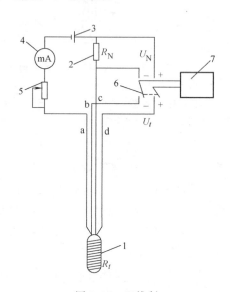

图 2-36 四线制

1—热电阻 2—标准电阻 3—电池 4—电流计
5—可调电阻 6—转换开关 7—电位差计

表 2-8 金属热电阻的代号、分度号和基本参数

热电阻名称	代号	分度号	0℃时的电阻值 R_0/Ω		温度测量范围/℃	W_{100} 及允许误差	
			R_0 名义值	允许误差		W_{100} 名义值	允许误差
铂电阻	IEC（WZP）	Pt10	10	A 级±0.006	0～850	1.3850	±0.001
				B 级±0.012			
		Pt100	100	A 级±0.06	-200～850		
				B 级±0.12			

42

热电阻名称	代号	分度号	0℃时的电阻值 R_0/Ω		温度测量范围 /℃	W_{100} 及允许误差	
			R_0 名义值	允许误差		W_{100} 名义值	允许误差
铜电阻	WZC	Cu50	50	±0.05	−50~150	1.428	±0.002
		Cu100	100	±0.10			
镍电阻	WZN	Ni100	100	±0.18	−60~180	1.617	±0.003
		Ni300	300	±0.54			
		Ni500	500	±0.90			

注：热电阻感温元件实际的使用温度同它的骨架材料有关，其实际使用温度范围在产品说明书或合格证书中注明，请注意查阅。

1）铂电阻。铂是一种贵金属，具有准确度高、稳定性好、性能可靠以及抗氧化性很强的优点。铂在很宽的温度范围内，约在1200℃以下都能保证上述特征。铂很容易提纯，复现性好，电阻率大，有良好的工艺性，可制成很细的铂丝（直径为0.2mm或更细）。所以，1990年国际实用温标（ITS—90）中规定，在−259.3467~961.78℃的温域内以铂电阻温度计作为标准仪器。铂电阻的缺点是：铂电阻的电阻值与温度为非线性关系，电阻温度系数 α 比较小，在还原性气氛中工作时易被玷污变脆，并改变了它的电阻与温度间的关系。另外，由于铂在高温下易挥发，限制了铂电阻的测温上限。

①工业用铂电阻的温度特性。作为标准用的铂电阻温度计可以用一种严密、合理的方程来表述其电阻与温度的关系，但是该方程比较复杂。对于工业用铂电阻温度计，可以用简单的分度公式来描述其电阻与温度的关系。工业用铂电阻温度计的使用温度范围是−200~850℃，在如此宽的温度范围内，很难用一个数学公式准确表示，为此需要分成两个温度范围分别表示。

对于−200~0℃的温度范围有

$$R_t = R_0[1 + At + Bt^2 + C(t-100)t^3] \tag{2-13}$$

对于0~850℃的温度范围有

$$R_t = R_0(1 + At + Bt^2) \tag{2-14}$$

式中，R_t、R_0 为温度分别为 t（℃）和0℃时铂电阻的电阻值；A、B 和 C 为常数，在ITS—90中规定 $A = 3.9083 \times 10^{-13}℃^{-1}$，$B = -5.775 \times 10^{-7}℃^{-2}$，$C = -4.183 \times 10^{-12}℃^{-4}$。

②铂电阻测温电路。铂电阻测温电路采用的传统方法是利用不平衡电桥把电阻的变化转变为电压。该方法存在的问题是桥臂电阻和电桥输出电压之间为非线性关系，由式（2-13）和式（2-14）可知，铂电阻的阻值和温度之间也存在非线性关系。这样，铂电阻的非线性和不平衡电桥固有的非线性势必给温度测量带来很大的非线性误差。特别是当测温范围较宽时，其非线性更明显。为了解决该问题，常用的方法有数字补偿法和模拟补偿法。查表法是数字补偿法中最常用的一种方法，较为简单实用。模拟补偿法又可分为简单模拟电路和集成芯片补偿法，前者如图2-37所示。该电路在−100℃时输出为0.97V，200℃时输出为2.97V。如果增加合适的增益调节电路和偏移控制，则可以增大输出信号。图中，利用电阻 R_2 的少量正反馈实现Pt100的非线性补偿，该反馈回路当Pt100阻值较高时输出电压略有提高，这有助于传输函数的线性化处理。图2-37中输出电压的表达式为

$$U_{out} = E \frac{\dfrac{R_2 /\!/ R_t}{R_2 /\!/ R_t + R_5}}{\dfrac{R_4}{R_4 + R_3}} - \frac{R_5 /\!/ R_t}{R_5 /\!/ R_t + R_2}$$

(2-15)

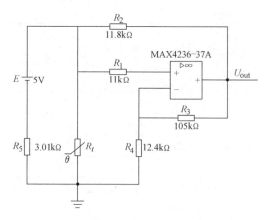

图 2-37　铂电阻测温的简单模拟电路

集成芯片补偿法中常用的芯片有 XTR105 和 XTR106。XTR105 是美国 BURR—BROWN 公司生产的用于温度检测系统中的温度—电流变送器，它可将铂电阻的阻值随温度的变化量转换成电流，该电流值仅与热电阻的阻值有关，而与电路电阻（包括连接电缆的电阻和接插件的接触电阻）无关，不仅可以消除电路电阻所产生的误差，而且可以对铂电阻中的温度二次项进行线性补偿，因此提高了温度检测系统的线性度和准确度。XTR106 是美国 BB 公司推出的高精度、低漂移、自带两路激励电压源、可驱动电桥的 4～20mA 两线制集成单片变送器，它的最大特点是可以对不平衡桥的固有非线性进行二次项补偿，因此，它可以使桥路传感器的非线性得以显著改善，改善前后非线性比最大可达 20∶1。

2）铜电阻。工业上除铂电阻应用很广以外，铜电阻的使用也很普遍。一般用来测量 -50～150℃ 范围内的温度。铜电阻和温度可近似为如下线性关系：

$$R_t = R_0(1 + \alpha t)$$

(2-16)

式中，$\alpha = 4.25 \sim 4.28 \times 10^{-3} ℃^{-1}$，一般取 $\alpha = 4.28 \times 10^{-3} ℃^{-1}$，比铂电阻的温度系数要高（铂电阻的温度系数在 0～100℃ 间的平均值为 $3.9 \times 10^{-3} ℃^{-1}$）。

金属铜的优点是：价格低廉，具有较大的电阻温度系数，材料容易提纯，具有较好的复现性，容易加工成绝缘的铜丝，铜的电阻值与温度的关系在测量范围内几乎是线性的。根据以上这些优点，在测量精度要求不太高且温度较低的场合下，为节约铂而尽可能使用铜电阻。

铜的缺点是易氧化，氧化后即失去其线性关系。因此只能在较低温度和没有腐蚀性的介质中使用。另外，铜的电阻率较铂要小，因此做成一定阻值的热电阻则体积较大。

3）镍电阻。镍电阻的电阻温度系数 α 约为铂的 1.5 倍，使用温度范围为 -50～300℃。但是，温度在 200℃ 左右时，电阻温度系数 α 具有奇异点，故多用于 150℃ 以下。

我国虽已规定其为标准化的热电阻，但还未制定出相应的标准分度表，故目前多用于温度变化范围小、灵敏度要求高的场合。

（5）特殊热电阻　热电阻除了普通结构的热电阻之外，还有一些适用于特殊场合的热电阻，如铠装热电阻、薄片型铂电阻等。

1）铠装热电阻。这是将电阻体封焊在由金属管、绝缘材料和金属导线三者经拉伸而成的金属套管内的热电阻，其结构如图 2-38 所示。铠装热电阻的优点同铠装热电偶。

2）薄片型铂电阻。图 2-39 所示为薄片型铂电阻的结构。它可用于物体表面温度的测量，也可嵌入电机线圈测量其温度。结构特点是用铂丝绕在很薄的云母片骨架上，使用时可紧密地贴在被测物体的表面上。温度测量范围为 0～500℃，时间常数小于 15s，厚度为 0.5mm。

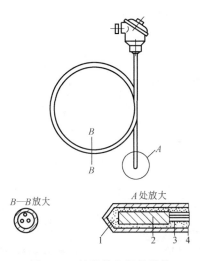

图 2-38　铠装热电阻的结构

1—绝缘材料　2—感温元件　3—引
出线　4—金属套管

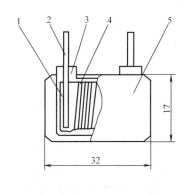

图 2-39　薄片型铂电阻

1—云母片骨架　2—引出线　3—绝缘片
4—铂丝　5—夹持件

（6）热电阻的校验方法　为保证测量精度，热电阻在使用前和经过一段使用时间之后，
或经过修理之后都应进行校验，看其电阻值与
温度的变化关系是否准确，具体步骤如下：

1）按图 2-40 接线，并检查是否正确。

2）将电阻体从保护管中抽出后，放入恒温
器中，使之达到校验点温度并保持恒温，然后
调节分压器使毫安表指示约为 4mA（电流不宜
过大，一般不超过 6mA，以免热电阻发热，产
生自热误差，影响测量精度）。将切换开关倒向
标准电阻 R_N 的一边，读出电位差计示值 U_N；
然后立即将切换开关倒向被测热电阻 R_t 的一
边，读出电位差计的示值 U_t。

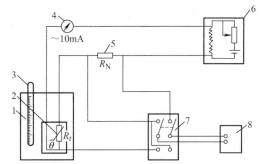

图 2-40　校验热电阻的接线图

1—加热恒温器　2—被校验电阻体　3—标准
温度计　4—毫安表　5—标准电阻　6—分
压器　7—双刀双掷切换开关　8—电位差计

3）按式 $R_t = (U_t / U_N) R_N$ 求出 R_t 的值。
在同一校验点需要重复测三四次，求出每次测
量的 R_t 值，然后取其平均值与分度表核对，看其是否超出允许误差范围。如果不超出误差
范围，则该校验点的 R_t 值即为合格。

4）再取几个校验点（一般取被测温度范围的 10%、50% 和 90%），重复上述步骤 2）、
3）。如均合格，则此热电阻校验完毕。

热电阻校验方法除上述比较法外，还可用校验初始电阻 R_0 和电阻比 R_{100}/R_0 值的方法，
若这两个参数的误差不超过允许的误差范围（见表 2-8）即为合格。这种方法也就是校验热
电阻在 0℃ 和 100℃ 时的阻值（详见有关检定规程）。

2. 半导体热敏电阻

半导体热敏电阻是一种电阻值随温度呈指数规律变化的热电阻，其测温范围为 -40～
350℃，现已大量用于家电、汽车的温度检测和控制中。

（1）热敏电阻的特性及分类 热敏电阻按其温度特性分为三种类型：负温度系数热敏电阻 NTC、正温度系数热敏电阻 PTC 和临界温度系数热敏电阻 CTR，典型的热敏电阻的温度特性如图 2-41 所示。通常我们所说的热敏电阻是指 NTC。

1）负温度系数热敏电阻 NTC。NTC 主要是由两种以上金属（如铁、锰、镍、铁等）的复合氧化物构成的烧结体，通过不同的材质组合，能得到不同的电阻值 R_0 及不同的温度特性。它的特点是：电阻随温度的升高而降低，具有负的温度系数。

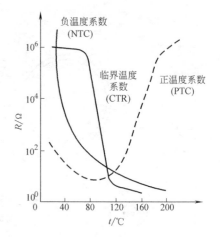

图 2-41 各种热敏电阻的特性

2）正温度系数热敏电阻 PTC。PTC 的特点与 NTC 正好相反，电阻随温度的升高而增加，并且当达到某一温度时，阻值突然变得很大。根据这个特性，PTC 型热敏电阻可用作位式（开关型）温度检测元件。

3）临界温度系数热敏电阻 CTR。CTR 在某一温度下电阻急剧降低，必须分段研究其特性。

（2）热敏电阻的结构 半导体热敏电阻根据需要可制成各种形状，如珠形、扁圆形、杆形和圆片形等，如图 2-42 所示，目前最小的珠形热敏电阻可达 $\phi 0.2mm$，常用来测"点"温和表面温度。

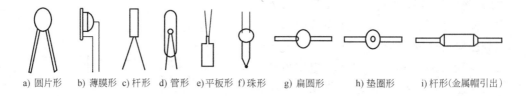

a) 圆片形   b) 薄膜形   c) 杆形   d) 管形   e) 平板形   f) 珠形   g) 扁圆形   h) 垫圈形   i) 杆形(金属帽引出)

图 2-42 各种热敏电阻的结构形式

（3）热敏电阻的特点 半导体热敏电阻的优点是电阻温度系数比金属大，一般为金属电阻的十几倍，灵敏度很高，而且电阻率很大，可做成体积很小而电阻值很大的电阻体，在使用时引线电阻所引起的误差可以忽略。缺点是互换性差，部分产品稳定性不好。但由于它结构简单，热响应快，灵敏度高且价格便宜，因此在汽车、家电等领域得到大量应用。

2.2.5 接触式测温实例

用膨胀式温度计、压力式温度计、热电偶和热电阻等测量温度时，其感温元件必须与被测对象直接接触。所以，把上述温度计统称为接触式温度计。用接触式温度计测量温度时，仪表所指示的值是感温元件本身的温度，一般这个温度与被测对象的真实温度是有差值的。本节主要讨论不同测量对象的温度测量方法、误差产生的原因及其减小误差的方法。

1. 固体表面温度的测量

在冶金、机械、能源和国防等部门，经常涉及金属表面温度的测量。例如，热处理工段中锻件、铸件以及各种余热利用的热交换器表面、蒸汽管道、炉壁面等表面温度的测量。

由于固体表面温度受环境影响较大，一般不同于固体内部温度，在用接触式温度计测量固体表面温度时，要在固体内部、固体表面及周围环境处于热平衡的状态下进行。

表面温度测量目前采用较多的是热电偶，其次是热电阻。这是因为热电偶具有较宽的测量范围、较小的测量端，能够测量"点"的温度，而且测量准确度也较高。但用热电偶测量表面温度，至今还没有找到一种理想的安装方法来保证测得表面的真实温度。其主要原因就是由于热电偶的引入破坏了原来的温度场，而仪表的指示值是温度场已被破坏的表面温度，因此产生了测量误差。

(1) 热电偶与被测表面的接触形式　热电偶与被测表面的接触形式基本上有四种：点接触、片接触、等温线接触和分立接触，如图 2-43 所示。

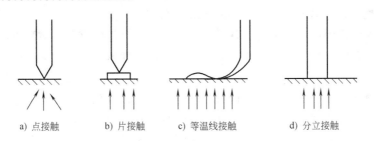

a) 点接触　　　b) 片接触　　　c) 等温线接触　　　d) 分立接触

图 2-43　热电偶与被测表面的接触形式

1) 点接触。热电偶的测量端直接与被测表面相接触，如图 2-43a 所示。

2) 片接触。先将热电偶测量端与导热性能良好的金属片（如铜片）焊在一起，然后再与被测表面接触，如图 2-43b 所示。

3) 等温线接触。热电偶的测量端与被测表面接触后，热电极从测量端引出再沿表面等温线敷设一段距离（约 50 倍热电极直径）后引出。热电极与被测表面要用绝缘材料隔开（表面为非导体除外），如图 2-43c 所示。

4) 分立接触。热电偶的两个热电极分别与表面接触，通过被测表面（仅对导体而言）构成回路，如图 2-43d 所示。

对于上述四种接触形式，被测表面与两热电极间热传导的方式是不一样的。点接触是通过一"点"导热，测量端的温度梯度最大；分立接触是通过"两点"导热，测量端的温度梯度较大；片接触是通过金属片所接触的那块表面导热，测量端的温度梯度较小。因此，在相同的外界条件下，点接触的导热误差最大，分立接触次之，片接触较小。对于等温线接触的形式来说，因热电极与被测表面等温敷设了一段距离后才引出，导热量主要由等温敷设段供给，相应测量端的温度梯度比热电极直接引出的情况要小得多。因此在这四种接触形式中，等温线接触的测量端导热误差最小，测量的准确度也就最高。

取软木、木头和铜三种平板材料，水平放置，下面加热，周围空气温度为 15℃，平板的实际温度为 35.4℃。按图 2-43a、b、c 三种方法进行测量，其测量结果列于表 2-9 中。

通过试验证明了上述分析，等温线接触形式的误差最小。同时从测量结果中还可以看出，测量误差的大小不仅与热电偶测量端的接触形式有关，而且还与被测表面的导热能力有关。例如对于点接触，当被测表面为导热性能良好的铜时，其导热误差为 3.6℃；若被测表面换成导热性能很差的软木，则导热误差增大到 12.5℃。表面导热能力越差，则相应的导

表 2-9 三种接触形式的测量结果

平板试件		点 接 触		片 接 触		等温线接触	
材料	导热系数 λ / (W/m · K)	热电偶指示温度 /℃	导热误差 /℃	热电偶指示温度 /℃	导热误差 /℃	热电偶指示温度 /℃	导热误差 /℃
软木	0.038	22.9	12.5	32.3	3.1	35.3	0.1
木头	0.35	25.9	9.9	34.2	1.2	35.3	0.1
铜	384	31.8	3.6	34.4	1.0	35.4	0

热误差就越大。对于导热性能较差的材料，当采用片接触时，可以有效地减小导热误差。例如软木加集热片，导热误差就较点接触下降了 9.4℃。

用热电偶测量固体表面温度，其导热误差还与热电极的直径、被测表面附近气流的速度等有关。热电极的直径越粗、被测表面附近气流的速度越大，则散失的热量越多，测量误差越大。

(2) 热电偶的固定方法 热电偶与被测固体表面相接触时，固定的方法可分为永久性敷设和非永久性敷设两种。永久性敷设是指用焊接、黏结的方法使热电偶固定于被测表面；非永久性敷设是指用机械的方法使测量端与被测表面接触，其测量端多制成探头型。永久性敷设的特点是热电偶与被测表面有良好的热接触，测量精度高；非永久性敷设的特点是热电偶可以移动，不损伤被测表面，有较大的灵活性。应根据被测对象的要求合理选择敷设方法。

1) 对于较薄材料来说，热电偶热接点可直接地附着在表面上（见图 2-44a）或是装入集热垫片（见图 2-44b），可以用焊接、钎接、黏结或机械压紧等方法固定在表面上。

2) 对于较厚的材料来说，在允许的条件下，可在被测表面上开一浅槽，将热电偶埋在槽内（见图 2-44c），槽的顶端即为测温点。经绝缘的热电极沿槽敷设（敷设的长度应为线径的 20～30 倍），并用填充物固定后沿浅槽表面引出。一般槽内热电偶热接点的位置低于表面，因此指示的是表面下的温度。用于管子的敷设方法同上类似，如图 2-44d 所示。

3) 要求迅速反应的场合，可采用图 2-44e 所示的安

a)直接固定在表面的接点

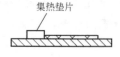
b)装入集热垫片的接点

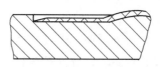
c)固定在浅槽内的接点

d)固定在管壁小孔中的接点

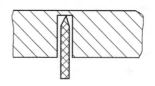
e)固定在表面背后的接点

图 2-44 热电偶在固体表面上安装的方法

装结构，热电偶的热接点要尽可能地小。由于铠装热电偶具有尺寸小、扰性好和动态响应快等优点，用它作表面敷设和埋设都较方便。铠装热电偶在金属表面埋设时，填充物可用导热系数大的物质，这样可以减小因埋设热电偶而引起的表面温度场的畸变，提高测量的准确性。

2. 管道中流体温度的测量

管道中流体温度的测量在工业测量中是经常遇到的问题，例如蒸汽或水的温度测量等。在测量当中，影响其测量精度的主要原因是由于管道内外有温差存在，这样就会有热量沿感温元件向外导出（即引热损失），使得感温元件感受到的温度比流体真实温度要低，即产生了导热误差，而且有时这个误差是很大的。若管道中的介质是高温气（汽）体时，则还会有由于感温元件向管内壁的辐射散热而造成的热辐射误差存在（关于热辐射误差将在后面讨论）。如果管中的介质为液体，则不存在这种误差。

（1）感温元件的安装要求　为减小导热误差，保证测量的准确性，在进行管道中流体温度的测量时，感温元件应遵循如下安装原则：

1）因为管道内外的温度差越大，沿感温元件向外传导的热量就越多，造成的测量误差就越大，因此应该把感温元件的外露部分用保温材料包起来以提高其温度，减小导热误差。

2）感温元件应逆着介质流动方向倾斜安装，至少应正交，切不可顺流安装。感温元件在管道上的安装如图 2-45 所示。

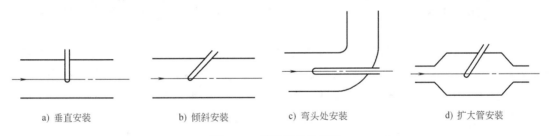

a) 垂直安装　　　b) 倾斜安装　　　c) 弯头处安装　　　d) 扩大管安装

图 2-45　感温元件的安装

3）感温元件应有足够的插入深度。实践证明，随着感温元件插入深度的增加，由于导热而造成的误差将减小。对于直径太小的管道，应考虑加装扩大管，如图 2-45d 所示。对于各类玻璃液体温度计在公称直径 $D_g < 50mm$ 的管道上安装或普通热电偶、普通热电阻和双金属片式温度计在 $D_g < 80mm$ 的管道上安装时，均应采用扩大管。而对于压力式温度计，因为温包长度规格很多，且不统一，因此到底工艺管道多大需加扩大管，只能视具体使用的温度计来确定，主要以整个温包浸没在被测介质中为符合要求。

4）感温元件应与被测介质充分接触，以增大放热系数，减小误差。为此，感温元件的感温点应处于管道流速最大的地方（一般在管道中心）。

5）为减小向外的热损失，应使测温管或保护管的壁厚和外径尽量小一些。同时要求测温管或保护管材料的导热系数要小一些（但这会增加热阻，使动态测量误差增大）。

另外，在感温元件安装于负压管道（如烟道）中时，应注意密封，以免外界冷空气袭入而降低测量指示值。

（2）应用实例分析　如图 2-46 所示，在管道中流过压力为 2.9MPa、温度为 286℃ 的过热蒸汽。管道内径为 100mm，流速为 30～35m/s。采用热电偶作为感温元件，按五种方案测温。在方案（a）中，热电偶逆着气流方向沿管道中心插得很深，热电偶外露部分很短，且在安装部位有很厚的保温层，这种方案的测量误差接近于零。方案（b）将热电偶插到管道中心，外露部分包有保温层，其测量误差为-1℃。方案（c）与方案（b）不同之处是热电偶保护管的直径及壁厚都较大，插入深度超过管道中心，因此误差增大到-2℃。方案（d）与方案（b）的不同之处是热电偶没有插到管道中心，其误差为-15℃。在方案（e）中，热电偶安装部位的管道没有保温层，而且热电偶外露部分较长，插入的深度又没方案（a）那样长，因此测量误差很大，达-45℃。

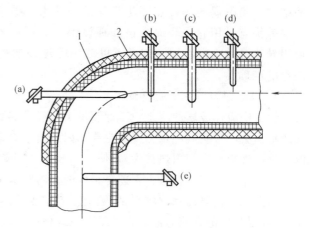

图 2-46　感温元件的不同安装方案
1—蒸汽管道　2—保温层

通过上例说明，在测量管道中流体的温度时，如果按着前面提出的原则来安装感温元件，测量误差是可以大大减小的。但对于高温、高压、大管径、高流速的蒸汽管道，就不能要求将热电偶插入到管道中心，否则会因悬臂过长（>250mm）而往往导致热电偶保护管断裂。

上述特点的蒸汽管道，由于管内蒸汽流速高，呈旺盛紊流状态，管道横截面的温度分布较均匀，同时由于蒸汽的对流放热系数远大于静止或低速状态，因此，为保证感温元件不断裂，可缩短热电偶插入深度，只要其端部有足够的等温段（>30mm），就能满足测量精度的要求。

3. 高温气体温度的测量

在测量工业炉窑的火焰温度或锅炉烟道中的烟气温度时，一般都是采用接触式温度计。所产生的测量误差除前面讨论的沿感温元件的导热误差外，主要是热辐射误差，这是由于在感温元件安装地点附近往往有温度较低的冷壁面，使感温元件表面有辐射散热而造成的。

（1）辐射散热误差　如果忽略沿感温元件的导热损失，根据热平衡原理，辐射散热误差可由下式确定：

$$T_s - T_f = -\frac{C}{\alpha}(T_s^4 - T_w^4) \tag{2-17}$$

式中，T_s、T_f、T_w 分别为感温元件、介质和冷壁面的温度（均用热力学温度表示），单位为 K；C 为辐射散热系数，$C = \sigma\varepsilon_s$；σ 为黑体辐射常数；ε_s 为感温元件表面黑度；α 为介质与感温元件间的放热系数。

由于热辐射的影响而产生的测量误差有时是很大的。例如，测量锅炉过热器后面的烟气温度。已知温度计的示值为 500℃，附近冷壁面的温度为 400℃，烟气与感温元件间的放热系数为 29W/m² · ℃，感温元件表面的散热系数为 4.7×10^{-8} W/m² · K⁴。利用式（2-17）可求得烟气的温度为 1019K（即 746℃），误差达-246℃。

由此可见，热辐射误差是很大的。被测介质温度越高，误差越大。这种情况会使测量工作完全失去意义。在实际情况下，用式(2-17)计算温度或误差是很困难的，因为各个系数的值不易确定，冷壁面温度也难以确定。

（2）感温元件的安装要求　为了正确地测得感温气体温度，原则上应采取如下措施：

1）由于辐射散热误差与 T_s 和 T_w 的四次方之差成正比，因此只要 T_s 与 T_w 有少许差别，产生的误差就很大。为减小这项误差，就得使 T_s 与 T_w 尽可能地接近。为此通常把热电偶（或其他感温元件）用一个内壁光亮（如镀镍）的遮蔽罩围起来（见图2-47），使热电偶等感温元件直接对遮蔽罩进行辐射，对冷壁面的辐射由遮蔽罩来负担。由于气流直接流过遮蔽罩的内外表面，加热了遮蔽罩，从而使遮蔽罩的温度比冷壁面的温度高得多，感温元件的辐射热损失大大减小。这时感温

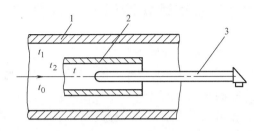

图 2-47　感温元件外围加遮蔽罩
1—管道　2—遮蔽罩　3—温度计

元件感受到的温度较接近于气流温度，测量误差小。当然遮蔽罩的数目越多，效果越好。但数目越多，制造和安装就越困难。另外，遮蔽罩在使用中会受污染而失去其表面的光洁度，表面黑度增加，结果使测温误差逐渐增大。

2）从式(2-17)中可以看出，误差随 ε_s 的增大而增大。所以为减小气体温度的测量误差，应使热电偶的热接点或保护管的黑度尽量小。ε_s 的大小由热电极或保护管的材料决定。在条件允许的情况下，为减小测量误差，短时间测量可不用陶瓷管而直接把铂铑$_{10}$—铂热电偶裸露使用。因为铂铑合金和铂材料在高温下的 ε_s 比陶瓷管的 ε_s 要小得多，因此辐射散热误差也就小得多。

3）由式(2-17)可以看出，为减小热辐射误差，必须增大气流与感温元件之间的对流放热系数 α。

气流温度测量的一个重要特点，就是在一般流速下气流与感温元件之间的放热系数 α 比同样流速下的液体小得多，这就使得气流与感温元件间换热困难，误差增大。为解决这个问题，实践中提出了各种各样的办法。

除了前面讲过要把感温元件的主要工作部分（如热电偶的测量端）放在管道中流速最大的地方外，目前最常用的办法是增大气流与感温元件之间的相对速度。在工程上常用抽气式热电偶来达到这一目的。抽气式热电偶的示意图如图2-48所示。图中1是遮蔽罩，2为热电偶，热接点通常是裸露的，3是测量气流抽出速度的节流装置，4是蒸汽或压缩空气的喷嘴。当高压蒸汽或压缩空气从喷嘴4喷出后在喷嘴出口处产生负压，从而可把高温气体从炉腔或槽道中高速抽走。这样在热电偶热接点处形成了高速气流，增大了气体与热电偶热接点间的放热系

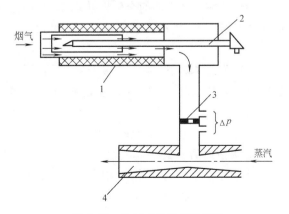

图 2-48　抽气式热电偶示意图
1—遮蔽罩　2—热电偶　3—节流装置　4—喷嘴

数。抽气的速度越大，α 越大，测量误差就越小。但若抽气速度太高，要消耗很多的能量，并且可能导致遮蔽罩的迅速堵塞。因此对抽气速度有一定的限制。实际上推荐抽气速度不超过 100m/s，当没有堵塞危险时，抽气速度可保持在 200m/s 以上。

2.3 非接触式测温方法及仪表

辐射温度计属于非接触式测温仪表，广泛用于测量 700℃ 以上的温度。用红外技术测温时其下限可达 100℃ 或更低。因为是非接触，所以利用这种温度计测量温度时，仪表不会破坏被测对象的温度场，并且在测量高速旋转、移动或腐蚀性较强的物体温度时，比使用接触式测温仪表优越。由于感温元件不必与被测对象达到热平衡，达到相同的温度，因此仪表的测量上限不受感温元件材料熔点的限制，仪表的滞后小，动态响应好。辐射温度计的输出信号大，灵敏度高，精度也高。因此 90 国际温标中规定，在 961.78℃ 以上采用光学或光电高温计作为标准仪器。

2.3.1 辐射测温的基础理论

1. 基本概念

（1）辐射能　所有物体，只要其温度高于热力学零度，都会以电磁波的形式向外发射辐射能。物体的辐射能以各种波长发射，如 X 光、紫外光、可见光、红外光和无线电波等。

（2）热辐射　辐射测温技术最关心的是物体所能吸收的，而且在吸收时又能重新转变为热能的那些射线，它们的热效应最显著，所以又把这部分的电磁波称为热射线或热辐射。相应地，热射线所具有的能量称为热辐射能。热辐射主要指可见光和红外光，即波长 λ 在 0.4～1000μm 之间的射线。其中波长在 0.4～0.76μm 间的称为可见光波，而波长在 0.76～1000μm 间的称为红外光波。

（3）辐射功率　物体在单位时间内从单位面积向半球空间发射的全部波长的总辐射能量，称为辐射功率（又称为半球总辐射力、辐射能力）。用符号 W 表示，单位为 W/m²。

（4）单色辐射功率　物体在一定波长下的辐射功率，称为单色辐射功率（又称为单色辐射力、光谱辐射力）。用符号 W_λ 表示，单位为 W/m² μm。

（5）发射率　物体的全辐射功率 W 与同温度下黑体的全辐射功率 W_b 之比，称为该物体的全发射率 ε，简称发射率或黑度。可用下式表示：

$$\varepsilon = W/W_b \tag{2-18}$$

（6）单色发射率　在某波长下物体的单色辐射功率 W_λ 与同温度黑体在相应波长下的单色辐射功率 $W_{b\lambda}$ 之比，称为单色发射率或单色黑度 ε_λ，用下式表示：

$$\varepsilon_\lambda = W_\lambda/W_{b\lambda} \tag{2-19}$$

2. 辐射能的分配

当辐射能投射到物体表面时，一般情况下，其中的一部分被物体吸收，一部分被反射，另一部分可透过物体，如图 2-49 所示。

根据能量守恒定律得

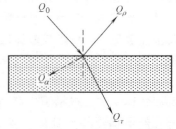

图 2-49　入射辐射能量分布

52

$$Q_0 = Q_\alpha + Q_\rho + Q_\tau \tag{2-20}$$

式中，Q_0 为外界投射到物体表面上的总能量；Q_α 为物体吸收的能量；Q_ρ 为物体反射的能量；Q_τ 为透过物体的能量。等式两边同除以 Q_0，则上式变为

$$1 = \frac{Q_\alpha}{Q_0} + \frac{Q_\rho}{Q_0} + \frac{Q_\tau}{Q_0} = \alpha + \rho + \tau \tag{2-21}$$

式中，α、ρ、τ 分别是吸收率、反射率、透射率。

1）当 $\dfrac{Q_\alpha}{Q_0} = \alpha = 1$ 时，说明物体全部吸收投射到其表面上的辐射能，这种物体称为绝对黑体，简称为黑体。

2）当 $\dfrac{Q_\rho}{Q_0} = \rho = 1$ 时，说明照射到物体上的辐射能全部漫反射出去，这种物体称为绝对镜白体，简称为白体；若辐射能被全部镜反射出去，则称之为绝对镜体，简称镜体。

3）当 $\dfrac{Q_\tau}{Q_0} = \tau = 1$ 时，说明投射在物体上的辐射能全部被透过，这种物体称为绝对透明体，简称为透明体。

实际上自然界中并不存在绝对黑体、镜体、白体或透明体，它们只是实际物体热辐射性能的极限情况。物体的 α、ρ、τ 值主要取决于物体本身的性质、物体表面的状况、波长和物体的温度等条件。

4）一般固体和液体的 τ 值很小或等于零，而气体的 τ 值较大。对于一般工程材料来讲，$\tau = 0$ 而 $\alpha + \rho = 1$，称为灰体。

在自然界中黑体是不存在的，从传热学的角度看，可以人为制造黑体，如图 2-50 所示。图 2-50a 是一个黑体的近似模型，在空腔的壁上开有一个小孔，它的尺寸比空腔的尺寸小得多，当入射能量进入空腔后，经过多次折射和吸收，最后只有很少一部分射出，这样就可以认为入射的能量全部被吸收了，即 $\alpha = 1$。图 2-50b 是工业黑体模型，它为一细长管，管直径 d 与管长 l 之比 d/l 远小于 $1/10$，也可认为它的 $\alpha = 1$。

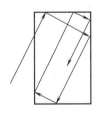 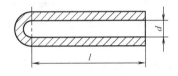

a) 有小孔的空腔   b)工业黑体模型

图 2-50　近似绝对黑体

5）发射率 ε 与吸收率 α 的关系。根据基尔霍夫定律，在热力学平衡状态下，物体的发射能力越大，其吸收率也越大，换言之，善于发射的物体也一定善于吸收，即 $\varepsilon = \alpha$。

3. 黑体辐射定律

（1）普朗克定律　普朗克根据量子统计理论导出了黑体在不同温度下单色辐射功率 $W_{b\lambda}$ 随波长 λ 的分布规律，即所谓普朗克定律，其公式如下：

$$W_{b\lambda} = \frac{C_1}{\lambda^5 \left(e^{\frac{C_2}{\lambda T}} - 1 \right)} \tag{2-22}$$

式中，λ 为辐射波长，单位为μm；T 为黑体的热力学温度，单位为 K；$W_{b\lambda}$ 为黑体的单色辐射功率，单位为 $W/m^2 \cdot \mu m$，它是波长 λ 和热力学温度 T 的函数（见图 2-51）；C_1 为普朗克第一

常数，$C_1 = 3.7415 \times 10^8 \, \text{W/m}^2 \cdot \mu\text{m}^4$；$C_2$ 为普朗克第二常数，$C_2 = 1.4388 \times 10^4 \, \mu\text{m} \cdot \text{K}$。

（2）维恩位移定律 从图 2-51 中可以看出，当温度升高时，单色辐射功率也随之增大，其增长程度因波长不同而不同。同时，当温度升高时，单色辐射功率的最大值向短波方向移动。对应于单色辐射功率最大值的波长 λ_m 与热力学温度 T 之间的关系由维恩位移定律来表述，即

$$\lambda_m T = 2897.8 \, \mu\text{m} \cdot \text{K} \qquad (2\text{-}23)$$

式（2-23）所表示的关系称为维恩位移定律。据此可进行辐射测温仪表工作波段的选择。例如，欲测量 2000K 左右的物体温度，辐射测温仪表的工作波段应进行如下选择：

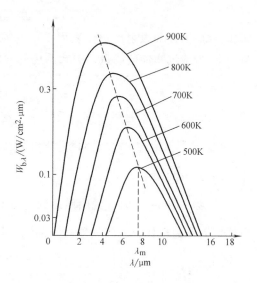

图 2-51 黑体的单色辐射功率与波长的关系

$$\lambda_m = \frac{2897.8}{2000} \, \mu\text{m} = 1.45 \, \mu\text{m}$$

这样可使辐射测温仪表在相同温度下收集较多的辐射能。当然，在实际问题中还要考虑其他因素的影响，不过 λ_m 仍是重要因素之一。

该定律还可解释钢材加热时的颜色变化现象。在 600℃ 以下，钢材发射的基本上都是红外线，因此呈原色；随着钢材温度升高，可见光能量所占比例逐渐加大并向短波方向移动，钢材相继呈暗红、红、黄色，温度超过 1300℃ 时开始发白。

（3）斯蒂芬-玻尔兹曼定律 将式（2-22）在整个波长范围内积分，即得到波长 λ 在 $0 \sim \infty$ 范围内的黑体辐射功率 W_b 为

$$W_b = \sigma T^4 \tag{2-24}$$

式中，σ 为斯蒂芬-玻尔兹曼常数，$\sigma = 5.6697 \times 10^{-8} \, \text{W/m}^2 \cdot \text{K}^4$。

斯蒂芬-玻尔兹曼定律表明，在整个波长范围内的黑体辐射力与温度的四次方成正比。

2.3.2 光学高温计

1. 光学高温计的工作原理

由普朗克定律可知，物体在某一波长下的单色辐射功率随温度的升高而增加。光学高温计就是根据这一原理来进行温度测量的仪表。

我们知道，物体在高温下会发光，具有一定的亮度。物体的亮度 B_λ 和它的单色辐射功率 W_λ 是成正比的，即

$$B_\lambda = C W_\lambda = C \varepsilon_\lambda W_{b\lambda} \tag{2-25}$$

式中，C 为比例常数。

由于 W_λ 与温度有关，所以受热物体亮度大小也反映了物体温度的高低。但因为各种物体的单色发射率 ε_λ 是不相同的，因此即使它们亮度相同，而温度却不一定相同。这就使得按某一物体的温度刻度的光学高温计不可以用来测量另一物体的温度。因此，就有必要按照

黑体的温度来进行仪表刻度。但是，这样刻度的仪表用来测量实际物体的温度时，其测量结果不是物体的真实温度，所以就需要引入一个亮度温度的概念。

在波长为 λ 的光线中，物体在温度 t 时的亮度与黑体在温度为 t_L 时的亮度相等，则称 t_L 为这个物体在波长为 λ 时的亮度温度。用光学高温计测得的温度就是物体的亮度温度，而要知道物体的真实温度还必须加以修正。

物体的亮度温度 t_L 与真实温度 t 的关系可由下式求得：

$$\frac{1}{t_L} - \frac{1}{t} = \frac{\lambda}{C_2} \ln \frac{1}{\varepsilon_\lambda} \qquad (2\text{-}26)$$

式中，C_2 为普朗克第二常数；λ 为单色辐射波长，对于红光 λ= 0.66μm。

从式（2-26）可知，只要知道 ε_λ 和 t_L，就可以求出物体的真实温度 t。显然，当 ε_λ 越小，亮度温度与真实温度的差别越大。由于 $0 < \varepsilon_\lambda < 1$，因此测得的亮度温度总是低于真实温度。

光学高温计是采用亮度均衡法进行温度测量的。它使被测物体成像于高温计灯泡的灯丝平面上，通过光学系统在一定波长（0.66μm）下用人眼比较灯丝与被测物体的亮度，调节流过灯丝的电流以改变灯丝的亮度，使灯丝与被测物体的亮度相等，此时灯丝轮廓就隐灭在被测物体的影像中，高温计刻度盘上的示值就是被测物体的亮度温度。

2. 光学高温计的结构

WGG2-201 型灯丝隐灭式光学高温计如图 2-52 所示。图中 E 为电源，S 为开关，R_1 为刻度调整电阻。光学系统实际是个望远镜。物镜 1 和目镜 4 都可以沿轴向移动。调节目镜的位置可清晰地看到灯丝；调节物镜的位置可使被测物体清晰地成像在灯丝平面上，以便比较二者的亮度，从而可清晰地观察灯丝隐灭的全过程。在目镜 4 与观察孔之间放有红色滤光片 5，测量时移入视场，使测量在选定的波长（0.66μm）下进行，该波长称为光学高温计的有效波长。在物镜 1 和灯泡 3 之间放有吸收玻璃 2，在使用仪器第二量程（1400～2000℃）时，转动吸收玻璃的把手，使其移入视场，用以减弱被测物体的亮度。这样就能在灯丝温度不太高的情况下测量远高于灯丝温度的物体温度。这是因为当灯丝亮度温度超过 1400℃时，灯丝就会发生升华而改变电阻值，而且在灯泡上形成薄膜，改变温度—亮度特性，造成测量误差。

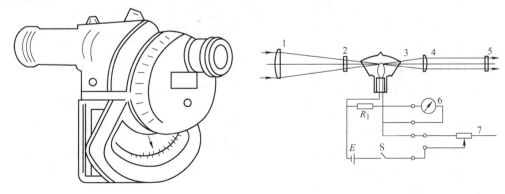

a) 光学高温计外形图　　　　　　　　　　b) 光学高温计原理图

图 2-52　WGG2-201 型灯丝隐灭式光学高温计

1—物镜　2—吸收玻璃　3—灯泡　4—目镜　5—红色滤光片　6—指示仪表　7—可调电阻

电测量系统包括指示仪表 6、灯泡 3、电源和可调电阻 7 四部分。其中光学高温灯泡是核心部件，它是与被测物体进行亮度比较的标准辐射源，它应是灯丝电流的单值函数，并要求有较高的稳定性和复现性。工业隐丝式光学高温计的电测系统有四种基本类型：电压表式、电流表式、不平衡电桥和平衡电桥式。

3. 光学高温计的使用

光学高温计在使用前应先检查仪表指针是否指在"0"位，如不在"0"位，则旋转零位调节器调整。拨动目镜部位的转动片，将红色滤光片引入视线，调整目镜及物镜的前后位置，使物体与灯丝清晰可见。按下按钮，转动滑动电阻盘（即调整灯丝亮度），用人眼分辨灯丝与物体的亮度是否相等。若灯丝亮度比被测物体亮度低，则灯丝就在被测物体的影像中显现出暗弧线，如图 2-53a 所示；若灯丝亮度比被测物体亮度高，则灯丝就在被测物体的影像中显现出亮的弧线，如图 2-53b 所示；若灯丝亮度与被测物体亮度相等，则灯丝就恰好隐灭在被测物体的影像中，如图 2-53c 所示，这时可在仪表中直接读取物体的

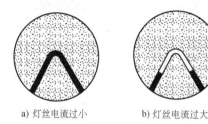

a) 灯丝电流过小   b) 灯丝电流过大   c) 隐灭

图 2-53 灯丝的隐灭

亮度温度。为了获得准确的读数，应分别由低而高和由高而低地调节高温计的灯丝电流，到灯丝隐灭时读数，然后取二次读数的平均值作为最终读数。

由于光学高温计的指示值是被测物体的亮度温度而不是真实温度，因此要求出物体的真实温度还必须加以修正。常用的修正方法是按式(2-26) 所绘制的曲线（见图 2-54）对读数进行修正的。首先，根据被测物体的材质和表面状态从表 2-10 中查出被测物体的单色发射率 $\varepsilon_{0.66}$，然后在图的横坐标上查出光学高温计的最终读数 t_L 的位置，再从该图的纵坐标上查出对应于 t_L 和 $\varepsilon_{0.66}$ 的温度修正值 Δt，按下式计算出真实温度 t：

$$t = t_L + \Delta t \qquad (2\text{-}27)$$

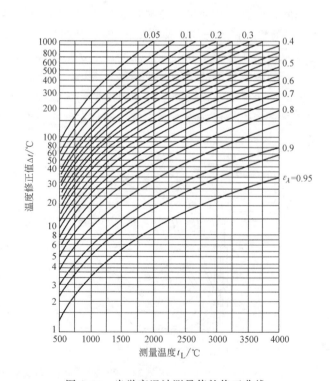

图 2-54 光学高温计测量值的修正曲线

表 2-10　有效波长 $\lambda = 0.66\mu m$ 时各种材料的单色发射率（$\varepsilon_{0.66}$）

材　料　名　称	表面无氧化层		有氧化层的光滑表面
	固态	液态	
铝	—	—	0.22～0.4
银	0.07	0.07	—
钢	0.35	0.37	0.8
铸铁	0.37	0.4	0.7
铜	0.1	0.15	0.6～0.8
康铜	0.35	—	0.84
镍	0.36	0.37	0.85～0.96
90%Ni、10%Cr	0.35	—	0.87
80%Ni、20%Cr	0.35	—	0.90
95%Ni、Al、Mn、Si	0.37	—	—
磁器	—	—	0.25～0.50
石墨（粉状）	0.95	—	—
炭	0.80～0.93	—	—

例 2-7　用光学高温计测量有氧化层表面光滑的钢板温度，光学高温计的读数为 1250℃，求钢板的真实温度。

解： 根据钢板表面状态在表 2-10 中查出单色发射率 $\varepsilon_{0.66}=0.8$，在图 2-54 中，从横坐标为 1250℃ 的点作与纵坐标平行的直线，与 $\varepsilon_{0.66}=0.8$ 的曲线交于一点，查此点的纵坐标数值为 24℃，此值即为修正值。所以根据式（2-27）可算出钢板的真实温度 t 为

$$t = (1250+24)℃ = 1274℃$$

光学高温计以非接触方式测量物体表面的温度，广泛地应用于金属冶炼、浇铸、热处理、锻压、轧制和玻璃熔炼等工艺过程。精密光学高温计经国家计量局检定后，可作为金凝固点温度（1064.43℃）以上温标的传递使用。一般工业光学高温计的精度比全辐射高温计高，而且结构简单、轻巧，便于携带。但光学高温计是用人眼进行比较判断的，容易引入主观误差，所测温度为亮度温度，只有当物体单色发射率 $\varepsilon_{0.66}$ 已知时，才可通过修正求得真实温度。由于单色发射率 $\varepsilon_{0.66}$ 测量不准或选择不当而产生的误差，同样包括在测量误差中，而且是高温计的主要误差之一。此外，光学高温计不能自动指示和记录温度，也不能远传，给应用上带来了不便。

2.3.3　光电高温计

光学高温计在测量时要靠手动平衡亮度，用人眼判断亮度是否平衡，所以不能连续测温，在应用上受到了一定限制。光电高温计可以自动平衡亮度，它是在光学高温计基础上发展起来的自动连续测温仪表。

1.　光电高温计的原理

光电高温计用光电器件作为仪表的敏感元件，代替人的眼睛来感受辐射源的亮度变化，并将此亮度信息转换成与亮度成比例的电信号。此信号经放大后被测量，其大小则对应于被

测物体的温度。为了减小光电器件性能参数的变化和电压波动对测量结果的影响，光电高温计采用负反馈原理进行工作。图 2-55 所示为 WDL 型光电高温计的工作原理。

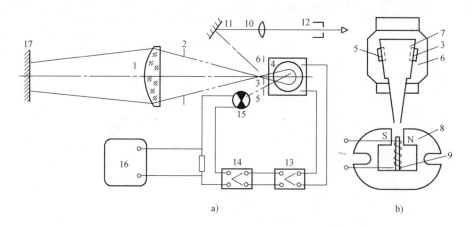

图 2-55　WDL 型光电高温计的工作原理

1—物镜　2—光栏　3、5—孔　4—光电器件　6—遮光板　7—调制板　8—永久磁钢
9—励磁线圈　10—透镜　11—反射镜　12—观察孔　13—前置放大器　14—主放大器
15—反馈灯　16—电位差计　17—被测物体

　　从被测物体 17 的表面发出的辐射能由物镜 1 聚焦，通过光栏 2 和遮光板 6 上的孔 3，透过装于遮光板 6 内的红色滤光片，入射到光电器件（硅光电池）4 上。被测物体发出的光束必须盖满孔 3，这点可用瞄准系统来观察。瞄准系统由透镜 10、反射镜 11 和观察孔 12 组成。

　　从反馈灯 15 发出的辐射能通过遮光板 6 上的孔 5，透过同一块红色滤光片也投射到同一光电器件 4 上。在遮光板 6 的前面放置着光调制器。光调制器的动作原理如图 2-55b 所示。励磁线圈 9 通过 50Hz 的交流电，由此产生的交变磁场与永久磁钢 8 相互作用，使调制片产生每秒 50 次的振动，交替打开和遮住孔 3 和孔 5，使两束辐射能交替地投射到光电器件 4 上，于是光电器件的输出端就产生一个对应于两束辐射能、频率为 50Hz 的脉冲光电流。此脉冲光电流经前置放大器 13 放大后送主放大器 14 进一步放大，主放大器输出的直流电流流过反馈灯，控制反馈灯的亮度。当反馈灯的亮度与被测物体的亮度相等时，脉冲光电流接近于零，这时通过反馈灯的电流大小就代表了被测物体的温度。选用以温度刻度的电子电位差计 16 来自动指示记录通过反馈灯的电流大小。从上述工作原理可知，稳态时反馈灯的亮度接近于被测物体的亮度。

2. 光电高温计的特点

1）光电高温计能自动测量温度，使用方便，可避免操作者的主观误差。

2）灵敏度、准确度都较高。

3）读数可以自动记录和远距离传递，有利于参数的集中控制。

4）光电高温计中的光电器件既可接受可见光也可接受红外光，这使高温计的测量范围不受人眼光谱敏感度的限制，可向低温方向发展。

5）响应速度快。但是，由于反馈灯与光电器件的特性分散性大，元件互换性很差，在更换反馈灯或光电器件时，必须对整个仪表重新进行调整和刻度，这是光电高温计在使用中应特别注意的一个问题。

2.3.4 全辐射高温计

全辐射高温计是以斯蒂芬-玻尔兹曼定律为基础，采用热电堆为检测元件（探测器）的辐射测温仪表。由于表面涂黑的热电堆能吸收投射到其表面上的全部波长范围的所有辐射能，所以人们就把它称为全辐射高温计。这种辐射温度计按能量收集方式的不同，又可分为反射镜式和透镜式两种类型。目前广泛应用的大部分是透镜式的，因此这里只介绍这种全辐射高温计。

1. 全辐射高温计的测温原理

透镜式全辐射高温计的原理及主要部件如图 2-56 所示。被测目标的辐射能用透镜收集起来，经光栏在涂黑的热电堆热接点上成像。热电堆将辐射能转变为热电动势后送到显示仪表，由显示仪表进行指示或记录被测物体的温度。

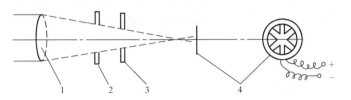

图 2-56 全辐射高温计原理图
1—透镜 2—可调光栏 3—固定光栏 4—热电堆受光面

由于黑度不同的物体在同一温度下其全辐射功率是不相同的，全辐射高温计也需按黑体刻度。当某被测物体温度为 T 时的全辐射功率 $W(T)$，与温度为 T_F 时的黑体全辐射功率 $W_b(T_F)$ 相等时，则称 T_F 为该被测物体的辐射温度。根据此定义可求得辐射温度 T_F 与真实温度 T 之间的关系：

$$\sigma T_F^4 = \varepsilon \sigma T^4$$

所以

$$T = T_F / \sqrt[4]{\varepsilon} \tag{2-28}$$

当已知黑度 ε 和辐射高温计显示的辐射温度 T_F 时，就可按式(2-28)计算出被测物体的真实温度 T。因为 ε 是小于 1 的数，所以 T_F 总是小于 T。各种不同黑度值时辐射温度与真实温度之间的关系如表 2-11 所示。

表 2-11 全辐射高温计所测得辐射温度与真实温度对照

辐射温度/℃	在不同 ε 值时的真实温度/℃										
	1.00	0.95	0.90	0.85	0.80	0.75	0.70	0.65	0.60	0.55	0.50
400	400	408	417	427	437	448	461	474	489	505	523
600	600	611	623	636	649	664	680	698	718	739	763
800	800	814	828	844	861	880	900	921	945	972	1002
1000	1000	1016	1034	1053	1073	1095	1119	1144	1173	1204	1240
1200	1200	1219	1239	1261	1284	1310	1337	1367	1400	1437	1478
1400	1400	1422	1445	1469	1496	1525	1556	1590	1628	1669	1716
1600	1600	1624	1650	1678	1707	1740	1775	1813	1855	1902	1954
1800	1800	1827	1855	1886	1919	1955	1993	2036	2082	2134	2192
2000	2000	2030	2063	2096	2128	2173	2212	2262	2309	2371	2430

2. 全辐射高温计的结构

目前工业上使用较多的是国产 WFT-202 型全辐射高温计，它由辐射感温器、辅助装置和显示仪表组成。辐射感温器的作用是将被测物体的辐射能转变为热电动势，送至显示仪表；显示仪表可用毫伏计或电子电位差计。为防止辐射感温器的工作温度过高，使观察光路保持清晰，避开火焰、高温等恶劣环境的影响，必要时可装设辅助装置。辅助装置分轻型和重型两种，都带有水冷保护罩和通风等装置，可根据使用条件选用。

WFT-202 型辐射感温器的结构如图 2-57 所示。物镜 1 装在铝合金制造的外壳 2 的前端，将辐射能聚焦在热电堆 5 上。这种高温计所用的热电堆根据测量下限的不同，由 16 对或 8 对镍铬—康铜热电偶串联组成。测量端整齐地围成一圈，通过点焊固定在镀铂黑的镍箔上，如图 2-58 所示。参考端是用金属箔片串接在一起，箔片用铆钉固定在两个云母环之间。这种结构的热电堆，热惯性小，灵敏度高。

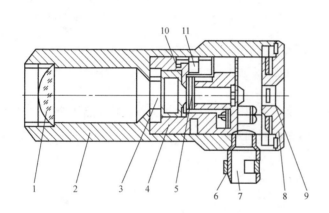

图 2-57　WFT-202 型辐射感温器的结构
1—物镜　2—外壳　3—补偿光栏　4—座架
5—热电堆　6—接线柱　7—穿线套　8—盖
9—目镜　10—校正片　11—小齿轴

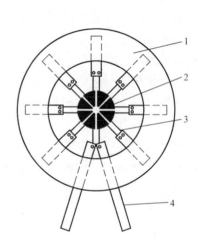

图 2-58　热电堆（8 对）
1—云母基片　2—镀铂黑的镍片（测量端）　3—热电偶丝　4—引出线

为了补偿因热电堆冷端温度受环境温度变化的影响而引起的仪表示值误差，采用了补偿光栏。补偿光栏是由双金属片控制的四片挡光片组成，如图 2-59 所示。双金属片 A 的一端与挡光片 B 垂直焊接，另一端固定在座架上。当环境温度升高时，在双金属片的作用下，挡光片张开，使热电堆热接点上接受的能量增加，自动补偿了热电堆输出热电动势减少的部分。

另外，为了使仪表在一定温度范围内具有统一的分度值，在热电堆前设置了校正片，从标志着"校正器"位置的孔中用旋具旋动小齿轴，调节照射到热电堆上的辐射能，使感温器具有统一的分度值。

3. 全辐射高温计的使用

1）首先按照产品说明书上的连接电路和外接电阻数值，

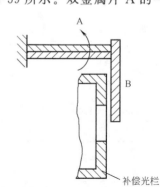

图 2-59　双金属片温度补偿器

将感温器与显示仪表正确地连接起来。

2）感温器使用的环境温度不许高于100℃，否则应采取冷却措施。

3）使用时，如果被测目标太小或太远，则物体的像不能遮盖热电堆受热面整体，在这种情况下与受热面接受的辐射能所相等的温度，一定低于被测物体温度。所以，随着感温器到被测物体距离 L 的不同，对被测物体的大小（通常指直径 D）有一定的限制，其 L—D 关系曲线如图 2-60 所示。在进行瞄准时，还要注意感温器要与被测表面应垂直，不能歪斜。

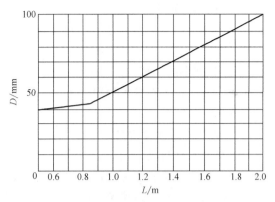

图 2-60　L—D 关系曲线

4）从显示仪表上读数，根据被测物体的黑度查表 2-11 或按式（2-28）计算得到物体的真实温度。

2.3.5　比色高温计

比色高温计的灵敏度高、响应快，可观测小目标，测量准确度高。用比色高温计测得的温度较光学高温计、全辐射高温计更接近于真实温度。它可用于测量铁水、钢水和熔渣等物质的温度。

1. 比色高温计的测温原理及特点

根据维恩位移定律可知，当物体温度发生变化时，其单色辐射功率的最大值向波长增加或减小的方向移动，使在波长 λ_1 和 λ_2 下的亮度比发生变化，测得亮度比的变化便可测得相应的温度。

具有相同温度的不同物体在波长 λ_1 和 λ_2 下的亮度比不同，所以比色高温计也是用黑体刻度的。

现在引入比色温度的概念。当温度为 T 的实际物体，在两波长 λ_1 和 λ_2 下的亮度比与温度为 T_S 的黑体在上述两波长下的亮度比相等时，则称 T_S 为该物体的比色温度。按此规定，可得 T 与 T_S 之间的关系为

$$\frac{1}{T} - \frac{1}{T_S} = \frac{\ln\dfrac{\varepsilon_{\lambda_1}}{\varepsilon_{\lambda_2}}}{C_2\left(\dfrac{1}{\lambda_1} - \dfrac{1}{\lambda_2}\right)} \tag{2-29}$$

式中，ε_{λ_1}、ε_{λ_2} 分别是波长 λ_1 和 λ_2 下的单色发射率；C_2 为普朗克第二常数。

比色高温计所指示的就是物体的比色温度，要求得真实温度还必须通过式（2-29）进行修正。由式（2-29）可知比色高温计有如下特点：

1）比色温度可小于、等于或大于真实温度。当 $\varepsilon_{\lambda_1} = \varepsilon_{\lambda_2}$，即被测物体为灰体时，比色温度就等于被测物体的真实温度，这是比色高温计的最大优点。例如：严重氧化的钢铁表面一般可近似看作灰体，这时仪表的示值即比色温度，可认为近似等于被测物体的真实温度，而不需修正。

2）虽然实际物体的 ε 值和 ε_λ 值变化较大，但同一物体的 ε_{λ_1} 和 ε_{λ_2} 的比值变化较小。因此，比色温度与真实温度之差要比亮度温度、辐射温度与真实温度之差小得多，测量准确度高。

3）光路中的水蒸气、二氧化碳和尘埃等对波长 λ_1 和 λ_2 下的单色辐射能都有吸收，尽管吸收不一样，但对单色辐射功率的比值（亮度比）影响较小，因此比色高温计可在恶劣环境中使用。

2. 比色高温计的结构

比色高温计按其结构可分为单通道式和双通道式两种。下面以 WDS-Ⅱ型比色高温计为例，介绍双通道式比色高温计的结构原理。它采用两个光电器件（硅光电池）分别接收两种不同波长的单色辐射功率，其光路系统如图 2-61 所示。被测对象的辐射能经物镜 4 聚焦于通孔反射镜 5，由透镜 6 形成平行光投射到分光镜 7 上。分光镜使长波（红外）部分透过，而将短波（或可见光）部分反射。长波部分与短波部分分别由带有红外滤光片和可见光滤光片的硅光电池 8、9 所吸收，并转变为电信号输至测量电路。通孔反射镜边缘镀铬抛光，除开口处外，其他部分均能将入射光反射到反射镜 1，再经倒像镜 2、目镜 3 供人眼瞄准。

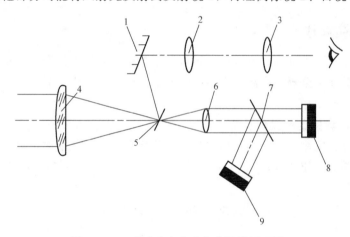

图 2-61 双通道式光电比色高温计原理图

1—反射镜　2—倒像镜　3—目镜　4—物镜　5—通孔反射镜　6—透镜

7—分光镜　8、9—硅光电池

双通道式比色高温计结构简单，使用方便，但两个硅光电池要保持特性一致且不发生时变是比较困难的。

2.3.6　前置反射器辐射温度计

辐射测温在工程测温中占有很重要的地位。但如前所述，大部分辐射温度计都不能测得真实温度，如欲求得真实温度，必须通过被测表面发射率进行修正。但发射率很难测准，这就给修正造成了很大困难。而用前置反射器辐射温度计测温时，可基本上消除发射率的影响，只要被测表面的发射率大于 0.6（无需知道确切值）就可直接测得真实温度，而不需进行任何修正。

前置反射器辐射温度计的结构如图 2-62 所示，被测对象 6 表面与半球反射器 5 组成密闭空腔，从被测对象表面辐射出的能量经反射器内表面的多次反射后，经过透镜 4 聚集从反射器顶部的小孔 2 照射到热电堆 1 上。这样，热电堆接收到的辐射非常接近于被测物体同温度下的黑体辐射，此时黑体刻度仪表的示值即为被测物体的真实温度。

如果反射器内表面玷污将产生测量误差，因此必须经常保持内表面清洁。另外，该仪器只适用于间断测量，不能连续测温。

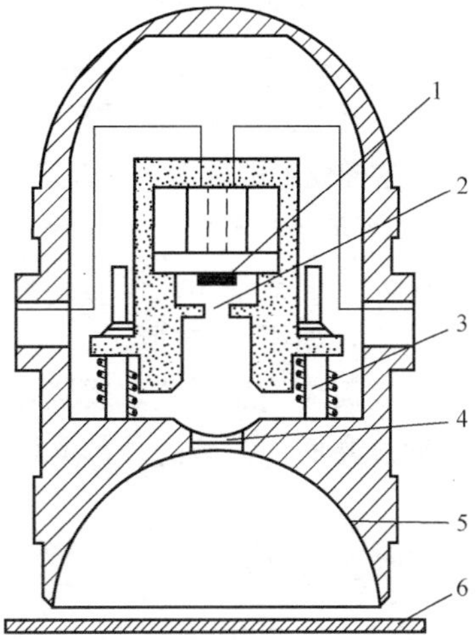

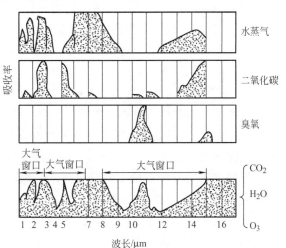

图 2-62　前置反射器辐射
温度计的结构图
1—热电堆　2—小孔　3—零点调节器
4—透镜　5—半球反射器　6—被测对象

2.3.7　非接触式测温实例

1. 非接触式测温的干扰分析

辐射温度计在测温过程中，常常会受到外界的干扰。这些干扰大致可分为光路中的干扰、外来光干扰以及黑度变化干扰等几类。此外，在辐射温度计本体的信号变换和处理过程中不可避免地还会出现机械振动、温度变化和电磁等方面的干扰。下面只讨论前三种干扰。

（1）光路中的干扰　一般把被测表面与辐射温度计之间在测量上所必须通过的路径称为光路。生产现场进行辐射测温时，周围环境中经常存在着浓度不定的多原子气体，如水蒸气、二氧化碳和臭氧等。这些气体对辐射能的吸收是有选择性的，即对某些波长下的辐射能有吸收能力，而对另一些波长下的辐射能则是透明的。

由于光路中的这些气体介质对来自被测物体的辐射能有选择性的吸收，从而减弱了入射到辐射温度计中的能量，造成测量误差。若光路中存在的吸收气体越多，温度计与被测表面之间的距离越远，被测物体发出的辐射能被衰减的就越多，误差也就越大。

在图 2-63 中表示出水蒸气、二氧化碳和臭氧的吸收带及吸收带的叠加结果。在波长为 $1.8 \sim 2.8 \mu m$、$3.0 \sim 5.5 \mu m$ 和 $8 \sim 14 \mu m$ 三个波段内辐射能被吸收的较少，称为大气窗口。一些辐射温度计的工作波长都选择在这三个大气窗口的某一波段上，以减少光路中吸收性气体对辐射能的吸收，减少测量误差。

若被测表面上停有水膜或在光路中有水蒸气存在，经试验表明，用工作波长较短的辐射温度计来测量可减少测量误差，如用硅光电池光电高温计等。

图 2-63　水蒸气、二氧化碳和臭氧的吸收带

另外，由于光路中悬浮着的尘埃对辐射能的散射和无选择性的吸收，同样会减弱入射到温度计的辐射能，从而造成测量误差。在必要时，对于光路中的水膜、水蒸气和尘埃可用清洁、干燥的压缩空气进行吹扫。

（2）外来光干扰　在用辐射温度计测量物体表面温度时，测量现场往往还存在作为辐射源的其他一些物体，也向外辐射能量。这些达到被测物体表面上的能量，一部分被吸收，另一部分被反射出去而混入测量光中，混入到测量光的这部分光就是所谓的外来光干扰，如图 2-64 所示，这样就给测量带来了误差。被测表面黑度越小，外部光源温度越高，则这个误差也就越大。

为防止外来光干扰，减小测量误差，在可能的条件下，可用改变测量方向的方法来躲过外来光（包括昼光）照射到被测表面上。但对于一些固定的难以避免的外部光源，应设置遮蔽装置，如图 2-65 所示。为防止遮蔽装置内表面与被测表面之间发生多次反射，遮蔽装置的内表面应涂黑。遮蔽装置在可能的情况下应尽量靠近被测表面。有时为防止遮蔽装置本身温度过高而成为新的外部光源，需采用空气或水等对其进行冷却，以降低它的辐射。

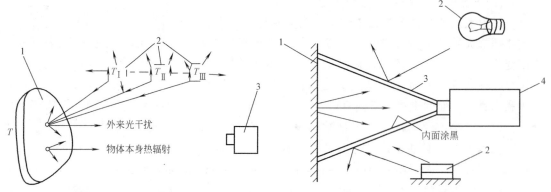

图 2-64　外来光干扰的形成

1—被测物体　2—外来热源　3—辐射温度计

图 2-65　防止外来光干扰的遮蔽装置

1—被测目标　2—外部光源　3—冷
却遮蔽装置　4—辐射温度计

（3）黑度变化的影响　一般辐射温度计用黑体温度刻度。但实际被测物体往往都是非黑体，并且黑度 ε 和 ε_λ 都不是常数，随着许多因素（如波长、表面状态及温度等）的变化，这种变化有时是很大的，这给测量带来很不利的影响。为消除或减小由于黑度变化产生的测量误差，可采取以下措施：

1）在被测表面上涂已知黑度的涂料。涂涂料时先将被测表面磨粗，分几次涂，但不宜过厚，否则会因为热传导而产生测量误差。这种方法最高适用温度为 150℃。

2）人为创造黑体辐射的条件。如在允许的条件下，在被测表面上开一小圆孔。只要圆孔内壁温度基本均匀，就形成了一个黑体空腔。在测量炉膛或熔融金属温度时，可插入一根细长而有底的陶瓷管，在充分受热后，从管口看进去，管底就是近似黑体了。如图 2-66 所示，用辐射温度计对准小孔或陶瓷管底部，可测得物体的真实温度。

3）利用前置反射器辐射温度计来测真实温度。如前所述，在不需知道被测表面黑度值（但需大于 0.6）的情况下，应用这种温度计即可测得物体的真实温度。

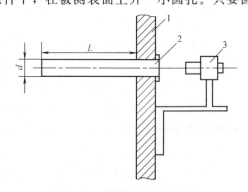

图 2-66　辐射温度计的安装

1—炉壁　2—陶瓷管　3—辐射温度计

4）减小由于黑度变化产生的测量误差。温度相同的实际物体表面，由于表面上的黑度各处都不相同，所以辐射温度计的输出就会发生变化。在实际应用中通常利用过去测的平均黑度值进行修正，而对其变化部分并没有给予考虑。为了减小由黑度变化所产生的测量误差，采用工作波长较短的辐射温度计测量效果较好。

2. 热轧带钢表面温度的测量

在过去相当长的时间里，辐射测温仪表的抗干扰能力和可靠性都不是很高，因而限制了它的广泛应用。近些年来，随着科学技术的发展，辐射测温仪表的性能和可靠性有了很大改善，出现了各种高性能的辐射测温仪表，因此它在工业（特别是冶金工业）中的应用在逐年增加。这里以冶金工业生产中的热轧带钢表面的温度测量为例，简单介绍辐射测温仪表的应用。

用辐射温度计测热轧带钢表面温度的方法已被广泛采用。如图 2-67 所示，从最初加热炉出来的钢坯最后到卷取机之前的整个轧制线上，如加热炉出口、粗轧机的入口和出口、精轧机的入口和出口以及在卷取机前都设有辐射温度计，用以测量各阶段带钢的表面温度。用此温度信号来控制轧制速度、轧辊压力和冷却水流量等。从辐射测温的角度来观察热轧带钢生产有如下特点：

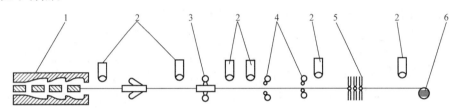

图 2-67　热轧带钢表面的温度测量辐射温度计的布置

1—加热炉　2—辐射温度计　3—粗轧机　4—精轧机　5—喷雾冷却　6—卷取机

1）轧制速度高，每分钟超过 1000m。为了能正确地测量出带钢长度方向上的温度分布，需要选择响应速度快的辐射温度计。

2）在整个轧制过程中，被轧制材料温度变化很大，一般为 500～1300℃。

3）由于轧制和冷却多次反复进行，所以被轧材料的黑度经常变化，周围的水蒸气浓度大而且也经常变化。

4）带钢表面某些局部经常有水膜，而且水膜的大小和地点变化无常，也常有鳞片状的锈、渣和灰尘附着在带钢的表面。

分析上述测温条件和特点以后，就要考虑选择适当的辐射温度计。由于硅光电池光电高温计的响应速度快，工作波长在 1μm 左右，在这个波长范围内既躲过了水蒸气的主要吸收峰，而且水膜透过率也高，还可减小由于黑度变化和光路中吸收介质所产生的测量误差，因此，测量带钢表面温度的仪表大多选用硅光电池光电高温计。但是这类仪表容易受太阳、钨丝灯等外来光干扰，在安装上应予以注意。

2.4　新型温度传感器

近几年来，随着新技术新材料的发展，各种新型温度传感器和测量方法大量出现。而其中以 PN 结测温为原理的集成温度传感器的出现，以及利用光学原理和辐射能量进行测量和信号传输的光纤温度传感器的出现最有意义。

2.4.1 集成温度传感器

1. AD590 型半导体集成温度传感器

我们知道，晶体管的基极—发射极的正向压降随着温度的升高而减小，即具有负的温度特性，大约为 $-2.1mV/℃$。如果将半导体 PN 结和相应的匹配、放大、输出等电路做在一个体积很小的集成块内，并以激光作线性修正，就可以做成输出电压或输出电流与绝对温度成线性的半导体集成温度传感器，常用型号为 AD590。

AD590 是二端电流源器件，它的输出电流与器件所处的热力学温度（K）成正比，其温度系数为 $1\mu A/K$，0℃ 时该器件的输出电流为 $273\mu A$，AD590 的工作温度为 $-55 \sim +150℃$，外接电源电压在 $4 \sim 30V$ 内任意选定。当所加电压变化时，其输出电流基本不受影响。AD590 是一个比较理想的温控恒流源，其输出阻抗为 100MΩ。因此，当外接导线很长时对其输出电流也无影响，其输出特性曲线如图 2-68 所示。由曲线可见电源电压低于 4V 时，输出电流随电源电压改变，但高于 4V 后却只随温度而改变，因此电源电压通常选在 5V 以上。

AD590 出厂时已经过校正，但实际上仍有一定的分散性。如图 2-69 所示，在 25℃（$T=298K$）时，理想输出电流应为 $298\mu A$，但由于器件的调准电阻阻值不准，实际的比例关系曲线上移。为了修正这一恒定系统误差，采用图 2-70b 所示测温电路，将 AD590 串联一个接近 1kΩ 的可调电阻，在已知温度下调整电阻值，使电阻两端电压满足 $1mV/K$ 的关系。若要得到与摄氏温度成正比的电压输出，可以用运算放大器的反向加法电路来实现，如图 2-70c 所示。

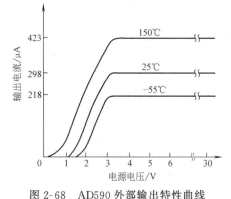

图 2-68　AD590 外部输出特性曲线

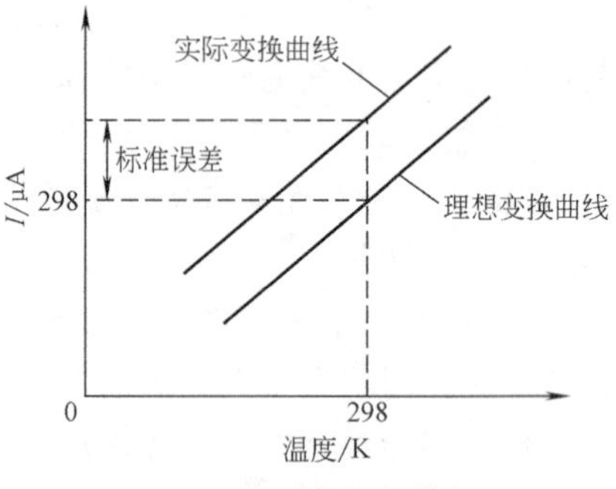

图 2-69　器件的分散性

2. 数字化测温芯片

近几年来，由于数字化测温芯片的发展，在一定的测温范围（一般为 $-55 \sim 125℃$）内，由数字化测温芯片所构成的多路测温系统具有微型化、低功耗、高性能、抗干扰性强和易配处理器等优点，特别适合于构成多路温度巡回检测系统，可取代传统的多路测温系统。

目前，国内应用较多的是美国 DALLAS 公司推出的 DS1620、DS1820、DS18B20 和 DS18S20 等，下面以 DS18S20 为例进行介绍。每片 DS18S20 都含有惟一的产品号，可把温度信号直接转换成串行数字信号供微机处理，所以从理论上讲，在一条总线上可以挂接任意多个 DS18S20 芯片，无需添加任何外围硬件即可构成多点测温系统。

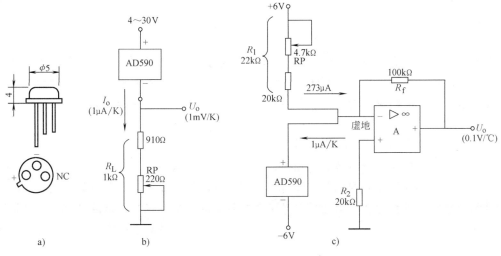

图 2-70　AD590 的测量电路

DS18S20 与 89C51 单片机构成的温度巡回检测系统如图 2-71 所示。其中，MAX813L 及其外围电路构成了系统的看门狗电路，并具有电源监控和复位功能。值得注意的是：在进行多点温度巡回检测时，在系统安装及工作之前，应将主机逐个与 DS18S20 挂接，读出其序列号。

DS18S20 虽然具有测温系统简单、测温准确度高、占用口线少等优点，但传输距离较短，在实际使用中还应注意：由于 DS18S20 与微处理器间采用串行数据传送，因此，在对 DS18S20 进行读写编程时，必须严格地保证读写时序。当总线上所挂 DS18S20 超过 8 个时，要注意总线驱动能力。

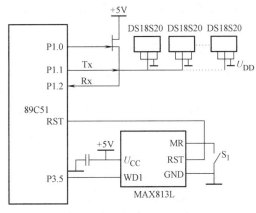

图 2-71　DS18S20 与 89C51 单片机构成的温度巡回检测系统

2.4.2　光纤温度传感器

近年来，光导纤维（光纤）在传感器技术领域中的应用受到广泛的重视，发展迅速，已有用来测量温度、压力、液位和位移等参数的光纤传感器问世，解决了用传统方式难以解决的测量技术问题。

1. 光纤温度传感器的原理和特点

光纤是一种由透明度很高的材料制成的传输光信息的导光纤维，用于沿复杂通道传输光能、图像与信息。光纤的外表像一根塑料导线，分为三层，如图2-72所示。最里层是透明度与折射率都很高的芯线，通常由石英制成。中间层为折射率较低的包层，其材质有石英、

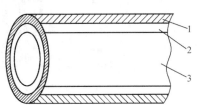

图 2-72　光纤的结构
1—保护层　2—包层　3—芯线

玻璃或硅橡胶等，视不同用途与型号而异。最外层为保护层，它与光纤特性无关，通常为塑料。

光纤的工作原理是光的全反射。一束光线入射进光纤时，与芯线轴线的夹角小于30°范围内的入射光线将沿光纤传输，大于这一角度的光线将穿越包层而被吸收，不能传输到远处。

光纤温度传感器是采用光纤作为敏感元件或能量传输介质而构成的新型测温仪表。特点是：灵敏度高；电绝缘性能好，可适用于强烈电磁干扰、强辐射的恶劣环境；体积小、重量轻、可弯曲；可组成不带电的全光型探头等。

2. 光纤温度传感器的结构和种类

光纤温度传感器由光源激励、光源、光纤（含敏感元件）、光检测器、光电转换及处理系统和各种连接件等部分构成。光纤传感器可分为功能型和非功能型两种型式，功能型传感器是利用光纤的各种特性，由光纤本身感受被测量的变化，光纤既是传输介质，又是敏感元件；非功能型传感器又称传光型，是由其他敏感元件感受被测量的变化，光纤仅作为光信号的传输介质。

非功能型光纤温度传感器在实际中得到较多的应用，并有多种类型，已实用化的温度计有液晶光纤温度传感器、荧光光纤温度传感器、半导体光纤温度传感器和光纤辐射温度计等。

（1）液晶光纤温度传感器　液晶光纤温度传感器利用液晶的"热色"效应而工作。在光纤断面上安装液晶片，在液晶片中按比例混入三种液晶，温度在10~45℃范围内变化，液晶颜色由绿变成深红，光的反射率也随之变化，测量光强变化可知相应温度，其精度约为0.1℃。不同型式的液晶光纤温度传感器的测温范围为-50~250℃。

（2）荧光光纤温度传感器　荧光光纤温度传感器的敏感元件是某些稀土荧光物质。已知的稀土荧光物质，如硫氧化物受紫外线的照射并激活后，在可见光谱中发射线状光谱，如图2-73所示。其中紫外连续部分为激励光谱，线状部分为荧光光谱。而线状光谱强度，如图2-73中 a 或 c 与激光光源强度及荧光材料的温度有关。若光源恒定，a 与 c 的强度则只是温度的单值函数。图2-74给出它们对温度的依赖关系。由图2-74可见，谱线 a 强烈地依赖于温度的变化，故可用作敏感温度的参量。

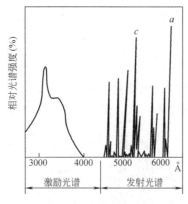

图2-73　氧硫化物中的激励光谱和发射光谱

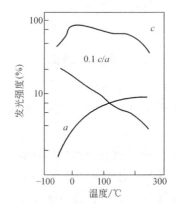

图2-74　荧光辐射强度和温度关系曲线

用光学黏合剂把这样的荧光材料黏结在光纤头部上，即可构成一个光纤温度传感器。在测量时，将光纤头部贴在被测表面上使其升温，并达到热平衡，然后由光纤的另一端输入紫外光脉冲，经光纤传输至头部激活荧光层。激励光脉冲后，荧光材料的余辉由原光纤导出，滤出线状光谱 a 并测量出其强度，再换算出荧光材料的温度，这就是其基本工作原理。

荧光光纤温度传感器的测温范围为 $-50\sim200℃$，结构简单，使用方便，特别适用于空间狭小的场所，例如高压变压器绕组热点温度测量。在制作变压器绕组时，事先铺设好许多这类光纤传感器，光纤的另一端接于变压器壳外，等运行时逐个连通进行测量。现在又用于医疗诊断，并采用了氟化物光纤，重复精度达 0.1℃，弯曲半径为 3mm，常用来测量人体组织温度。

（3）半导体光纤温度传感器　半导体光纤温度传感器是利用半导体的光吸收响应随温度而变化的特性，根据透过半导体的光强变化检测温度。例如单波长式半导体光纤温度传感器，半导体材料的透光率与温度的特性曲线如图 2-75 所示，当温度变化时，半导体的透光率曲线也随之变化。当温度升高时，曲线将向长波方向移动，在光源的光谱处于 λ_g 附近的特定入射波长的波段内，其透光光强将减弱，测出光强变化就可知对应的温度变化。这类温度计的测温范围为 $-30\sim300℃$。

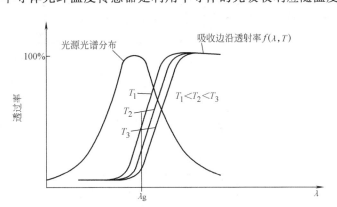

图 2-75　半导体材料的透光率与温度的特性

（4）光纤辐射温度计　光纤辐射温度计的工作原理和分类与普通的辐射测温仪表类似，可以接近或接触目标进行测温。目前，因受光纤传输能力的限制，其工作波长一般为短波，采用亮度法或比色法测量。光纤辐射温度计的光纤可以直接延伸为敏感探头，也可以经过耦合器，用刚性光导棒延伸，如图 2-76 所示。

典型的光纤辐射温度计的测温范围为 $200\sim4000℃$，分辨力可达 0.01℃，在高温时精确度可优于

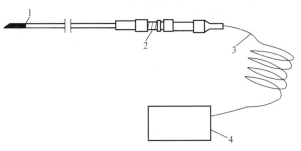

图 2-76　光纤辐射温度计

1—光纤头　2—耦合器　3—光纤　4—信号处理单元

$\pm0.2\%$ 读数值，其探头耐温一般可达 300℃，加冷却后可到 500℃。

2.5　温度变送器

工业中广泛使用的温度变送器是一种仪表装置，它可与温度传感器如热电偶和热电阻连接，在测量时将热电动势和电阻值转化为直流 $4\sim20mA$ 的标准信号进行远传，完成从温度量到传输信号量的转换。

2.5.1 仪表系列温度变送器

DDZ-Ⅲ型温度变送器属于仪表系列变送单元中的一种，具有以下特点：

① 需要24V直流供电，变送器内无电源电路。②输出信号有 DC4～20mA 和 DC1～5V 两种，可根据需要选用。③采用集成电路运算放大器件。④除直流毫伏输入的品种之外，热电偶输入和热电阻输入的品种都有线性化功能。⑤兼有安全栅作用，可以用于防爆系统。

DDZ-Ⅲ型温度变送器由量程单元和放大单元组成，如图 2-77 所示。图中"⇒"表示供电回路，"→"表示信号回路。反映被测参数大小的输入毫伏信号 U_i 与桥路部分的输出信号 U_z' 以及反馈信号 U_f' 相叠加，送入放大单元，经电压放大、功率放大和隔离输出电路，转换成 DC4～20mA 电流 I_o 或 DC1～5V 电压 U_o 输出。

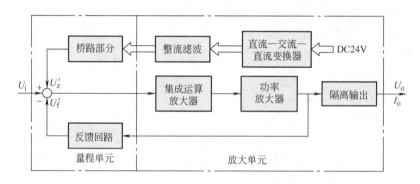

图 2-77　DDZ-Ⅲ型温度变送器原理框图

直流毫伏、热电偶和热电阻这三种输入信号的量程单元各不相同，但其后所接的放大单元相同，可以互换。

1. 直流毫伏变送器量程单元

这部分的电路如图 2-78 所示。图中电路具有输入、调零、反馈三个作用，分别用①、②、③表示，为便于分析原理，将放大单元中的集成运放 A_2 也画在同一图中。

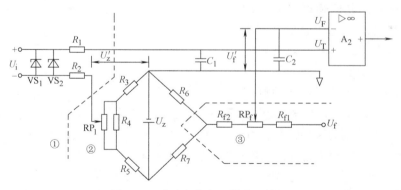

图 2-78　直流毫伏变送器量程单元

输入的直流毫伏信号可以由任何传感器或敏感元件所提供，图中用 U_i 表示。电阻 R_1、R_2 及稳压管 VS_1、VS_2 起限流限压作用，使进入生产现场的能量被限制在安全定额以下。同时 R_1、R_2 和 C_1 还起滤波作用，减少交流干扰。

图中 U_z 是由集成稳压电路 WY723 提供的直流电压，为了简明起见，用电池符号代替。

$R_3 \sim R_7$ 接成桥式电路，用 U_z 作为电源，由 RP_1 调零，滑点上所取电压为 U'_z。

反馈电路由 R_{f1}、R_{f2} 及电位器 RP_f 组成，由放大单元的输出端经过隔离提供电压 U_f，用 RP_f 调量程，其滑点上的电压为 U'_f。

根据图 2-78 可知，A_2 的同相端电压 U_T 为

$$U_T = U_i + U'_z = U_i + \frac{(R'_{P1} + R_3)U_z}{R_3 + R_{P1} /\!/ R_4 + R_5} \tag{2-30}$$

式中，R'_{P1} 为电位器 RP_1 滑点以上部分的等效电阻；符号"$/\!/$"代表其左右两电阻的并联阻值。

A_2 的反相端电压 U_F 为

$$U_F = \frac{R_6 /\!/ R_7 + R_{f2} + R'_{Pf}}{R_6 /\!/ R_7 + R_{f2} + R_{Pf} + R_{f1}} U_f + \frac{R_6}{R_6 + R_7} \frac{(R_{f1} + R''_{Pf})U_z}{R_{f2} + R_{Pf} + R_{f1}} \tag{2-31}$$

式中，R'_{Pf} 是电位器 RP_f 滑点左边的电阻；R''_{Pf} 是滑点右边的电阻。

设计中，各阻值有下列关系：$R_5 \gg R_3 + R_{P1} R_4$；$R_5 = R_7$；$R_7 \gg R_6$；$R_1 \gg R_2 + R_{Pf}$。于是式（2-30）和式（2-31）可简化为

$$U_T = U_i + \frac{R'_{P1} + R_3}{R_3} U_z \tag{2-32}$$

$$U_F = \frac{R_6 + R_{f2} + R'_{Pf}}{R_6 + R_{f2} + R_{Pf} + R_{f1}} U_f + \frac{R_6}{R_5} U_z \tag{2-33}$$

再考虑到理想运算放大器 A_2 存在 $U_T = U_F$，并定义：$\alpha = \dfrac{R'_{P1} + R_3}{R_5}$，$\beta = \dfrac{R_6 + R_{f2} + R'_{Pf}}{R_6 + R_{f2} + R_{Pf} + R_{f1}}$，$\gamma = \dfrac{R_6}{R_5}$，于是，由式（2-32）和式（2-33）可得

$$U_f = \beta[U_i + (\alpha - \gamma)U_z] \tag{2-34}$$

由于放大器设计时，保证了输出电压 U_o 与反馈电压 U_f 之间存在 5 倍关系，即 $U_o = 5U_f$，因此，变送器输出电压 U_o 与 U_i 间就有下列关系：

$$U_o = 5\beta[U_i + (\alpha - \gamma)U_z] \tag{2-35}$$

由此可见，当 $U_i = 0$ 时，输出电压 U_o 并不为零，按照标准信号的规定应该是 1V，这可以借助于 RP_1、RP_f 的调整而做到。但同时也可以看出，RP_1 的调整会影响量程，RP_f 的调整会影响零点。所以必须反复调整两者，才能达到精确度要求。

2. 热电偶温度变送器量程单元

与直流毫伏变送器不同，热电偶温度变送器的量程单元必须有冷端温度补偿功能及线性化功能，其电路如图 2-79 所示。

冷端补偿作用由铜电阻 R_{Cu} 担任，铜电阻装在端子排上，与冷端温度一致。为了在调零时不影响冷端补偿效果，将调零电位器 RP_1 移到桥式电路右侧。量程调整依然由 RP_f 进行。

线性化作用由折线特性的负反馈电路实现。图 2-79 的反馈特性分四段，各段的斜率不等，分别为 α_1、α_2、α_3、α_4，近似为曲线。利用曲线规律的负反馈，可使闭环放大倍数随被测热电动势的大小呈曲线变化，这就能把热电偶的非线性基本上抵消掉，输出电流或电压便可正比于温度了。折线的段数为 4～6 时，残余非线性误差可小至 $\pm 0.2\%$。

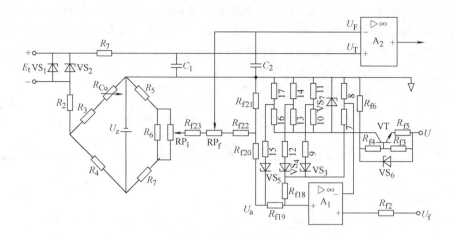

图 2-79　热电偶温度变送器量程单元

负反馈由运放 A_1 及电阻 $R_{f7} \sim R_{f17}$（为了简明起见图中标注成代号 $7 \sim 17$）组成。首先假定三个稳压管 VS_3、VS_4、VS_5 都截止，可视为开路，则 A_1 和 R_{f18}、R_{f7}、R_{f8} 构成比例运算电路，其输出经 R_{f19} 送到 U_a 处，这是第一段斜率为 α_1 的直线。

如希望第二段直线的斜率 $\alpha_2 > \alpha_1$，必须减弱 A_1 的负反馈信号，为此在 R_{f7}、R_{f8} 旁并联一个 R_{f9} 即可。只要在折线进入第二段时将稳压管 VS_3 导通，就能使 R_{f9} 并联上去。为了使 VS_3 适时导通，用 R_{f10} 及 R_{f11} 分压器设置了一个基准电压，分压器的电源电压由稳压管 VS_7 决定，只要设计分压比便可保证 VS_3 在第二段直线开始时导通。

如第三段直线的斜率 $\alpha_3 < \alpha_2$，为了使斜率减小，可将 VS_5 导通，于是 R_{f15} 和 R_{f19} 形成分压器，使 U_a 的增长变得平缓一些。VS_5 的导通是由 R_{f16} 和 R_{f17} 决定的基准电压来制约的。

第四段直线的斜率倘若是增大的，即 $\alpha_4 > \alpha_3$，则方法和第二段时一样，使 VS_4 导通即可。

总之，各段直线的起始点决定于所设置的基准电压，各段直线的斜率则决定于 A_1 负反馈的电阻总值。

顺便指出，稳压管 VS_3、VS_4、VS_5 并不一定按其下角数字依次导通，上述例子就是 VS_3、VS_5、VS_4 的顺序，这取决于各段斜率的变化。基准电压值和各电阻值都是按线性化的要求而设计的。

3. 热电阻温度变送器量程单元

热电阻温度变送器量程单元无需冷端补偿电阻，但要采用三线制接法。它虽然也要线性化，但铂电阻的特性曲线在温度为横坐标的图上是单调上凸曲线，即随着温度的升高，阻值增加量越来越小。对于变送器的要求，则是随着 R_t 的增大，输出信号的增长应该越来越显著。也就是说，以 R_t 为横坐标，以 U_o 或 I_o 为纵坐标的图上应是上凹曲线。

既然是单调上凹曲线，那么线性化的方法就可以简单一些，可参考图 2-80。

要使特性曲线向上凹，必须用正反馈，图中 R_{f4} 将 U_f 送到热电阻 R_t 上。R_{f4} 和 R_t 构成分压器，随着温度升高，R_t 加大，分压的输出也就越来越大，此信号送到 A_2 的同相端，实现正反馈。实践证明，用这种方法对铂电阻 Pt_{100} 进行线性化后，残余非线性误差小于 0.1%。

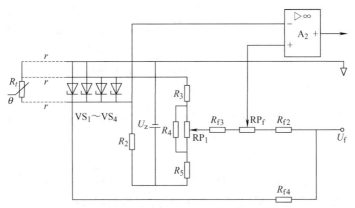

图 2-80　热电阻温度变送器量程单元

至于铜电阻由于本身有较好的直线性，用不着线性化。

图中调零及调量程的办法同前，不再赘述。稳压管 $VS_1 \sim VS_4$ 也是限压用的，是安全防爆的要求。

4. 放大单元

以上三种输入的放大单元都一样，可参考图 2-81。

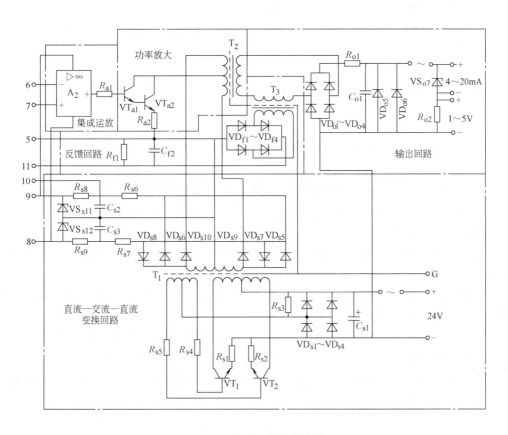

图 2-81　温度变送器的放大单元

73

为防止共模高电压沿信号导线进入易燃易爆现场，温度变送器必须有隔离共模电压的措施，最妥善的隔离办法是利用变压器把输入、输出、电源三者隔开，使有用信号和能量（是差模形式）通过一次侧与二次侧间的磁交链传递，有害的共模信号则被阻挡在一边。这是最有效的方法，但是直流信号无法通过变压器传递，因此必须调制成交流，经过变压器隔离以后再解调成直流。

图 2-81 中的直流—交流—直流变换器，就是为上述目的而设的。晶体管 VT_1、VT_2 及变压器 T_1 构成多谐振荡器，将直流 24V 电源变为交流方波；T_1 的二次侧经整流、滤波、稳压后由端子 8、9 送往图 2-79 的 A_1；由端子 5、10 送往各种量程单元里的集成稳压器，以便产生桥式电路的电源电压 U_z。此外，还供给 A_2 和功率放大管 VT_{a1}、VT_{a2} 的电源。

功率放大复合管 VT_{a1}、VT_{a2} 接在变压器 T_2 一次侧和 T_1 二次侧的中心抽头电路里，并有二极管 VD_{s9}、VD_{s10} 的整流作用，所以当 VT_{a1}、VT_{a2} 集电极电流增大时，T_2 二次侧的交流电流也将增大，实现了调制作用。这个与 A_2 输出成正比的交流信号经过变压器 T_3 传递到二次侧，再经 $VD_{f1} \sim VD_{f4}$ 全波整流送到端子 5 和 11，这个直流电压就是各个量程单元里的反馈电压 U_f。

T_2 二次侧的交流信号经过 $VD_{o1} \sim VD_{o4}$ 全波整流后，输出直流 $4 \sim 20$mA。而且在电阻 R_{o2} 两端还可输出直流 $1 \sim 5$V。

上述变送器测直流毫伏信号时，量程为 $3 \sim 100$mV，零点迁移量为 $-50 \sim 50$mV；在与热电偶相配测温时，量程为 $3 \sim 60$mV；在与铂电阻相配测温时，温度测量范围为 $-100 \sim 500$℃。精确度等级都是 0.5 级。

2.5.2　一体化温度变送器

近几年来，一种小型固态化温度变送器出现于仪表市场，它与热电偶或热电阻形成一体，自带冷端补偿功能，不需要补偿导钱，由直流 24V 供电，用两线制方式连接，故又称一体化温度变送器。它属于 DDZ-S 系列仪表，输出为 $4 \sim 20$mA 标准信号。

这种温度变送器分为配热电偶的 SBWR 型及配热电阻的 SBWZ 型两类。

SBWR 型又分为不同的分度号，例如有 E、K、S、B、T 等。

SBWZ 型又分为 Cu_{50}、Cu_{100}、Pt_{100} 等。

以上两类按输出信号有无线性化又分为两种：①输出信号与被测温度呈线性关系的。②输出信号与输入电信号（热电动势或电阻值）呈线性关系的。

一体化温度变送器的基本误差都不超过量程的 $\pm 0.5\%$，环境温度影响约为每 1℃ 变动不超过 0.05%，可安装在 $-25 \sim +80$℃ 的环境中。

电源电压额定值虽为 24V，但允许用于 $12 \sim 35$V 的电源电压下，不过负载电阻应适当改变。额定负载电阻为 250Ω，如电源保持额定电压，则负载电阻可在 $0 \sim 600$Ω 间选用。

大多数一体化温度变送器是没有输入、输出隔离措施的，但少数品种也带有隔离。

一体化温度变送器的主要特点是：

1）节省了热电偶补偿导线或延长线的投资，只需两根普通导线连接。

2）由于其连接导线中的信号较强（$4 \sim 20$mA），比传递微弱的热电动势具有明显的抗干扰能力。

3）体积小巧紧凑，通常为直径几十毫米的短柱形，安装在热电偶或热电阻套管接线端子盒中，不必占用额外空间。

4）不需调整维护，因为全部采用硅橡胶或树脂密封结构，能很好适应生产现场环境，但损坏后只能整体更换。

本 章 小 结

在温标概念中，重点介绍了 90 国际温标，它主要包括三个方面的内容，即温度单位、定义固定温度点和复现固定温度点的方法。

在接触式测温方法中，重点是热电偶温度计和热电阻温度计。其中热电偶的几个重要的定律、标准热电偶的特性、热电偶的冷端处理与补偿、标准热电阻的特性、热电阻连线方式以及热电阻的分度表等均应很好地理解和应用。

在非接触测温方法中重点介绍了光学高温计、光电高温计、辐射温度计和比色温度计，重点是它们的测量原理、真实温度的换算等问题。

对温度传感器的数字化、网络化的发展方向应有所了解。

思考题和习题

1. 在玻璃管温度计中为什么常以水银作为感温液体？如何提高其测量上限？

2. 用玻璃温度计测量温度时，若液柱出现断裂应如何处理？

3. 简述双金属片式温度计的工作原理。为什么双金属片常做成螺旋管状？

4. 热电偶的热电动势由哪两部分组成？而在热电偶测量闭合回路中，起主导作用的是哪一部分？

5. 列入标准的八种热电偶是哪些？各自的特点是什么？

6. 用热电偶测温时，为什么要设法使冷端温度 t_0 固定？

7. 补偿导线真正的作用是什么？如何鉴别其极性？

8. 工业上一般用什么方法校验热电偶？检验铂铑热电偶前为什么要清洗？

9. 热电阻温度计的工作原理是什么？目前应用最广泛的是哪几种热电阻温度计？

10. 在一般测量中，热电阻与显示仪表之间的接线为什么要用三线制，而不用两线制和四线制？

11. 热电阻的基本参数有哪些？热电阻的基本特性是什么？有几种表示方法？

12. 画出热电阻的检验电路。为什么要限制通过热电阻的电流不大于 6mA？

13. AD590 型集成温度传感器的特点是什么？

14. 用热电偶测量固态金属表面温度，其接触方法有哪几种形式？请按测量误差由小到大的顺序排列。

15. 测量管道中流体温度时，主要误差是什么？感温元件的安装原则是什么？

16. 补偿导线为何不得与供电电路并排敷设？

17. 光学高温计、全辐射高温计和比色高温计测量的是什么温度？与真实温度间关系如何？

18. 全辐射高温计依据的工作原理是什么？补偿光栏的作用是什么？测量时为何对目标的大小和距离有一定的限制？

19. 比色高温计与前置反射器辐射温度计各有何特点？

20. 在辐射测温中的主要干扰有哪些？如何克服？

21. 已知分度号为 S 的热电偶的冷端温度 $t_0 = 25℃$，现测得热电动势 $E(t, t_0) = 11.925\text{mV}$，测量端温度 t 是多少度？

22. 用分度号为 E 的热电偶测量某 $800℃$ 的对象温度，其冷温度为 $30℃$，$E(t, t_0)$ 等于多少？

23. 用 T 型热电偶测温，其冷端温度 $t=25℃$，动圈仪表（机械零位在 $0℃$）指示值为 $351℃$，能否认为热端实际温度为 $376℃$？为什么？应该是多少？

24. 用 S 型热电偶测温，其中 $t_0=30℃$，显示仪表的示值为 $1070℃$，试用两种方法计算实际温度（K 取 0.55）。

25. 用铂铑$_{10}$—铂热电偶测量 $1100℃$ 的炉温。热电偶工作的环境温度为 $44℃$，所配用的仪表在环境为 $25℃$ 的控制室里。若热电偶与仪表的连接分别用补偿导线和普通铜导线，两者所测结果各为多少？误差又各为多少？

26. 试判断图 2-82 所示各热电偶测温回路中，毫伏表所测得的热电动势是否为 $E(t,t_0)$（图中 A′、B′ 分别为热电极 A、B 的补偿导线，C 为铜导线）？

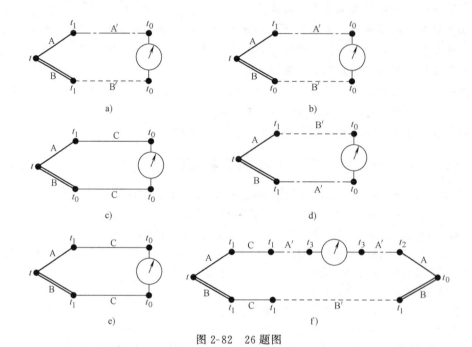

图 2-82 26 题图

27. 用一支标准热电偶校验工业用镍铬—镍硅热电偶，现在各校验点附近均作三次记录，其结果如表 2-12 所示，试判断被校热电偶是否合格。注：标准铂铑$_{10}$—铂热电偶的证书中写明 $E(400,0)=3.252mV$，$E(600,0)=5.221mV$，$E(800,0)=7.320mV$，$E(1000,0)=9.554mV$。

表 2-12 记录结果

S 型热电偶输出/mV		3.240	5.102	7.336	9.538
K 型热电偶输出 /mV	1	16.25	24.51	32.96	40.80
	2	16.24	24.38	32.96	41.40
	3	16.20	24.40	33.20	41.00

28. 已知亮度温度 $t=1000℃$，单色发射率 $\varepsilon_\lambda=0.8$，求真实温度 t。

29. 已知辐射温度 $t=1200℃$，黑度 $\varepsilon=0.75$，求真实温度 t。

30. 用光学高温计测量表面无氧化层的钢板温度。高温计读数为 $1500℃$，求钢板的真实温度。

第 **3** 章

压力和差压的测量

【内容提要】

在工业自动化生产过程中，压力和差压的检测使用相当广泛，正确测量和控制压力是保证生产良好运行，达到优质高产、低功耗的重要环节。例如，在化工生产合成氨时，氮和氢必须在一定的压力下合成，压力太低，反应不充分，产量低。另外，压力的测量和控制也是安全生产所必需的。例如发电厂的高温高压鼓形锅炉，若炉内水位过低，会迅速蒸发出大量的水蒸气，使压力突增，就会造成锅炉的爆炸。此外，在一定的条件下，通过测量压力或差压还可间接测得温度、流量和液位等其他物理量。因此，压力和差压的测量在石油、化工及冶金等各类工业生产中都占有重要的地位。

本章讨论了几种在实验室和工业生产中使用较多的压力检测仪表的检测原理、组成结构和使用方法等。本章教学内容紧密联系生产实际，介绍了常用压力检测仪表及压力、差压变送器的实际应用，最后还介绍了压力检测仪表的安装、使用及校验方法。

3.1 概述

3.1.1 压力和差压的概念及表示方法

在工程技术上，压力定义为垂直均匀地作用在单位面积上的力，即为物理概念中的压强。表达式为

$$p = \frac{F}{A} \tag{3-1}$$

式中，p 表示压力；F 表示垂直均匀的作用力；A 表示受力面积。

在工程上，压力有几种不同的表示方法：

1. 大气压 p_0

大气压表示地球表面空气因自重在物体单位面积上产生的压力，它随地理纬度、海拔高度及气象情况的变化而变化。可以用专门的大气压力表（简称气压表）测量。

2. 绝对压力 p_a

绝对压力以绝对零压力为基准，表示被测介质作用在物体表面上的全部压力，又称总压力或全压力。

3. 表压力 p

表压力以大气压为基准，表示超出当地大气压 p_0 的压力。它们之间的关系可表示为

$$p_a = p + p_0 \tag{3-2}$$

$$p = p_a - p_0 \tag{3-3}$$

由于在工业生产过程中，各种工艺设备和检测仪表通常都是处于大气压中，因此压力检测仪表的指示值均是指超出大气压的压力值，即表压力 p。本文后面所述各种压力检测仪表所指示的压力，若无特殊说明，均指表压力。表压力根据数值的正负又分别称为正压力和负压力。

4. 真空度 p_v

当绝对压力小于大气压，即表压力为负值（负压力）时，在工程上，经常用真空度来表示，真空度的数值为负压力的绝对值数，即

$$p_v = p_0 - p_a \tag{3-4}$$

5. 差压 Δp

工程上的差压是指任意两点压力的差，即 $\Delta p = p_1 - p_2$。差压在各种热工量、机械量的测量中应用很多，差压用差压计进行测量，在差压计中通常将较大的压力称为正压，较小的压力称为负压。注意这个负压是相对正压而言的，不一定低于大气压，不要和上面说的负压力混淆。

图 3-1 表示了上述各压力概念间的相互关系。

图 3-1　各种压力关系示意图

3.1.2　压力的度量单位

根据压力的定义式可知，压力由作用力与受力面积的比值所决定，因此，在任何一种单位制中，压力的度量单位都是一个导出单位。由于表示面积与力的单位很多，在不同的单位制中可以导出不同的压力度量单位。目前常用的压力度量单位有以下几种。

1. 帕斯卡

帕斯卡简称帕（Pa），这是压力的国际制导出单位。

$$1\text{帕（Pa）} = 1\text{牛顿/平方米（N/m}^2\text{）}$$

表示 1N 的力垂直均匀地作用在 1m^2 面积上所产生的压力。

此单位被规定为国际单位制中计量压力量值的单位，它已代替其他所有单位在国际上通用。我国规定，从 1986 年起，一律用帕斯卡作为压力的度量单位。

工程上，因 Pa 单位太小，常用其倍数单位 kPa（千帕）、MPa（兆帕）来表示，1kPa＝1000Pa、1MPa＝1×10^6Pa。

2. 其他常用压力度量单位

目前我国压力测量仪表在生产和使用中，由于习惯的原因，还在采用的非法定压力度量单位有：

（1）工程大气压　表示 1kgf 垂直均匀地作用于 1cm² 面积上所产生的压力，用符号 kgf/cm² 表示。

$$1\ \text{工程大气压} = 1\text{kgf/cm}^2$$

（2）毫米汞柱　1mmHg 表示在重力加速度为 9.80665m/s² 时，1mm 高的汞柱在 0℃ 时（汞密度为 13.5951g/cm³）所产生的压力。

（3）毫米水柱　1mmH₂O 表示在重力加速度为 9.80665m/s² 时，1mm 高的水柱在 4℃ 时（水密度为 1.0g/cm³）所产生的压力。

各压力度量单位间的换算关系如表 3-1 所示。

表 3-1　各压力度量单位间的换算关系

单位名称及符号	帕 Pa	巴 bar	毫米水柱 mmH₂O	毫米汞柱 mmHg	标准大气压 atm	工程大气压 kgf/cm²
帕 Pa	1	1×10^{-5}	1.01972×10^{-1}	7.5006×10^{-3}	9.86923×10^{-6}	1.01972×10^{-5}
巴 bar	1×10^5	1	1.01972×10^4	7.5006×10^2	9.86923×10^{-1}	1.019721
毫米水柱 mmH₂O	9.80665	9.80665×10^{-5}	1	7.3555×10^{-2}	9.6784×10^{-5}	1×10^{-4}
毫米汞柱 mmHg	1.333224×10^2	1.333224×10^{-3}	1.35951×10	1	1.316×10^{-3}	1.35951×10^{-3}
标准大气压 atm	1.01325×10^5	1.01325	1.03323×10^4	7.60000×10^2	1	1.03323
工程大气压 kgf/cm²	9.80665×10^4	9.80665×10^{-1}	1×10^4	7.3555×10^2	9.6784×10^{-1}	1
磅力每平方英寸 lbf/in²	6.89476×10^3	6.89476×10^{-2}	7.0306×10^2	5.171×10	6.8046×10^{-2}	7.0306×10^{-2}

3.2　液柱式压力计

液柱式压力计的测压是基于液体静力学原理，利用已知密度的液柱高度对底面产生的静压力来平衡被测压力，根据液柱高度来确定被测压力的大小。液柱式压力计是最早用来测量压力的一种仪表，具有结构简单，制造容易，测量可靠、直观，准确度高，使用方便及价格低廉等优点，所以目前还在广泛地使用。但是这种压力计的量程受到液柱高度的限制，只能测量微小的正压、负压或差压，测压范围为 $10^{-6}\sim0.3$MPa，而且玻璃管易损坏，用汞作工作介质时存在污染和有毒等问题，只能就地指示，不能远传和记录，所以它的应用范围也受到限制，一般可用于实验室检定和校验其他形式的压力表。

3.2.1　U 形管压力计

1. U 形管压力计的结构

U 形管压力计是液柱式压力计中最常用、结构最简单的测压仪表。如图 3-2 所示，它是一根弯成 U 形、内截面积相同的玻璃管，被固定在底板上，在 U 形管中间设一个刻度标尺，零点在标尺的中央。在 U 形玻璃管内充入水银或水等工作液，液体到零点处。

2. U 形管压力计的工作原理

测量时，U 形管压力计的两个管口分别通入压力 p_1、p_2。当 $p_1 = p_2$ 时，两管中自由液面同处于标尺中央零刻度处。当 $p_2 > p_1$ 时，右边管中液面下降，左边管中液面上升，一直到液面的高度差 H 产生的压力与被测差压平衡为止。根据流体静力学原理，有

$$\Delta p = p_2 - p_1 = \rho g H \qquad (3-5)$$

式中，ρ 为 U 形管压力计的工作液密度；g 为 U 形管压力计所在地的重力加速度；H 为 U 形管左右两管液面的高度差。

如果两管分别通大气压 p_0 和被测压力 p_a，则测得的压力为表压力：

$$p = p_a - p_0 = \rho g H \qquad (3-6)$$

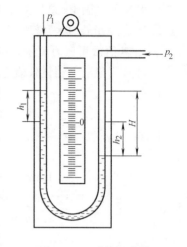

图 3-2　U 形管压力计

由此可见：

1）U 形管压力计可以测量两个被测压力之间的差值（即差压），或测量某个表压力。

2）当工作液密度 ρ 一定时，不同的液面高度差 H 就对应着不同的被测压力（或差压），这样压力（或差压）测量就转换成对应的液面高度的测量。被测压力（或差压）可以直接用液面高度差 H 来表示，其单位采用毫米水柱 mmH_2O（填充工作液为水）或毫米汞柱 $mmHg$（填充工作液为汞）。

3）若减小 U 形管内工作液的密度 ρ，在相同压力的作用下，H 值变大，即仪表灵敏度提高，但同时量程范围变小（受玻璃管高度的限制）；相反，为了扩大仪表的量程，可提高 ρ，但灵敏度降低。因此，当测量较大的压力时，可采用密度比较大的工作液，如汞；当测量较小的压力时，为了提高灵敏度，可采用密度比较小的工作液，如水、酒精。

另外，为了满足不同要求的测量，工作液要求物理、化学性能稳定，不易挥发，密度不变，与工作介质不相混，并有清楚的液面，另外最好不与玻璃吸附，以保证读数准确。

由于 U 形管压力计很难保证两管的内径一致，因而在确定液面高度差 H 时，必须同时读出两管的液面高度变化 h_1 和 h_2，否则就可能造成较大的读数误差。

3.2.2　单管压力计

1. 单管压力计的结构

它是 U 形管压力计的一种变形，如图 3-3 所示。单管压力计把其中一个管用一个较大直径的杯来代替，也称杯形压力计。由于杯的直径与管的直径相差较大，所以杯中液面下降高度 h_2 可忽略不计，因此在测量时只要读一次数就够了，减小了读数误差。

2. 单管压力计的工作原理

测表压力时，被测压力通到杯子一侧，当被测压

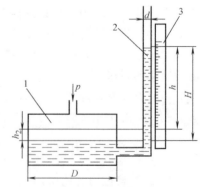

图 3-3　单管压力计

1—大口径容器　2—玻璃细管　3—标尺

力大于大气压时，玻璃管内液面上升，而杯中液面下降，液面高度差 $H=h+h_2$，由于杯内下降与玻璃管内上升液体的体积相同，即

$$\frac{\pi}{4}D^2 h_2 = \frac{\pi}{4}d^2 h \tag{3-7}$$

则

$$p = \rho g H = \rho g\left(1+\frac{d^2}{D^2}\right)h \tag{3-8}$$

式中，d、D 分别为玻璃管、杯的内径；h、h_2 分别为玻璃管液面上升高度、杯液面下降高度；ρ 为工作液密度。

由于 $d^2 \ll D^2$，$\frac{d^2}{D^2}$ 可忽略不计，所以式(3-8)可近似为

$$p = \rho g H \approx \rho g h \tag{3-9}$$

从式(3-9)可知，只需一次读出玻璃管中液面上升高度 h 即可，比 U 形管压力计减少了一次读数，所以读数误差减小了一倍，从而提高了精度。但由于忽略了 h_2 的数值，在结果中引入了一个附加系统误差，因此在进行精确测量时，必须要进行修正，修正方法为在测量结果中引入修正系数 $(1+d^2/D^2)$。例如，当玻璃管内径 $d=8$mm，杯的内径 $D=80$mm 时，则 $1+d^2/D^2=1.01$，将该系数乘到测量结果中即得精确结果。

在实际使用过程中，为了不必每次测量都进行修正，在制作玻璃管的标尺时，可以用专用标尺来对压力进行标刻，专用标尺 L 与实际液面高度差 H 的关系为

$$L = \frac{H}{1+\dfrac{d^2}{D^2}} \tag{3-10}$$

例如，有一单管压力计，玻璃管内径为 8mm，杯内径为 80mm，当被测压力为 100mmHg 时，按式(3-10)计算得到专用标尺长度为

$$L = \frac{100}{1+\dfrac{8^2}{80^2}}\text{mm} = 99\text{mm}$$

也就是说标刻此专用标尺时，在毫米刻度长度为 99mm 处，标为 100mmHg，这样，专用标尺刻度已经考虑了杯内液面下降的高度 h_2 了，不必再修正读取的数值了。

3.2.3 斜管压力计

1. 斜管压力计的结构

它是单管压力计的一种变形，如图 3-4 所示。将单管倾斜一个角度，这样可以加长液柱长度，提高压力计的灵敏度。斜管压力计常用于测量微小的压力和负压。

2. 斜管压力计的工作原理

根据单管压力计的工作原理可知，当 $d^2 \ll D^2$ 时，有

$$p \approx \rho g l \sin\alpha \tag{3-11}$$

式中，l 为液柱沿倾斜管上升的距离；α 为斜管的倾斜角度。

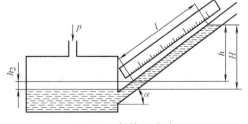

图 3-4　斜管压力计

从式(3-11)可知，它的读数比单管压力计扩大 $1/\sin\alpha$ 倍，使读数精度有所提高。显然，在用同一种工作液，仪表的刻度标尺也相同的情况下，管子的倾斜角度 α 越小，灵敏度越高，但实际使用时，α 不能小于 $15°$，这是因为 α 太小使得液面拉得太长，反而难于准确读数，增加读数误差。由于酒精有较小的密度，常用它做斜管压力计的工作液。

3.2.4 液柱式压力计的使用

用液柱式压力计进行压力测量时，要注意下列几个问题：

1）压力计在使用前，一定要放置水平，要保证管子处于严格的铅垂位置，未测量时工作液面应处于标尺零位，否则将产生安装误差。

2）在确定液面高度差 H 时，若用肉眼直接读数，其读数只能估计到 0.5mm，必然带来误差，为此可采用各种提高读数精度的辅助装置，如放大尺、游标尺及光学读数系统等。采用这些装置，读数精度可提高到 $0.02 \sim 0.05$mm。作为标准仪器的液柱式压力计精度则更高，国内做到了 0.005mm。

3）由于毛细管的作用使管内液面呈弯月形，对于浸润液体（如水），液面呈凹月面，对于非浸润液体（如汞），液面呈凸月面，如图3-5所示。因此，读数时视线一定要与弯月面的顶点平齐。另外，对于 U 形管在液柱上升和下降时，因毛细管

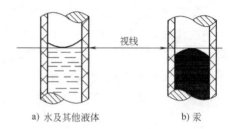

a) 水及其他液体　　　　b) 汞

图 3-5　水和汞在玻璃管中的毛细现象

的作用，可能使两管中液面上升和下降的高度不一致，这就需要在结构上加以保证，要选择充液管径均匀的管子。

4）使用地点的环境温度与重力加速度有较大偏差时，应注意修正。

3.3 弹性式压力计

弹性式压力计是利用各种形式的弹性元件受压后变形产生的弹性力与被测表压力或真空度相平衡的原理制成的。弹性元件的形变大小是压力的函数，通过测量弹性元件的形变就可以间接得到被测压力的大小。它是工业生产和实验室中应用最广的一种压力计，具有如下特点：结构简单、坚实牢固、价格低廉、准确度较高、测量范围广，便于携带和安装使用，可以配合各种变换元件做成各种压力计，可以安装在各种设备上或用于露天作业场合，可以制成特殊形式的压力表，还能在高温、低温、振动、冲击、腐蚀、黏稠、易堵和易爆等恶劣的环境条件下工作，其频率响应低，不宜用于测量动态压力。

3.3.1 弹性元件

弹性元件是弹性式压力计的测压敏感元件，是压力—位移转换元件。弹性元件受外部压力 p 作用后，通过受压面表现为力的作用，其力 F 的大小为

$$F = Ap$$

根据虎克定律，弹性元件在一定范围内的弹性形变与所受外力成正比，即

$$F = Cx$$

由以上两式得

$$x = \frac{A}{C}p \tag{3-12}$$

式中，A 为弹性元件承受压力的有效面积；C 为弹性元件的刚度系数；x 为弹性元件产生的位移（形变）。

　　同样压力作用下，弹性元件所产生的弹性形变大小取决于弹性元件的结构、材料等多种因素。不同的弹性元件所适用的测压范围有所不同，工业上常用的弹性元件有膜片、膜盒、波纹管和弹簧管，结构如图 3-6 所示。

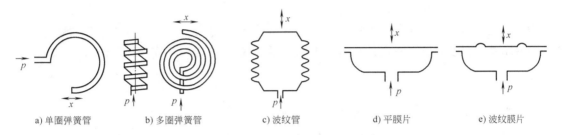

a) 单圈弹簧管　　　　b) 多圈弹簧管　　　　c) 波纹管　　　　d) 平膜片　　　　e) 波纹膜片

图 3-6　弹性元件示意图

1. 膜片

　　膜片是一种沿外缘固定的片状测压弹性元件，测量时，将压力或差压转换成膜片的中心位移或集中力输出，传给传动机构及指示机构就地指示，但是由于膜片的位移较小，灵敏度低，更多的是与压力变送器配合使用。有时膜片也被用来隔离仪表和被测介质，以保护仪表。

　　膜片按其结构特征分为平膜片和波纹膜片。其中平膜片可以承受较大的被测压力，但变形量较小，灵敏度不高，一般在测量较大的压力而且要求变形不是很大时使用。波纹膜片是一种压有环状同心波纹的圆形薄膜，其波纹的数目、形状、尺寸和分布均与压力测量范围有关，其测压灵敏度较高，常用在低压测量中。

2. 膜盒

　　为增加膜片的中心位移量，提高仪表的灵敏度，可以把两块膜片沿周边对焊起来，形成一薄膜盒子，称为膜盒，其变形量为单个膜片的两倍。在测量微压时要使位移量更大，灵敏度更高，还可以把数个膜盒串在一起组成膜盒串作为弹性敏感元件。

　　膜盒按其结构特征可分为开口膜盒、真空膜盒和填充膜盒三种，结构示意图如图 3-7 所示。开口膜盒测量时被测介质可充入内腔，用于测量压力或空气流速、流量等与压力有关的

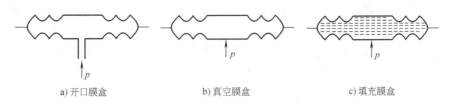

a) 开口膜盒　　　　　　b) 真空膜盒　　　　　　c) 填充膜盒

图 3-7　膜盒的结构示意图

物理量，所以开口膜盒也称为压力膜盒；真空膜盒是内腔呈真空的密封盒，可用于测量绝对压力或与绝对压力有关的物理量；填充膜盒是一种内腔充满气体、饱和蒸气或液体的密封盒，填充物质有乙醇、乙醚和氟利昂等体积膨胀系数大的物质，主要用于测温及控制仪表上，也可以填充硅油等膨胀系数小的物质，用于做隔膜压力表、变送器等传压膜盒。

3. 波纹管

波纹管是一种具有等间距同轴环状波纹，能沿轴向伸缩的测压弹性元件，又称波纹箱。波纹管在受到外力作用时，其膜面产生的机械位移量主要不是靠膜面的弯曲形变，而是靠波纹柱面的舒展或压屈来带动膜面中心作用点的移动。由于位移量相对较大，一般可直接带动传动机构，就地指示。灵敏度高，可以用来测量较低的压力或压差。但波纹管迟滞误差较大，准确度最高仅为 1.5 级。

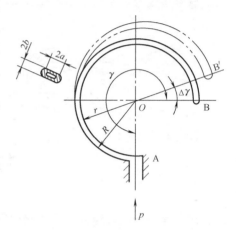

4. 弹簧管

弹簧管又称波登管，是一根弯成 270° 圆弧的空心金属管子，管子的截面呈扁圆形或椭圆形，一般椭圆长轴 $2a$ 与弹簧管中心轴 O 相平行，如图 3-8 所示。管子封闭的一端（B）为自由端，即位移输出端，管子的另一端（A）开口，并被固定在接头上，作为被测压力的输入端。

图 3-8　单圈弹簧管的结构

当被测压力介质从开口端进入并充满弹簧管的内腔时，椭圆形或扁圆形截面在被测压力 p 的作用下将趋向圆形，即长半轴 a 将减小，短半轴 b 将增加。由于弹簧管长度一定，迫使弹簧管产生向外挺直的扩张变形，结果改变弹簧管的中心角，使其自由端产生位移。

3.3.2　弹簧管压力计

弹簧管压力计以弹簧管为弹性元件，具有结构简单、安装使用方便、价格低廉及测压范围宽等优点，应用十分广泛。一般弹簧管压力计的测压范围为 $-10^5 \sim 10^9\,\mathrm{Pa}$，准确度最高可达 0.1 级。按弹簧管结构的不同，有单圈弹簧管压力计和多圈弹簧管压力计两种。

1. 单圈弹簧管压力计

弹簧管压力计主要由弹簧管、传动机构、指示机构以及表壳等几个部分组成，其结构如图 3-9 所示。

（1）传动机构　一般称为机心，包括扇形齿轮、中心齿轮、游丝和上下夹板、支柱等零件。传动机构的主要作用是将弹簧管自由端的微小弹性线位移加以放大，并转换为带动仪表

指针旋转的角位移，使指针在表盘上指示读数。示值调节螺钉 8 的作用是改变拉杆与扇形齿轮的铰合点，从而改变机械传动机构的放大倍数，即调整压力计的测量上限（调量程）。转动轴上装有游丝，游丝是用来消除中心齿轮与扇形齿轮啮合处的间隙所产生的仪表变差。仪表的机械零点则靠调整指针套在转轴的位置和刻度盘来改变。对于传动机构，要求其转动阻力应远小于使弹性元件弹簧管自由端产生位移的力。

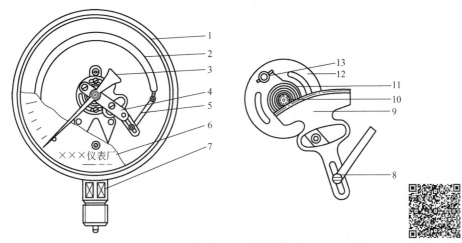

图 3-9　弹簧管压力计的结构图

1—表壳　2—弹簧管　3—指针　4—上夹板　5—拉杆　6—刻度盘　7—接头　8—示值调节螺钉

9—扇形齿轮　10—中心齿轮　11—游丝　12—下夹板　13—固定游丝螺钉

（2）指示机构　包括指针、刻度盘等，其作用是将弹簧管的弹性形变通过指针指示出来，从而读取压力值。

（3）表壳　它的主要作用是固定和保护弹簧管、传动机构、指示机构以及其他的零部件。

弹簧管压力计的工作过程为：被测压力由接头 7 通入弹簧管 2，迫使弹簧管的自由端产生位移，其位移通过拉轩 5 带动扇形齿轮 9 逆时针偏转，扇形齿轮带动中心齿轮 10，使套在中心齿轮轴上的指针顺时针偏转，从而在圆形刻度盘 6 上指示被测压力值。由于自由端的位移与被测压力之间成线性比例关系，因此弹簧管压力计的刻度标尺是均匀分度的。

2. 多圈弹簧管压力计

单圈弹簧管压力计由于自由端的位移和转动力矩小，只能作指示式仪表用，而在工业生产的压力测量中，往往还需要记录压力在某段时间的变化情况，因此需要使用压力记录仪，为了能带动记录机构运动，就需要弹簧管自由端有较大的位移和转动力矩，在设计时可以将单圈弹簧管改为多圈式的。多圈弹簧管压力计也称为螺线管压力计，弹簧管的圈数一般为 2.5 圈至 9 圈，根据需要而定，弹簧管自由端的转角一般在 54° 左右。

3. 弹簧管压力计的检定

弹簧管压力计在使用过程中要定期进行检定，确定其精度等级。检定可按规程 JJG 52—1999 和 JJG 49—1999 进行。

压力计的精度等级不同，对检定环境温度的要求也不同，详见表 3-2。

表 3-2　检定各级压力计时对环境温度的要求

精度等级	0.06、0.1、0.16、0.25	0.4、0.6	1、1.6、2.5、4
检定环境温度/℃	20±2	20±3	20±5

在压力计检定过程中，压力计指针的转动应在全量程范围内平稳、无跳动或卡住现象。首先根据其量程范围确定检定点，这些点应均匀分布在整个刻度盘上，对于精密压力计

检定点不应少于 8 个，一般压力计不应少于 5 个。检定时逐渐增加压力或减小压力，当示值达到测量上限后，需耐压 3min，然后按原检定点倒序回检。

检定时，每个检定点要进行两次读数，第一次在轻敲表壳前进行，第二次在轻敲表壳后进行，压力计检定要计算的误差有：

（1）示值误差 它指对每一个检定点，在升压和降压检定时，轻敲表壳前、后的示值与标准值之差。在测量范围内，任一检定点的示值误差，应不大于允许误差。

（2）变差（回程误差） 它指对同一检定点，在升压和降压检定时，轻敲表壳后的示值之差。在测量范围内，任一检定点的回程误差，应不大于允许误差的绝对值。

（3）轻敲位移 对每一检定点，在升压和降压检定时，轻敲表壳后引起的指针示值变动量。任一轻敲位移值，应不大于允许误差绝对值的 1/2。

3.4 电气式压力传感器

电气式压力传感器是利用压力敏感元件将被测压力转换成各种电量，如电阻、频率及电荷量等来实现测量的。电气式压力传感器的测量范围宽，线性好，便于进行压力的连续测量及远传，实现自动控制，尤其适合于压力变化快和高真空、超高压的测量。

3.4.1 应变式压力传感器

应变式压力传感器是电阻式压力传感器的一种类型，由弹性元件、电阻应变片和测量电路三部分组成。它具有以下特点：结构简单、使用方便、工艺成熟、价格低廉、寿命长、性能稳定可靠、测量精度高、测量范围宽、灵敏度高、测量速度快、适合静态和动态测量等，且易于实现测量过程的自动化和多点同步测量。但是电阻应变片受温度影响较大，测量时需进行补偿或修正。

应变式压力传感器的工作原理是，被测压力引起弹性元件形变，通过黏贴在弹性元件上的电阻应变片将形变转换为电阻值的变化，最后通过测量电路把电阻值的变化转换成电压或电流的变化。应变式压力传感器的核心敏感元件是电阻应变片，电阻应变片有金属电阻应变片和半导体应变片两种。

1. 应变效应和压阻效应

由金属材料或半导体材料制成的电阻体，其阻值为

$$R = \rho \frac{L}{A} = \rho \frac{L}{\pi r^2} \tag{3-13}$$

式中，ρ 为电阻的电阻率；L 为电阻的长度；A 为电阻的横向截面积；r 为截面半径。

电阻丝在拉力 F 的作用下，长度 L 增加，截面积 A 减小，电阻率 ρ 也相应变化，所有这些都将引起电阻阻值的变化，其电阻的相对变化量可表示为

$$\frac{\Delta R}{R} = \frac{\Delta L}{L} - 2\frac{\Delta r}{r} + \frac{\Delta \rho}{\rho} \tag{3-14}$$

把电阻轴向长度的相对变化量称为轴向应变，一般用 ε_x 表示，即 $\varepsilon_x = \Delta L / L$；$\Delta r / r = \varepsilon_y$ 称为径向应变，$\varepsilon_y = -\mu \varepsilon_x$。则电阻的相对变化量可写成：

$$\frac{\Delta R}{R} = (1 + 2\mu)\varepsilon_x + \frac{\Delta \rho}{\rho} \tag{3-15}$$

式中，μ 为电阻材料的泊松比。

由式(3-15)可知，电阻的变化有以下两个因素：

1）$(1+2\mu)\varepsilon_x$，它是由几何尺寸变化引起的。这种电阻丝在外力作用下发生机械变形，从而引起电阻值发生变化的现象称为应变效应。

2）$\Delta\rho/\rho$，它是由电阻率变化引起的。这种电阻体材料在受到外力作用后，其晶格间距发生变化，从而使电阻率发生变化，压力也随之变化的现象称为压阻效应。

对于金属材料，以应变效应为主，用金属材料制成的应变片称为金属电阻应变片，并制成应变式压力传感器；对于半导体材料，以压阻效应为主，用半导体材料制成的应变片称为半导体应变片，并制成压阻式压力传感器。

实验证明，电阻丝或半导体应变片的电阻相对变化量 $\Delta R/R$ 与材料力学中的轴向应变 ε_x 的关系在很大范围内是线性的，即

$$\frac{\Delta R}{R} = K\varepsilon_x \tag{3-16}$$

式中，K 为电阻应变片的灵敏度。

对于不同的金属材料，K 略微不同，一般在 2 左右。而对半导体材料而言，由于其感受到应变时，电阻率 ρ 会产生很大的变化，所以其灵敏度比金属材料的灵敏度大几十倍。

2. 应变片的结构

（1）金属电阻应变片　常用的金属电阻应变片有栅丝式、箔式和薄膜式等。它的结构如图 3-10 所示，一般由敏感栅（金属丝或箔）、绝缘基底、覆盖层或保护膜以及引出线等部分组成。

图 3-11 是几种常用的国产电阻应变片的外形图。栅丝式应变片的电阻丝由直径为 $0.02\sim$ 0.04mm 的高电阻率的金属丝排成栅网状黏贴在绝缘基底上构成，栅网上面覆盖上保护层，两端焊接引出线，引出线由直径为 $0.1\sim0.2\text{mm}$ 的低电阻镀锡铜线制成。电阻丝栅网的长度 l 称为工作基长，b 称为工作基宽，则

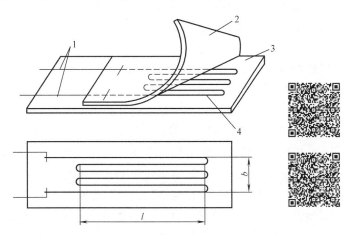

图 3-10　金属电阻应变片的结构示意图
1—引出线　2—覆盖层　3—基底　4—电阻丝

$b\times l$ 为应变片的有效使用面积。应变片的规格一般以有效面积和电阻丝的阻值来表示。如 $3\times10\text{mm}^2$，120Ω。金属栅丝式应变片应用最早，有纸基和胶基两种，纸基应变片就是用薄纸作为基底，要求工作在 70℃ 以下；胶基应变片则采用有机聚合物薄膜作为基底。

箔式应变片是通过光刻、腐蚀等工艺制成的厚度为 $0.001\sim0.01\text{mm}$ 的金属箔栅。箔式应变片很薄，表面积与截面积之比大，散热性能好，在测量中能承受较大电流和较高电压，具有较高的灵敏度，横向效应小，疲劳寿命长，并可根据需要制成各种形状，适宜大批量生产。目前应用较多，逐渐取代栅丝式应变片。

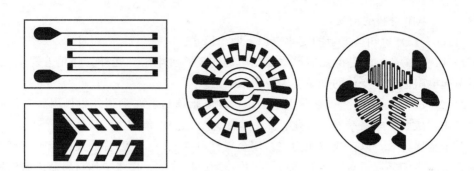

图 3-11　常用的国产电阻应变片的外形图

薄膜式应变片是利用真空蒸镀技术，在薄的绝缘基底上形成金属薄膜，上面再加保护层而制成的。箔式应变片和薄膜式应变片可以根据受力弹性元件的应变分布而制成相应的形状。

（2）半导体应变片　半导体应变片的材料有硅、锗、锑化铟、磷化镓和砷化镓等，硅和锗由于压阻效应大，故多作为压阻式压力传感器的半导体材料。半导体应变片按结构可分为体型应变片、扩散型应变片和薄膜型应变片。

图 3-12 所示为体型半导体应变片的结构，它由硅条、内引线、基底、电极和外引线五部分组成。硅条是应变片的敏感元件，按一定晶向切割，经腐蚀成形，黏贴在基底上；内引线用于连接硅

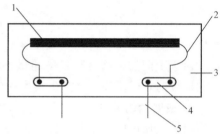

图 3-12　体型半导体应变片的结构
1—硅条　2—内引线　3—基底
4—电极　5—外引线

条和电极，材料是金丝；基底起绝缘作用，材料是胶膜；电极是内引线和外引线的连接点，一般用康铜箔制成；外引线是应变片的引出导线，材料为镀银或镀铜。

3. 电阻应变式压力传感器的组成

应变片正常工作时需依附于弹性元件，可以通过两种形式实现应变片的黏贴。①将应变片直接黏贴于压力—位移型弹性元件（见本章 3.3 节，只有平膜片容易实现）的应变处，在弹性元件实现压力—位移变换的同时，也实现了应变—电阻值的变换。②黏贴在力—应变型弹性元件的表面，通过压力—位移型弹性元件实现压力—力的变换，再通过黏贴有电阻应变片的力—应变型弹性元件实现力—应变—电阻值的转换。最后，把应变片接入测量电桥的桥臂，通过测量电路把电阻值转换成电压或电流信号，送至显示仪表。电阻应变式压力传感器的原理框图如图 3-13 所示。

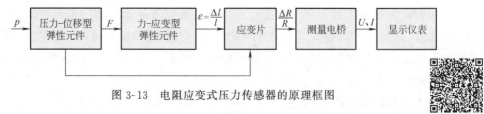

图 3-13　电阻应变式压力传感器的原理框图

（1）力—应变型弹性元件　常用的力—应变型弹性元件有柱形、悬臂梁和薄壁环等。

1）柱形。如图 3-14 所示，受力方向为轴向，应变片纵向或横向黏贴于圆柱面上。此类

弹性元件由于应变很小，测力量程较大，尤其是实心圆柱在径向尺寸较大时，测力上限可达数千吨，常作为荷重式压力传感器的敏感元件。

设圆柱的横截面积为 S，材料的弹性模量为 E，泊松比为 μ，则轴向受力为 F 时，圆柱的轴向应变为

$$\varepsilon_x = \frac{\mathrm{d}l}{l} = \frac{\sigma}{E} = \frac{F}{SE} \qquad (3\text{-}17)$$

圆柱的径向应变为

$$\varepsilon_y = -\mu\varepsilon_x = -\mu\frac{F}{SE} \qquad (3\text{-}18)$$

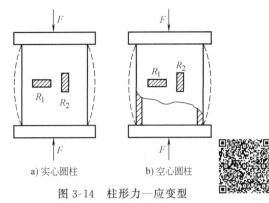

图 3-14　柱形力—应变型
弹性元件的结构示意图

a) 实心圆柱　　　b) 空心圆柱

2）悬臂梁。悬臂梁是一端固定、一端自由的测力弹性元件。其特点是结构简单，加工方便，其输出可以是应变，也可是挠度。它的灵敏度比柱形弹性元件高，适于较小力的测量。根据截面形状，可分为等截面悬臂梁和变截面等强度悬臂梁两种。

等截面悬臂梁如图 3-15a 所示。当力 F 作用于梁的自由端时，梁的上表面产生拉伸应变，下表面产生压缩应变。梁的各截面处的应变不相等，但同一截面处的上、下表面的应变大小相等，符号相反。设梁的宽度为 b，总长度为 l_0，截面的厚度为 δ，则在距固定端 l 长度处的应变（沿 l 方向）为

$$\varepsilon = \frac{6(l_0 - l)}{Eb\delta^2}F \qquad (3\text{-}19)$$

可见，梁的最大应变在根部，梢部的应变为零。

变截面悬臂梁都设计成等强度梁，即梁的各截面处的应变均相等，这就大大方便了应变片的黏贴。如图 3-15b 所示，这种梁的外形呈等腰三角形，集中力 F 作用于三角形的顶点。设梁的长度（即等腰三角形的高）为 l，根部宽度为 b_0，厚度为 δ，则梁上任意一点 x 处沿 l 方向的应变为

$$\varepsilon = \frac{6l}{Eb_0\delta^2}F \qquad (3\text{-}20)$$

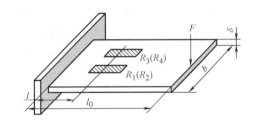

a) 等截面

b) 变截面等强度

图 3-15　悬臂梁力—应变型弹性
元件的结构示意图

3）薄壁环。如图 3-16 所示，弹性元件为等截面圆环。薄壁环灵敏度高，用于测量较小的力，但加工困难，且在力 F 作用下，环的各部位应变不相等。当力 F 作用于环的上部时，环的 A、B 处应力较大，且内外应变大小相等，符号相反，故应变片多黏贴于 A、B 处的内外环面上。

（2）测量转换电路　金属应变片的电阻变化范围很小，如果直接用兆欧表测量电阻值的

变化量将十分困难，且误差很大，所以多使用不平衡电桥来测量这一微小的变化量，将 $\Delta R/R$ 转换为输出电压 U_o。

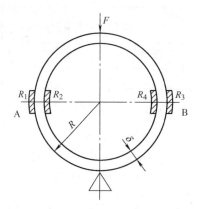

图 3-16 薄壁环力—应变型弹性元件的结构示意图

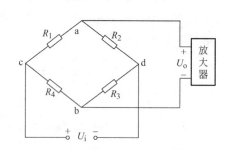

图 3-17 桥式测量转换电路

桥式测量转换电路如图 3-17 所示。电桥的一个对角线节点接入电源电压 U_i，另一个对角线节点为输出电压 U_o。为了使电桥在测量前的输出电压为零，应该选择 4 个桥臂电阻，使 $R_1R_3 = R_2R_4$ 或 $R_1/R_2 = R_4/R_3$，这就是电桥平衡的条件。

当每个桥臂电阻的变化量 $\Delta R_i \ll R_i$，且电桥输出端的负载电阻为无限大，全等臂形式工作，即 $R_1 = R_2 = R_3 = R_4$（初始值）时，电桥的输出电压可用下式近似（小信号时误差小于 1%）表示：

$$U_o = \frac{U_i}{4}\left(\frac{\Delta R_1}{R_1} - \frac{\Delta R_2}{R_2} + \frac{\Delta R_3}{R_3} - \frac{\Delta R_4}{R_4}\right) \tag{3-21}$$

由于 $\Delta R/R = K\varepsilon_x$，当各桥臂应变片的灵敏度 K 都相同时，有

$$U_o = \frac{U_i}{4}K(\varepsilon_1 - \varepsilon_2 + \varepsilon_3 - \varepsilon_4) \tag{3-22}$$

根据不同的要求，应变电桥有三种不同的工作方式：单臂半桥工作方式（即 R_1 为应变片，R_2、R_3、R_4 为固定电阻，$\Delta R_2 \sim \Delta R_4$ 均为零）、双臂半桥工作方式（即 R_1、R_2 为应变片，R_3、R_4 为固定电阻，$\Delta R_3 = \Delta R_4 = 0$）、全桥工作方式（即电桥的 4 个桥臂都为应变片）。上面讨论的三种工作方式中的 ε_1、ε_2、ε_3、ε_4 可以是试件的拉应变，也可以是试件的压应变，取决于应变片的黏贴方向及受力方向。若是拉应变，ε 应以正值代入；若是压应变，ε 应以负值代入。ε_1 的受力方向与 ε_3 必须相同，而与 ε_2、ε_4 的受力方向必须相反。

如果设法使试件受力后，应变片 $R_1 \sim R_4$ 产生的电阻增量（或感受到的应变 $\varepsilon_1 \sim \varepsilon_4$）正负号相间，就可以使输出电压 U_o 成倍增大。上述三种工作方式中，全桥工作方式的灵敏度最高，双臂半桥次之，单臂半桥灵敏度最低。

采用双臂半桥或全桥工作方式的另一个好处是能实现温度自补偿的功能。当环境温度升高时，桥臂上的应变片温度同时升高，温度引起的电阻值漂移数值一致，代入式(3-21)，可以相互抵消，所以这两种桥路具有温度自补偿功能。

实际使用中，R_1、R_2、R_3、R_4 不可能成严格的比例关系，所以即使在未受力时，桥路

的输出也不一定严格为零，因此必须设置调零电路，如图 3-18 所示。调节 R_P，最终可以使 R_1 与（$R_P/2+R_5$）、R_2 与（$R_P/2+R_5$）的并联结果之比 R_1'/R_2' 等于 R_4/R_3，电桥趋于平衡，U_o 被预调到零位，这一过程称为调零。图中的 R_5 是用于减小调节范围的限流电阻。上述的调零方法在电子秤等仪器中被广泛使用。

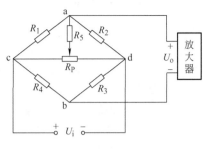

图 3-18　调零电路

4. 应变式压力传感器的类型

应变式压力传感器的结构形式多种多样，主要取决于使用要求。

（1）膜片式压力传感器　膜片式压力传感器是一种最简单的平膜片式应变压力传感器，具有结构简单、使用可靠等特点。如图 3-19 所示，圆膜片和壳体制作在一起，周边固定，应变片黏贴在膜片内表面，引线从壳体的上端引出。工作时将传感器的下端旋入管壁，使被测压力均匀地作用在膜片的一面，使平膜片产生应变，从而使电阻应变片产生应变而有一定的电阻变化量输出，通过测量转换电路转换并求得被测压力的大小。

由于平膜片受压后各点的应变是不同的，所以在黏贴应变片前必须了解平膜片表面应变分布的情况。平膜片在承受均匀分布的压力后，膜片中同时要产生径向应力和切向应力，由此引起的径向应变 ε_r 和切向应变 ε_τ 可用下式计算：

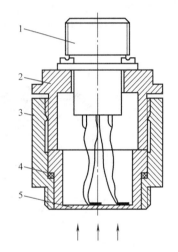

图 3-19　UYY-1 型平膜片式
应变压力传感器
1—插头座　2—螺盖　3—外壳
4—垫圈　5—膜片

$$\varepsilon_r = \frac{3p}{8h^2E}(1-\mu^2)(r_0^2-3x^2) \tag{3-23}$$

$$\varepsilon_\tau = \frac{3p}{8h^2E}(1-\mu^2)(r_0^2-x^2) \tag{3-24}$$

式中，r_0、h 为圆膜片的半径和厚度；E、μ 为圆膜片材料的弹性模量和泊松比；x 为离圆膜片中心的径向距离。

通过对式(3-23)和式(3-24)进行分析可知，在膜片中心位置处（$x=0$），ε_r 和 ε_τ 达到正的最大值，并且相等，即

$$\varepsilon_{rmax} = \varepsilon_{\tau max} = \frac{3p}{8h^2E}(1-\mu^2)r_0^2 \tag{3-25}$$

当 $x=\dfrac{r_0}{\sqrt{3}}=0.58r_0$ 时，$\varepsilon_r=0$。当 $x>0.58r_0$ 时，ε_r 进入负值区。当 $x=r_0$ 时，ε_r 达到负的最大值：

$$\varepsilon_{rmin} = -\frac{3p}{4h^2E}(1-\mu^2)r_0^2 \tag{3-26}$$

根据上面的分析，可画出圆膜片的应变分布图，如图 3-20 所示。如果在应变片尺寸允许的情况下，可以沿径向将两应变片黏贴在正应变区（膜片中心附近），另两片沿径向黏贴

在负应变区（边缘附近），这时可以得到最大灵敏度，并且具有温度补偿特性，如图 3-21b 所示。为此目的，也有的用箔式应变片直接光刻成需要的图形，如图 3-21a 所示。R_1、R_3 为负应变区应变片，R_2、R_4 为正应变区应变片。

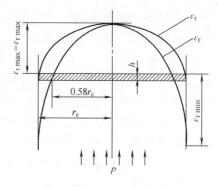

图 3-20 圆膜片受压时的应变分布状态

（2）应变筒式压力传感器 应变筒式压力传感器的结构如图 3-22 所示，应变筒的上端与外壳紧密固定，下端与不锈钢密封膜片紧密连接，应变片 R_1、R_2 分别轴向、径向黏贴在应变筒的外壁，分别接到测量桥路的相邻臂上。被测压力 p 作用于不锈钢密封膜片上时，使应变筒轴向受压变形，轴向黏贴的应变片 R_1 产生轴向压缩应变，使 R_1 的阻值减小；同时径向黏贴的应变片 R_2 产生径向拉伸应变，使 R_2 的阻值变大，使测量桥路的输出与被测压力 p 成线性关系。

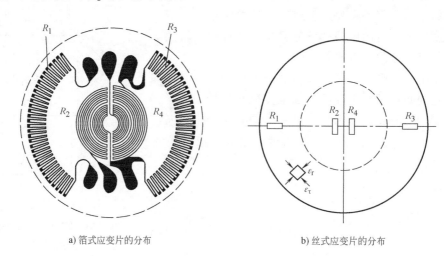

a) 箔式应变片的分布

b) 丝式应变片的分布

图 3-21 圆膜片上应变片的分布

3.4.2 压电式压力传感器

1. 压电式压力传感器的工作原理

压电式压力传感器是基于某些电介质的压电效应原理制成的。某些电介质物体，对其沿一定方向施加压力或拉力发生机械应变时，会在其相对两面上产生等量异号电荷，在将外力去掉时，电荷随之消失，它们又重新回到不带电的状态，这种现象称为压电效应。具有压电效应的物体称为压电材料。现以石英晶体为例来说明压电效应及其性质。

图 3-23a 是天然结构石英晶体的理想外形，它是一个六角形晶柱。在晶体学中可以用三根相互垂直的轴线来表示石英晶体的压电特性。纵向轴线 z 称为光轴；经过六面体棱线并与光

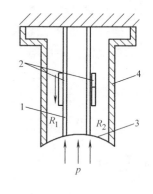

图 3-22 应变筒式压力传感器
1—应变筒 2—应变片 3—密封膜片 4—外壳

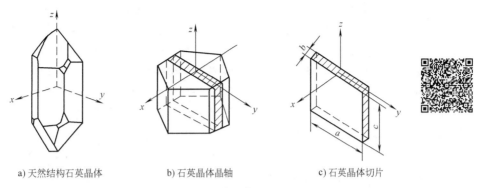

a) 天然结构石英晶体   b) 石英晶体晶轴   c) 石英晶体切片

图 3-23   石英晶体

轴垂直的轴线 x 称为电轴；而垂直于对称棱面，同时与光轴和电轴垂直的轴线 y 称为机械轴。如图 3-23b 所示，从晶体上沿 y 轴方向切下一片薄片，称为压电晶体切片，切片的面分别垂直于电轴，平行于光轴和机械轴。当沿电轴方向施加压力时，在与电轴垂直的两晶体边界面上产生异号电荷。当沿机械轴方向施加压力时，仍在与电轴垂直的两晶体边界面上产生异号电荷，但符号相反。通常把沿电轴方向施加压力产生的压电效应称为纵向压电效应，也称为正压电效应；沿机械轴方向施加压力而产生的压电效应称为横向压电效应，也称为逆压电效应；而在光轴方向施加压力则不产生压电效应。

当晶体切片在沿 x 轴的方向上受到压力 F_x 时，晶体切片将产生厚度变形，并在与 x 轴垂直的平面上产生电荷 Q_x，它和压力 p 的关系为

$$Q_x = k_x F_x = k_x A p \tag{3-27}$$

式中，Q_x 为压电效应所产生的电荷量，单位为 C；k_x 为晶体在电轴方向受力的压电系数，单位为 C/N；F_x 为沿晶体电轴方向施加的力，单位为 N；A 为垂直于电轴的加压有效面积，单位为 m²。

由式(3-27)可知，当晶体切片受到 x 轴方向的压力作用时，Q_x 与作用力 F_x 成正比，而与晶体切片的几何尺寸无关。石英晶体的 $k_x = 2.3 \times 10^{-12}\,\mathrm{C/N}$。电荷 Q_x 的符号由 F_x 是压力还是拉力决定，如图 3-24 所示。

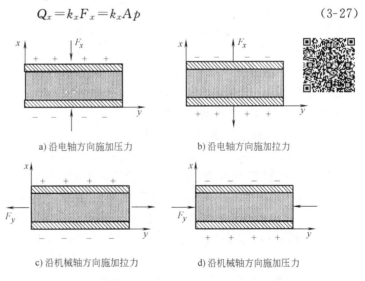

a) 沿电轴方向施加压力   b) 沿电轴方向施加拉力

c) 沿机械轴方向施加拉力   d) 沿机械轴方向施加压力

图 3-24   晶体切片上电荷符号与受力类型及方向的关系

如果作用力是沿机械轴方向，其电荷仍在与 x 轴垂直的平面上出现，但极性相反，此时电荷的大小为

$$Q_y = k_y \frac{l}{h} F_y \tag{3-28}$$

式中，l、h 为晶体切片的长度和厚度；k_y 为晶体在机械轴方向受力的压电系数。

电介质是否具有压电效应，主要取决于它的分子结构。具有压电效应的物体称为压电材料，常见的压电材料有压电晶体和压电陶瓷两类。前者典型的代表材料为石英晶体；后者是人工制造的多晶材料，如钛酸钡、锆钛酸铅等，这些材料目前在压力计中应用较多。石英晶体即二氧化硅（SiO_2），有天然的和人工培育的两种。石英晶体机械强度大，电阻率高，稳定性好，不易老化，不易潮解，不加任何保护即可抗 100℃ 的温度，但其压电系数较低，灵敏度低。石英晶体主要用来测量较高压力，或用于对准确度、稳定性要求较高的场合和制作标准传感器。压电陶瓷经外加电场进行了极化处理，具有较高的压电系数，抗湿性也比较好，但其温度稳定性和机械强度都不如石英晶体，而且工作温度比较低，最高使用温度只有70℃左右，但因为其价格低廉，所以应用也是非常广泛的。

2. 压电式压力传感器的结构

图 3-25 是压电式压力传感器的结构示意图。压电元件被夹在两片性能相同的弹性元件（膜片）之间，弹性元件的作用是把压力收集并转换成集中作用力 F，再传递给压电元件。压电元件的一个侧面与膜片接触并接地，另一侧面通过引线将电荷量引出。当被测压力均匀作用在膜片上时，压电元件就在其表面产生电荷，电荷经引线引出后，送到电荷放大器或电压放大器放大，转换成标准电压或电流输出，其大小与被测压力成正比关系。另外，传感器中弹簧的作用是给予压电元件一个预应力，保证压电元件始终受到压力，克服低压情况下输出与作用力的非线性关系。这是因为压电片在加工时即使磨的很好，也很难保证接触面的绝对平坦，如果没有足够的压力，就不能保证全面地均匀接触。但这个预应力也不能太大，否则将影响灵敏度。

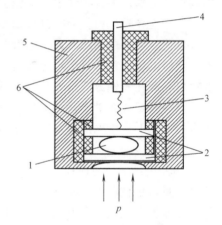

图 3-25 压电式压力传感器的结构示意图
1—压电元件　2—膜片　3—弹簧
4—引线　5—壳体　6—绝缘体

3. 压电式压力传感器的应用及特点

压电式压力传感器主要适用于变化快的动态压力的测量，不适用于变化缓慢的压力和静态压力的测量，广泛用于测量内燃机燃烧室内的压力，空气或水下爆炸冲击波的压力，风洞的压力以及各种高压容器、高压管道内腔的压力等。

压电式压力传感器具有如下特点：

1）体积小、重量轻、结构简单、工作可靠，工作温度可在 250℃ 以上。

2）灵敏度高，线性度好，常用精度有 0.5 级和 1.0 级。

3）测量范围宽，可测 100MPa 以下的所有压力。

4）是一种有源传感器，无需外加电源，可避免电源带来的噪声干扰。

3.5 压力变送器

压力信号不能直接进行远传，一方面因为敷设引压导管较麻烦，另一方面因为长距离传输会造成较大的压力损失。因而要向远距离传输压力信号，往往是将弹性测压元件与电气传感器相结合构成压力变送器，工业上常称为差压变送器。将压力或差压转换为便于传输、指示、记录的标准信号进行输出，而且输出信号与输入压力之间通常有连续线性函数关系。

变送器一般由输入转换部分、放大器和反馈部分组成，如图 3-26 所示。

输入转换部分包括压力或差压传感器，将压力或差压转换成某一中间模拟量 Z_i，

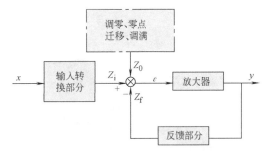

图 3-26　变送器的基本组成结构

如位移、电压、电阻、电流或电容等；反馈部分把变送器的输出信号 y 转换成反馈信号 Z_f；放大器将中间模拟量 Z_i 与反馈信号 Z_f 之差 ε 进行放大，转换为标准输出信号 y。

3.5.1　电容式压力变送器

对于平板电容器，改变极板间的距离将会使电容量发生改变。如果引入外加压力，作用于平板电容器的极板，使极板间距发生变化，那么就可通过对电容量变化的测取实现压力或差压的检测。在信号检测过程中，为减小杂散电容的影响，应尽量缩短电容式传感器检测部分与信号转化部分之间的距离，同时由于电容式传感器处理的信号本身就是电量，因此实际中电容式压力或差压传感器通常都做成变送器的形式，将压力或差压检测与信号处理、传输制成一个整体。

为提高检测精度，减少外界环境的影响，电容式压力或差压变送器在结构上通常设计成两组电容器，以两个电容值之差来作为检测信号。

1. 电容式差压变送器的结构及其转换电路的原理

电容式差压变送器的结构如图 3-27 所示。图中，金属膜 8 为电容器的左右两个定极板，测量膜片 9 为动极板，左、右固定电极和测量电极组成了两个电容器，其信号经电极引线 3

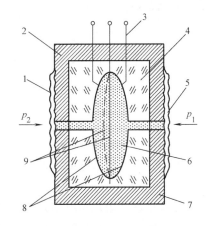

图 3-27　电容式差压变送器的结构
1、5—波纹密封隔离膜片　2、7—基座　3—电极引线
4—玻璃绝缘层　6—硅油　8—金属膜　9—测量膜片

引出。动极板将左右空间分成两个腔室，腔室内充满硅油。2、7 为不锈钢基座，不锈钢基座内有玻璃绝缘层 4，作为定极板的金属膜就镀在玻璃绝缘层内侧的凹形球面上，不锈钢基座和玻璃绝缘层的中心开有小孔，在不锈钢基座外侧焊上了波纹密封隔离膜片 1、5。测量时，被测压力加在隔离膜片上，通过硅油的不可压缩性和流动性将差压传递到测量膜片的两侧，从而使膜片产生位移 Δd，如图中虚线所示，使一个电容器的极距变小，电容量增大，另一个电容器的极距变大，电容量减小。则每个电容器的电容量变化量为

$$C_1 = K\frac{\varepsilon S}{d + \Delta d} \qquad (3\text{-}29)$$

$$C_2 = K\frac{\varepsilon S}{d - \Delta d} \qquad (3\text{-}30)$$

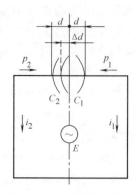

图 3-28 电容式差压变送
器的转换电路

式中，ε 为极板间介质的介电常数；S 为弧形定极板的面积；d 为动极板与定极板间的初始距离。

电容式差压变送器的转换电路如图 3-28 所示，正负腔回路的电流应分别为

$$i_1 = \omega E C_1 \qquad (3\text{-}31)$$

$$i_2 = \omega E C_2 \qquad (3\text{-}32)$$

式中，ω 为高频振荡电源的角频率，$\omega = 2\pi f$；E 为高频振荡电源的电压。

为方便得到电流与差压的关系，在电路设计中使 i_2 与 i_1 之和等于常数，i_2 与 i_1 之差为输出信号，则有

$$i_2 + i_1 = \omega E(C_2 + C_1) = I_{\mathrm{c}} \qquad (3\text{-}33)$$

$$i_2 - i_1 = \omega E(C_2 - C_1) = \frac{C_2 - C_1}{C_2 + C_1}I_{\mathrm{c}} \qquad (3\text{-}34)$$

将 C_1、C_2 代入进一步化简，得

$$i_2 - i_1 = \frac{\Delta d}{d}I_{\mathrm{c}} \qquad (3\text{-}35)$$

而中心膜片的位移 Δd 又与使中心膜片产生该位移的差压 Δp 成正比，即

$$\Delta d = K_1 \Delta p$$

则

$$i_2 - i_1 = \frac{K_1 \Delta p}{d}I_{\mathrm{c}} \qquad (3\text{-}36)$$

式中，d、K_1、I_{c} 均为常数，另设 $K_2 = K_1 I_{\mathrm{c}}/d$，则有

$$i_2 - i_1 = K_2 \Delta p \qquad (3\text{-}37)$$

由此可见，采用差动电容方式，并在电路设计上使 $i_2 + i_1 = I_{\mathrm{c}}$（常数），可消除硅油介电常数的影响，并使输出的差动信号仅与中心膜片的位移有关，与外加差压成正比，而不受高频电压频率、幅值变化的影响，提高了差压式变送器的精度和稳定性。

2. 电容式差压变送器的使用

电容式差压变送器的分辨力非常高，静态精度和动态特性好，结构简单，适应性强，广泛应用于工业生产中的差压、绝对压力和表压力的检测，开口容器或受压容器内液体的液位检测，以及配套节流装置中液体、气体和蒸气的流量检测等。由于电容式差压变送器的优异特点和应用的广泛性，使它正在取代过去使用较多的膜片式、膜盒式、波纹管式及力平衡式压力传感器和变送器。

在应用电容式差压变送器时，要根据需要进行适当调整，以达到尽量高的准确度。

（1）量程调整和零点迁移

1）量程调整。图 3-29a 是电容式差压变送器的输入—输出特性曲线，其中 $x_{\min}$ 和 $x_{\max}$ 分别为被测过程参数的下限值和上限值，即变送器输入信号的量程范围。$y_{\min}$ 和 $y_{\max}$ 分别是

变送器输出信号的下限值和上限值，与标准统一信号的下限值和上限值相对应，对于Ⅲ型表，它们分别是 4mA 和 20mA。

量程调整又称为满度调整，调整的目的是为了使变送器输出信号的上限值 y_{max} 与被测参数的上限值 x_{max} 相对应。通常变送器输出信号的上限值是固定的（20mA），而被测参数的上限值则根据实际生产过程要求是不同的。量程调整实际上就是通过改变变送器的放大增益，改变其输入—输出特性曲线的斜率，使被测参数的最大值与变送器输出信号的最大值对应。图 3-29b 中曲线 1 为量程调整前的特性曲线，当被测参数值为 x 时，对应变送器的输出最大，不能实现实际满量程的测量；曲线 2 是对变送器进行量程调整后的输入—输出特性曲线，使实际满量程 x_{max} 与变送器输出信号的上限值 y_{max} 相对应。

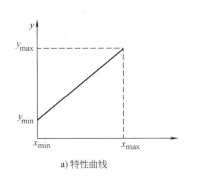 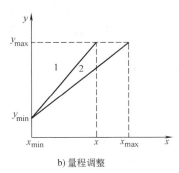

a) 特性曲线   b) 量程调整

图 3-29   变送器的特性曲线及量程调整

2）零点调整和零点迁移。零点调整和零点迁移是使变送器输出信号的下限值 y_{min} 与被测参数的下限值 x_{min} 相对应。通常变送器输出信号的下限值是固定的（如 4mA），在被测参数的下限值 $x_{min}=0$ 时，使 $y_{min}=4$mA 的调整就称为零点调整；在被测参数的下限值 $x_{min} \neq 0$ 时，使 $y_{min}=4$mA 的调整过程就称为零点迁移，零点迁移分为正迁移和负迁移两种。

例如，压力的测量范围为 $-2 \sim 3$kPa，则 $x_{min}=-2$kPa，为负值，量程为 5kPa。因此变送器测量的起始点要从 0kPa 迁移到 -2kPa，使 y_{min} 与 x_{min} 相对应，这个过程就称为零点负迁移；反之，即为零点正迁移。图 3-30 为零点迁移示意图，其中曲线 1 为未迁移的输入—输出特性曲线，

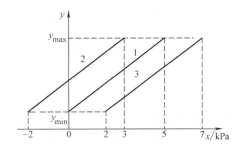

图 3-30   变送器零点正、负迁移的特性曲线

对应的测量范围是 $0 \sim 5$kPa；曲线 2 是零点负迁移的特性曲线，对应的测量范围是 $-2 \sim 3$kPa；曲线 3 是零点正迁移的特性曲线，对应的测量范围是 $2 \sim 7$kPa。通过对特性曲线的分析，可以得出结论：零点迁移是改变测量的上、下限，而曲线斜率不变，即量程不改变。

但是要注意，迁移量不能无限地增加，它受到以下两方面的约束：①不能迁移到超过最大测量上限的绝对值及最大量程。例如，某种变送器的最大测量上限及最大量程均为 40kPa，因此不能将变送器迁移到 $32 \sim 42$kPa，而只能迁移到 $32 \sim 40$kPa。负迁移也是如此，不能迁移到 $-42 \sim -32$kPa，而只能迁移到 $-40 \sim -32$kPa 或 $-40 \sim -30$kPa。另外，也不能迁移到 $-40 \sim 10$kPa，而只能迁移到 $-40 \sim 0$kPa 或 $-30 \sim 0$kPa。②量程不应压缩到允许

最小量程以下，例如规格为 0～6kPa 至 0～40kPa 的变送器允许最小量程为 6kPa，因此不要将变送器迁移到 35～40kPa，而应改为 34～40kPa。

（2）线性度调整和阻尼调整

1）线性度调整。为了使变送器的输入—输出特性达到高度的线性，因此在放大器电路板焊接面上，还备有线性调节电位器。

通常情况下，线性度调整工作已在变送器出厂时完成，一般不必进行调节。如有必要（需要在某一特定范围内改善线性），而且条件具备时（校正时需要高精度的标准仪表），也可进行，但必须按规程进行调整。

2）阻尼调整。变送器的放大器电路板上有阻尼调节电位器，在变送器出厂校验时，已经将阻尼调节电位器逆时针旋到底（阻尼时间约 0.2s），即阻尼最小位置。由于变送器标定不受阻尼调节的影响，阻尼调节可在变送器安装好以后进行。需要调节阻尼时可顺时针方向转动阻尼调节电位器。

所谓阻尼时间即变送器的输出随被测压力变化的反应速度。一般电容式差压变送器的最大阻尼时间常数大于等于 1.67s。

注意：调节阻尼时可用小旋具插入调节孔，当顺时针方向旋转时，其阻尼时间将增大，但当旋到底时不可用力再拧，以免损坏电位器。

（3）变送器的接线　变送器的接线根据信号线与电源线的连接方式分为两线制和四线制两种。两线制变送器的工作电源为直流 24V，只有两根导线，信号线和电源线并用，导线上同时传送变送器的工作电源电压与输出的电流信号，如图 3-31a 所示；四线制变送器的工作电源为交流 220V，电源线和信号线分开，各有两根，如图 3-31b 所示。

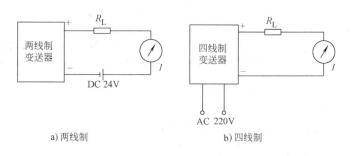

a）两线制　　　　　　　b）四线制

图 3-31　两线制和四线制变送器的接线

两线制变送器可以节省电缆，敷设时只需一根穿线管道，若用于易燃易爆的场合，还可节省一个安全栅。它具有降低成本，提高安全性能的优点，所以应用较多。但同时，由于电源线和信号线共用，可能会给输出的电流信号带来干扰，影响测量的可靠性及精度。

3.5.2　扩散硅差压变送器

利用具有压阻效应的半导体材料可以做成黏贴式的半导体应变片，进行压力的检测。随着半导体集成电路制造工艺的不断发展，人们利用半导体制造工艺的扩散技术，将敏感元件和应变材料合二为一制成扩散型压阻式传感器。由于这类传感器的应变电阻和基底都是用半导体硅制成的，所以又称为扩散硅压阻式传感器。在半导体基底上还可以很方便地将一些温度补偿、信号处理和放大电路等集成制造在一起，构成集成传感器或变送器。所以，扩散硅压阻式传感器一出现就受到人们的普遍重视，发展很快，目前这类传感器已经在力学量传感器中占据了重要地位。

1. 扩散硅压阻式传感器的测压原理

图 3-32 所示为扩散硅压阻式传感器的结构。它主
要由外壳、硅杯和引线等组成。

扩散硅压阻式传感器的核心敏感元件是一块圆形的
硅膜片。在硅膜片上，用半导体制造工艺的扩散掺杂法
做成四个阻值相等的电阻，构成平衡电桥，再用压焊法
与外部引线相连。测量室被硅膜片分成高压和低压两个
腔室，高压腔和被测系统相连接。测压力时，低压腔和
大气相连通；测压差时，低压腔则与被测系统的低压端
相连通。当膜片两边存在压力差时，膜片发生变形，产
生应力应变，从而使扩散电阻的阻值发生变化，电桥失
去平衡，输出相应的电压，该电压的大小与膜片两边的
压力差成正比，从而可以测取膜片所受的压力差值。

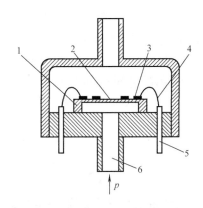

图 3-32　扩散硅压阻式传感器
1—硅杯　2—硅膜片　3—扩散电阻　4—内
部引线　5—外部引线　6—导压管

由于硅膜片是各向异性材料，它的压阻效应的大小与作用力的方向有关，所以在硅膜片
承受外力时，必须同时考虑其纵向压阻效应（沿扩散电阻的长度方向）和横向压阻效应（沿
扩散电阻的宽度方向）。由于硅膜片是圆形的，受压时的形变非常微小，其弯曲的挠度远远
小于其厚度，因而其应力分布，可归结为弹性力学中的小挠度圆薄板的应变问题。

设均匀分布在硅膜片上的压力为 p，则硅膜片上各点的应力与其半径 r 的关系为

$$\sigma_r = \frac{3p}{8h^2} [r_0^2(1+\mu) - r^2(3+\mu)] \tag{3-38}$$

$$\sigma_\tau = \frac{3p}{8h^2} [r_0^2(1+\mu) - r^2(1+3\mu)] \tag{3-39}$$

式中，σ_r、σ_τ 为硅膜片所承受的径向应力、切向应力；h、r_0 为硅膜片的厚度和半径；r 为
应力作用半径，即电阻距硅膜片中心的距离；μ 为泊松比，对于硅 $\mu=0.35$。

对以上两式进行分析，当 $r=0$ 时，应力 σ_r 和 σ_τ
都达到最大值，随着 r 值的增大，σ_r 和 σ_τ 的值减小；
当 $r=0.635r_0$ 和 $r=0.812r_0$ 时，σ_r 和 σ_τ 分别为零；
随着 r 值的进一步增大，σ_r 和 σ_τ 进入负值区，直至
$r=r_0$ 时，σ_r 和 σ_τ 分别达到负的最大值。可见硅膜片
虽然受压均匀分布，但产生的应力是不均匀的，存在
正、负应力区。因此，为了构成差动电桥，提高输出
灵敏度，在硅膜片上布置电阻时，可以使 R_1、R_3 布
置在负应力区，承受压应力；R_2、R_4 布置在正应力
区，承受拉应力，如图 3-33 所示。这样，在承受压
力时，四个电阻有增有减，将阻值增加的两个电阻与
阻值减小的两个电阻分别相对接入桥路，构成不平衡电桥。

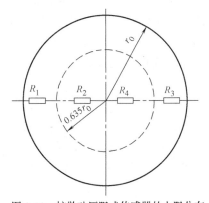

图 3-33　扩散硅压阻式传感器的电阻分布

2. 扩散硅差压变送器组成

扩散硅差压变送器由用来进行压力检测的扩散硅压阻式传感器（半导体硅杯、电桥检测
电路）、信号放大电路和标准电流输出电路组成，典型电路如图 3-34 所示。

在差压变送器中，测量电桥由1mA 的恒流源供电，硅膜片未受差压时，$R_1 = R_2 = R_3 = R_4$，电桥平衡，左右桥臂支路电流相等，$I_1 = I_2 = 0.5\text{mA}$。有差压时，R_3 阻值减小，R_4 增加，因 I_2 不变引起 b 点电位升高；同时，由于 R_2 增加，R_1 减小，I_1 不变，引起 a 点电位下降。ab 两点间的电压输入到运算放大器 A，放大后的输出电压经过晶体管 VT 转换成 $3\sim19\text{mA}$ 的电流，此电流流过负反馈

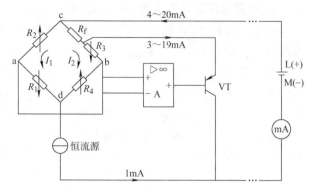

图 3-34　扩散硅差压变送器的电路原理图

电阻 R_f，导致 b 点电位下降，直至 ab 两点间的电压接近为零。恒流源保证电桥的总电流为 1mA，于是变送器的总电流为 $4\sim20\text{mA}$，此输出电流的大小与差压成线性关系。

3.6　压力计的校验和使用

为了保证压力测量值的统一，必须要有国家级的压力基准，以此作为压力测量的最高标准。压力基准是用活塞式压力计建立起来的。从国家压力基准到工业生产现场压力仪表的校验、标定传递系统中，作为标准压力计量仪器的活塞式压力计占有重要的地位。

3.6.1　活塞式压力计及压力计的校验

活塞式压力计是基于流体静力学平衡原理和帕斯卡定律，利用压力作用在活塞上的力与砝码的重力相平衡的原理来测压力。活塞式压力计是压力计量中的基准仪器，也是一种标准压力发生器，用来检验其他仪表，一般不能直接测量压力。它具有精度高（可达 0.02%），技术性能稳定，测量范围广（$0.5 \times 10^4 \sim 10^9 \text{Pa}$）等特点，因此，在计量部门或仪表制造及使用中得到了广泛应用。

1. 活塞式压力计的结构及原理

活塞式压力计主要由活塞测量系统（包括砝码、测量活塞和活塞筒等）和压力发生泵（包括手摇泵、油杯组件）组成，如图 3-35 所示。

活塞式压力计中的压力发生泵，是通过加压手轮 12 旋转丝杆 11，推动工作活塞 10 挤压内腔中的工作液，以产生所需的压力，根据流体静力学中液体压力传递平衡原理，该外加压力经工作液均匀地传递给

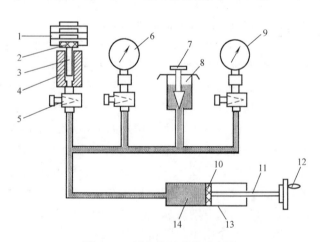

图 3-35　活塞式压力计示意图

1—砝码　2—砝码托盘　3—测量活塞　4—活塞筒　5—切断阀
6、9—被校压力计　7—进油阀　8—油杯　10—工作活塞
11—丝杆　12—加压手轮　13—手摇泵　14—工作液

测量系统中的活塞和被校压力计。当测量系统中测量活塞 3 和砝码托盘 2 本身的重量，以及加在托盘上的专用砝码 1 的重量作用在活塞上的力与压力发生泵所产生的力相等时，测量活塞 3 浮起在某一位置上。这时工作液的压力为

$$p = \frac{G}{S_0} \tag{3-40}$$

式中，G 为活塞（包括砝码托盘）的重量和专用砝码的重量；S_0 为活塞的有效面积。

从式(3-40)可知，由于砝码和活塞的重量 G 可利用精密天平来精确地标定，活塞的有效面积 S_0 可通过对活塞式压力计的标定计算得到，所以压力也就准确地测量出来。一般 $S_0 = 1\text{cm}^2$ 或 0.1cm^2。活塞筒内的工作液一般采用洁净的变压器油或蓖麻油等。

在校验压力计时，通过被校压力计上的指示值与这一标准压力值 p 相比较，就可知道被校压力计的误差大小。

作为标准压力计量仪器的活塞式压力计，精度为 0.002%。此外还有作为国家基准器的活塞式压力计，最高精度为 0.005%，Ⅰ级标准精度为 0.01%，Ⅱ级标准精度为 0.05%，Ⅲ级标准精度为 0.2%。一般工业用仪表，用Ⅲ级标准精度活塞式压力计校准。

在进行高精度校验时，要注意用活塞式压力计进行校验时可能会产生误差的一些因素。这些因素有：重力加速度变化带来的校验误差，重力加速度与校验地的海拔、纬度有关，如海拔越高，重力加速度越小，校验误差会增加。此外，温度变化会影响活塞的有效面积，空气对砝码会有一定的浮力作用，这些都是影响校验精度的一些因素。

2. 活塞式压力计校验压力计的方法

用活塞式压力计校验压力计时，要严格遵循下列操作规程。

1）测量前，将活塞式压力计水平放置，观察水准器中的气泡是否位于中心，若偏离，调节底盘上的支撑螺钉，使压力计处于水平位置，确保测量活塞筒处于垂直位置。

2）把工作液（变压器油或蓖麻油）灌入油杯，反复旋转手轮，以排除测量系统内腔的空气。

3）用加压泵加压，检查油路是否畅通，并装上被校压力计。

4）将进油阀打开，逆时针旋转手轮，将油吸入油路。

5）关闭进油阀，顺时针旋转手轮产生压力，加上砝码即可进行校验。

6）把砝码加到托盘上，所加砝码重量加上活塞、托盘的重量应与所校验的压力值相对应，再旋转手轮加压，使托盘升起，并与定位指示板刻度线相齐。同时，为了减小活塞与活塞筒之间的摩擦阻力，应使托盘以不小于 30r/min 的角速度向顺时针方向旋转。

7）活塞式压力计的活塞杆、底盘、砝码等必须根据其出厂的编号配套使用，不能互换。

3. 活塞式压力计的保养维修

活塞式压力计有 0.02 和 0.05 级精度，使用中为了确保精度并延长使用寿命，应注意下列几点：

1）使用前必须熟悉使用操作方法和注意事项。

2）为避免损坏活塞测量系统，托盘上的砝码要轻拿轻放。

3）工作液必须按说明书规定使用，不得错用。工作液必须经过滤，才可使用，不准混有杂质，并应定期更换。

4）活塞杆和活塞筒不得轻易拆卸，其他部分应定期清洗。清洗和安装时，都必须谨慎小心，以防脏物或擦布的纤维混入。

5）使用完后，将活塞式压力计和砝码擦干净，用罩或塑料布盖好仪表。砝码应放在干燥无腐蚀性的地方，以免生锈或腐蚀而影响精确度。

6）每使用一年，最长不得超过两年，应送计量单位或有关部门进行检定一次。

7）手摇泵螺杆处渗油，使压力不能稳压在某一刻度上，严重时使压力升不上去。产生这种现象的原因多数是手摇泵活塞内密封垫磨损，应加以更换。

8）油路堵塞不通，一般是传压介质太脏或混有杂质所引起的，应拆开部件用钢丝疏导管路，并用压缩空气吹洗干净，换上新的工作液。

9）若是活塞杆或活塞筒因长期使用磨损而渗油，一般用户自己很难修理，最好送到制造厂重新更换。

3.6.2 压力计的使用

一个压力测量系统由被测对象、取压口、引压导管和压力计等组成。在测量与控制过程中，压力计的正确选择、安装和校准是一个重要环节，它决定了测量结果的可靠性。

1. 压力计的选型

在测量系统的设计中，一个重要的设计环节就是压力计的选型，如果选用不当，不仅不能正确、及时地反映被测对象压力的变化，还可能引起事故。因此在选用压力计时要综合考虑生产工艺对压力检测的要求、被测介质的特性、现场使用的环境及生产过程对仪表的要求，如信号是否需要远传、控制、记录或报警等，再结合各类压力仪表的特点，合理地进行压力计的选型，还要考虑性能价格比。

（1）压力计种类和型号的选择

1）考虑被测介质压力的大小。如测量微压，宜采用液柱式压力计或膜盒压力计。如被测介质压力不大，在 15kPa 以下，且不要求迅速读数的，可选用液柱式压力计；如要求迅速读数，可选用膜盒压力计；如测量高压（>50kPa），应选用弹簧管压力计；若压力变化快速，应选压阻式压力计；若测管道水流压力且压力脉动频率较高，应选电阻应变式压力计。

2）考虑被测介质的性质。对稀硝酸、酸、氨及其他腐蚀性介质应选用防腐压力计，如以不锈钢为膜片的膜片压力计；对易结晶、黏度大的介质应选用膜片压力计；对氧、乙炔等介质应选用专用压力计。

3）考虑使用环境。在爆炸性环境，使用电气压力计时，应选择防爆型压力计；机械振动强烈的场合，应选用船用压力计；对温度特别高或特别低的环境，应选择温度系数小的敏感元件和变换元件。

4）考虑仪表输出信号的要求。若只需就地观察压力变化，应选用弹簧管压力计；若需远传，则应选用电气式压力计；若需报警或位式调节，应选用带触头的压力计。

（2）压力计量程的选择　为了保证压力计能在安全的范围内可靠地工作，并兼顾到被测对象可能发生的异常超压情况，对仪表量程的选择必须留有余量。

测量稳定压力时，最大工作压力不应超过量程的 3/4；测量脉动压力时，最大工作压力则不应超过量程的 2/3；测高压时，则不应超过 3/5。为了保证测量准确度，最小工作压力不应低于量程的 1/3。当被测压力变化范围大，最大和最小工作压力可能不能同时满足上述要求时，应首先满足最大压力条件。

目前我国出厂的压力（包括差压）检测仪表有统一的量程系列，它们是：1kPa、1.6kPa、2.5kPa、4.0kPa、6.0kPa 以及它们的 10^n 倍数（n 为整数）。

（3）压力计精度等级的选择　压力计的精度等级主要根据生产允许的最大误差来确定。根据我国压力计的新标准 GB/T 1226—2001 规定，一般压力计的精度等级分为：1 级、1.6 级、2.5 级和 4.0 级。

精密压力计的精度等级为：0.1 级、0.16 级、0.25 级和 0.4 级。它既可作为检定一般压力计的标准器，还可以作为高精度压力测量之用。

> **例**　有一压力容器，在正常工作时压力稳定，压力变化范围为 0.4～0.6MPa，要求就地显示即可，且测量误差应不大于被测压力的 5%，试选择压力计并确定该压力计的量程和精度等级。
>
> **解：**由题意可知，选用弹簧管压力计即可。设弹簧管压力计的量程为 A，由于被测压力比较稳定，则根据最大工作压力有
>
> $$0.6\text{MPa} < \frac{3A}{4} \qquad \text{则 } A > 0.8\text{MPa}$$
>
> 根据最小工作压力有
>
> $$0.4\text{MPa} > A/3 \qquad \text{则 } A < 1.2\text{MPa}$$
>
> 根据压力计的量程系列，可选量程范围为 0～1.0MPa 的弹簧管压力计。
>
> 该压力计的最大允许误差为
>
> $$r_{\max} < \frac{0.6 \times 5\%}{1.0 - 0} \times 100\% = 3.0\%$$
>
> 按照压力计的精度等级，应选用 2.5 级的压力计。
>
> 综上，应选精度等级为 2.5 级、量程为 0～1.0MPa 的弹簧管压力计。

2. 压力计的安装

要保证压力的准确测量，一个重要的因素就是压力信号的获取及传递。因此应依照被测介质的性质、管路和环境条件，选取适当的取压口，并确定安装导压管路和测量仪表。下面介绍静态压力测量的一般方法。

（1）取压口位置的确定

1）取压点应选在被测介质流动的直管道上，前后应远离局部阻力件（如阀门），且不要选在管路的拐弯、分叉、死角或其他能形成旋涡的地方。

2）取压口开孔位置的选择应使压力信号走向合理，以避免发生气塞、水塞或流入污物。当测量气体时，取压口应开在设备的上方，如图 3-36a 所示，以避免凝结气体流入而造成水塞；当测量液体时，取压口应开在容器的中下部（但不是最底部），以免气体进入而产生气塞或污物流入，如图 3-36b 所示；当测量蒸气时，应按照图 3-36c 所示确定取压口的开孔位置，以避免发生气塞、水塞或流入污物。

3）取压口应无机械振动或振动不至于引起测量系统的损坏。

4）测量差压时，两个取压口应在同一水平面上，以避免产生固定的系统误差。

5）导压管最好不伸入被测对象内部，而是在管壁上开一形状规整的取压口，再接上导压管，如图 3-37 中 a 所示。当一定要伸入被测对象内部时，其管口平面应严格与流体流动

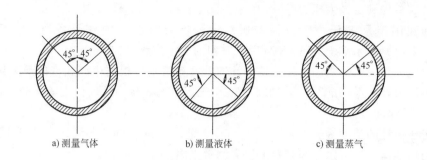

| a) 测量气体 | b) 测量液体 | c) 测量蒸气 |

图 3-36　取压口的开孔位置

方向平行，如图 3-37 中 b 所示，若如图 3-37 中 c 或 d 那样放置就会得出错误的测量结果。

6）取压口与仪表（测压口）应在同一水平面上，否则会产生附加高度误差，其误差可用下式进行校正：

$$\Delta p = \pm \rho g h \qquad (3\text{-}41)$$

式中，Δp 为校正值，单位为帕（Pa）；ρ、g、h 为密度、重力加速度、压力表与取压口的高度差。如果压力表在取压口上方，校正值取正，反之取负值。

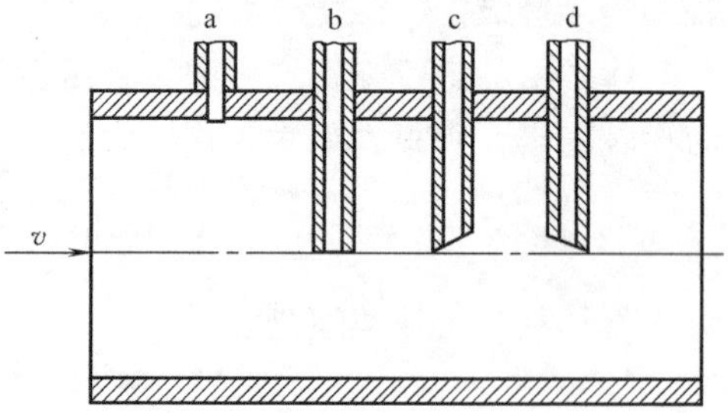

图 3-37　导压管与管道的连接

（2）导压管的安装要求　导压管在传递压力、差压信号时，应尽量减少能量损失，因此安装时应满足以下技术条件：

1）导压管的长度与直径。一般在工业测量中，为减小压力损失，管路长度不得超过 60m，测量高温介质时不得小于 3m；导压管直径一般在 7~38mm 之间。表 3-3 列出了导压管的长度、直径与被测流体的关系。

表 3-3　被测流体、导压管长度和直径三者之间的关系

管路直径 /mm＼管路长度 /m＼被测流体	<16	16~45	45~60
水、蒸汽、干气体	7~9	10	13
湿气体	13	13	13
低、中黏度的油品	13	19	25
脏液体、脏气体	25	25	38

2）导压管的敷设。管路应垂直或倾斜敷设，倾斜度至少为 3/100，一般为 1/12；测量液体时下坡，且在导压管的最高处安装集气器；测量气体时上坡，且在导压管的最低处应安装水分离器；当被测介质有可能产生沉淀物析出时，应安装沉降器和排污阀；测量差压时，两根导压管要平行放置，并尽量靠近以使两导压管内的介质温度相等、压力损失相等；当被测介质的黏度较大时，还要加大倾斜度；在测量低压时，倾斜度还要增大到 5/100~10/100；导压管在靠近取压口处应安装截止阀，以方便检修；在需要进行现场校验和经常冲洗导压管的情况下，应装三通阀。

（3）压力计的安装　压力计的安装位置应易于检修、观察；尽量避开振源和热源的影响，必要时加装隔热板，减小热辐射；测高温流体或蒸气压力时应加装回转冷凝管，如图 3-38a 所示；对于测量波动频繁的压力，如压缩机出口、泵出口等，可增装阻尼装置，如图 3-38b 所示；测量腐蚀性介质时，必须采取保护措施，安装隔离罐。

3. 压力检测仪表的校准和标定

压力检测仪表在出厂前均需经过校准，使之符合精度等级的要求；使用中的仪表会因弹性元件疲劳、传动机构磨损及腐蚀、电子元器件的老化等造成误差，所以必须定期进行校准，以保证测量结果有足够的准确度；另外，新的仪表在安装使用前，为防止运输过程中由于振动或碰撞所造成的误差，也应对新仪表进行校准，以保证仪表示值的可靠性。

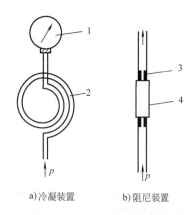

a)冷凝装置　　　b)阻尼装置

图 3-38　冷凝装置和阻尼装置示意图
1—压力表　2—回转冷凝管
3—阻尼器　4—缓冲罐

（1）静态校准　压力检测仪表的静态校准是指在静态校准条件下，采用一定标准等级的校准设备，对仪表重复（不少于 3 次）进行全量程逐级加载和卸载测试，获得各次的校准数据，以确定仪表的静态性能指标和准确度的过程。

1) 静态校准条件。温度为 20℃±5℃，湿度不大于 80%，大气压力为 $(1.01±0.106)×10^5 Pa$，且无振动冲击的环境。

2) 校准方法。校准方法通常有两种：①将被校表与标准表的示值在相同的条件下进行比较。②将被校表的示值与标准压力进行比较。无论是压力计还是压力传感器、变送器，均可采用上述两种方法。一般在被校表的测量范围内，均匀地选择至少 5 个以上的校验点，其中应包括起始点和终点。

3) 标准表的选择原则。标准表的允许绝对误差应小于被校表允许绝对误差的 1/3～1/5，这样可忽略标准表的误差，将其示值作为真实压力。采用此种校准方法比较方便，所以在实际校准中应用较多。将被校压力表的示值与标准压力比较的方法主要用于校准 0.2 级以上的精密压力表，也可用于校准各种工业用压力表。

常用的压力校准仪器有液柱式压力计、活塞式压力计或配有高准确度标准表的压力校验泵。

（2）动态校准　在一些工程技术领域中常会遇到压力动态变化的情况，例如，火箭发动机燃烧室在起动点火后的瞬间，压力变化频率从几赫兹到数千赫兹。为了能够准确测量压力的动态变化，要求压力传感器的频率响应特性要好，实际上压力传感器的频率响应特性决定了该传感器对动态压力测量的适用范围和测量准确度。因此，对用于动态压力测量的仪表或测压系统必须进行动态校准，以确定其动态特性参数，如频率响应函数、固有频率及阻尼比等。

本 章 小 结

压力和差压检测仪表在工业生产过程中被广泛应用，它不仅直接用来测量压力，还可用于间接测量液位、流量等参数。压力计的种类很多，根据不同的原理及工艺生产过程的不同要求，可以制成不同形式的压力计。在本章中介绍的液柱式压力计是根据流体静力学原理，把被测压力转换为液柱高度来实现测量的，主要有 U 形管压力计、单管压力计和斜管压力计等；弹性式压力计是根据弹性元件受力变形的原理，将被测压力转换成位移来实现测量的，常用弹性元件有：弹簧管、膜片、膜盒和波纹管等；电气式压力计是利用导体、半导体敏感元件将被测压力转换成各种电量来实现测量的，如电阻、电感和电容等；活塞式压力计是负荷式压力计的一种，它是基于流体静力学平衡原理和帕斯卡定律进行压力测量的，它普遍用作标准仪器，对压力检测仪表进行标定。

各种压力检测方法和仪表均有自己的特点和使用范围。液柱式压力检测方法结构简单、使用方便、数据可靠，可用来测量低压、低差压和负压，由于玻璃易破损，一般只在实验室使用。弹性式压力计（弹簧管压力计）由于结构简单，价格低廉，使用和维修方便，并且测压范围较宽，因此，在生产过程中得到了十分广泛的应用。但由于测量信号不便传输，弹性式压力计主要用于压力测量的就地指示。电气式压力检测方法由于使用的敏感元件体积小，且大多为半导体材料，不仅可将压力转换为电信号，而且还具有很高的频率响应，可测快速变化的压力，但是受温度影响较大。

思考题和习题

1. 工程上压力的含义是什么？表压、负压力（真空度）和绝对压力之间有何关系？

2. 能否用圆形截面的金属管制作弹簧管压力计？原因是什么？

3. 什么是金属导体的应变效应？电阻应变片由哪几部分组成？各部分的作用是什么？

4. 用柱形弹性元件测某重力 F，试说明力的施加方法和应变片的黏贴（注意方向）方法，画出全桥差动测量电路的连接方法，并推导出桥路输出电压与应变间的关系。

5. 什么是压电效应？试说明压电式压力计有哪些特点？

6. 某台空气压缩机的缓冲器，正常工作压力范围为 1.1～1.6MPa，工艺要求就地指示，测量误差要求不大于被测压力的 ±5%，试选择合适的压力表（压力表类型、示值范围和精度等级）。

7. 已知某被测容器最大压力为 0.8MPa，允许的最大绝对误差为 0.01MPa。甲同学选择一个测量范围为 0～1.6MPa，精度等级为 1 级的压力表进行测量；乙同学选择一个测量范围为 0～1.0MPa，精度等级为 1 级的压力表进行测量。问哪块压力表符合工艺要求，试说明原因。

8. 试说明差动电容式压力变送器有哪些优点？

9. 使用活塞式压力计时要注意哪些事项？影响测量精度的因素有哪些？

10. 试说明压力计在安装时有哪些注意事项？

第4章

流量的测量

【内容提要】

　　物质的存在一般可以分为三种状态，即固态、液态和气态，流动状态的物体称为流体。在工业中，凡是涉及流体介质的生产流程（如气体、液体及粉状物质的传送等）都有流速与流量的测量和控制问题。在生产过程中，为了有效地进行操作、控制和监督，需要检测各种流体的流量。物料总量的计量也是经济核算和能源管理的重要依据。流量检测仪表是发展生产，节约能源，改进产品质量，提高经济效益和管理水平的重要工具，是工业自动化仪表与装置中的重要仪表之一。

　　本章介绍了体积流量计、质量流量计和流量标准装置。在体积流量计中，介绍了差压式流量计、转子流量计、靶式流量计、涡轮流量计及电磁流量计等常用流量计的原理及使用方法；在质量流量计中，介绍了热式质量流量计、科里奥利式质量流量计及间接式质量流量计的原理及使用方法；介绍了液体流量标准装置及气体流量标准装置的组成及使用方法；最后还大量列举了不同测量条件下流量测量的实例。

4.1　概述

4.1.1　流量的概念

　　流体的流量是指在短暂时间内流过某一流通截面的流体数量与通过时间之比。当该时间足够短，以至于可认为在此期间的流动是稳定的，那么此流量又称瞬时流量。流体数量以体积表示称为体积流量，流体数量以质量表示称为质量流量。流量的表达式为

$$q_V = \frac{dV}{dt} = vA \tag{4-1}$$

$$q_m = \frac{dM}{dt} = \rho vA \tag{4-2}$$

式中，q_V 为体积流量，单位为 m³/s；q_m 为质量流量，单位为 kg/s；V 为流体体积，单位为 m³；M 为流体质量，单位为 kg；t 为时间，单位为 s；ρ 为流体密度，单位为 kg/m³；v 为流体平均流速，单位为 m/s；A 为流通截面的截面积，单位为 m²。

体积流量与质量流量的关系为

$$q_m = \rho q_V \tag{4-3}$$

流量测定的原理可大致分为两大类，即直接测定流量的方式；先求流速，再通过流速乘以横截面积来求流量的方式。

在某段时间内，流体的体积或质量总量称为累积流量或流量总量，它是体积流量或质量流量在该段时间内的积分，表示为

$$V = \int_0^t q_V \, dt \tag{4-4}$$

$$M = \int_0^t q_m \, dt \tag{4-5}$$

式中，V 为体积总量；M 为质量总量；t 为测量时间。总量的单位就是体积或质量的单位。

4.1.2 流量的测量

1. 流量测量方法

流量测量方法可以归纳为体积流量测量和质量流量测量两种，前者测得流体的体积流量值，后者可以直接测得流体的质量流量值。

测量瞬时流量的仪表称为流量计，测量流体总量的仪表称为计量表或总量计。流量计通常由一次装置和二次仪表组成。一次装置安装于流道的内部或外部，根据流体的某种物理特性产生一个与流量有确定关系的信号，这种一次装置也称为流量传感器。二次仪表则给出相应的流量值大小。

流量计的种类繁多，适合于不同的工作场合。按检测原理分类的典型流量计列在表 4-1 中，本章将分别进行介绍。

表 4-1 流量计的分类

类　　　别		仪 表 名 称
体积流量计	差压式流量计	节流式流量计、均速管流量计、弯管流量计、靶式流量计、转子流量计等
	速度式流量计	涡轮流量计、涡街流量计、电磁流量计、超声流量计等
	容积式流量计	椭圆齿轮流量计、腰轮流量计、皮膜式流量计等
质量流量计	直接式质量流量计	科里奥利式流量计、热式流量计、冲量式流量计等
	推导式质量流量计	体积流量经密度补偿或温度、压力补偿求得质量流量等

2. 流量计的测量特性

虽然流量计的类型很多，但是它们具有一些共同的特性，通常归结为以下几个方面，以便在选择和使用流量计时进行综合比较。

（1）流量方程式　流量方程式是表示流量与流量计输出信号之间关系的数学表达式，即

$$q_m = f(x) \tag{4-6}$$

式中，q_m 为质量流量；x 为流量计的输出信号。

流量方程式一般有以下几种形式：$q_m = bx$；$q_m = a + bx$；$q_m = a + bx + cx^2$。其中 a、b、c 为常数。

（2）仪表系数与流出系数　仪表系数 K 为频率型流量计流量特性的主要参数，定义为单位流体流过流量计时流量计发出的脉冲数：

$$K = \frac{N}{V} \tag{4-7}$$

式中，K 为仪表系数，单位为 m^{-3}；N 为脉冲数，单位为次；V 为流体体积，单位为 m^3。

流出系数 C 定义为实际流量与理想流量的比值，即

$$C = \frac{q_m}{q_m'} \tag{4-8}$$

式中，q_m 为实际流量；q_m' 为理想流量。

仪表系数 K 和流出系数 C 均为实验数据，对仪表进行标定后确定。在测定仪表系数 K 或流出系数 C 时，流体应满足以下条件：①牛顿流体。②充满管道的单相流。③稳定的湍流速度分布，无旋涡，轴对称分布。④稳定流动。因此在仪表使用时，也应尽量满足这些条件，否则会给测量带来误差。

（3）流量范围及范围度　流量计的流量范围是指可测最大流量和最小流量所限定的范围。在这个范围内，仪表在正常使用条件下的示值误差不超过最大允许误差。最大流量与最小流量的比值称为范围度，一般表达式为某数与 1 之比，流量计范围度的大小受仪表的原理与结构的限制。

（4）测量精确度和误差　流量计的测量精确度用误差表示。流量计在出厂时均要进行标定，仪表所标出的测量精确度为基本误差。在现场使用中由于偏离标定条件会带来附加误差，所以流量计的实际测量精确度为基本误差与附加误差的合成，这种合成的估算很复杂，可以参照有关规定计算。

（5）压力损失　安装在流通管道中的流量计实际上是一个阻力件，流体在通过流量计时将产生压力损失，这会带来一定的能源损耗。各种流量计的压力损失大小是仪表选型的一个重要指标。

4.2　差压式流量计

差压式流量计是在流通管道上设置流动阻力件，流体通过阻力件时将产生压力差，此压力差与流体流量之间有确定的数值关系，通过测量差压值可以求得流体流量。最常用的差压式流量计是由产生差压的装置和差压计组合而成的。流体流过差压产生装置形成静压差，由差压计测得差压值，并转换为流量信号输出。产生差压的装置有多种形式，包括节流装置、动压管、均速管和弯管等。

差压式流量计可用于测量液体、气体和蒸气的流量。其中，节流式流量计是应用历史最长和最成熟的差压式流量计，至今在生产过程中仍占有重要地位。

节流式流量计的优点是结构简单，无可动部件；可靠性较高；复现性能好；适应性较广，它适用于各种工况下的单相流体，适用的管道直径范围宽，可以配用通用差压计；节流装置已有标准化形式。它的主要缺点是安装要求严格；流量计前后要求有较长的直管段；测量范围窄，一般范围度为 3∶1；压力损失较大；对于较小直径的管道测量比较困难（$D<$ 50mm）；精确度不够高（$\pm1\%\sim\pm2\%$）等。

4.2.1 节流式流量计的测量原理

节流就是流体在流动中因流通面积变小而受到局部收缩的现象。造成流体在管道内局部收缩的部件，称为节流元件。常见的节流元件有孔板、喷嘴及文丘利管等。节流元件及其上下游连接的直管段、连接法兰和取压装置等，统称为节流装置。

节流式流量计的测量原理以能量守恒定律和流动连续性定律为基础，在节流元件前后流体的静压和流速分布情况如图 4-1 所示。图中的节流元件为孔板。稳定流动的流体沿水平管道流经孔板，在其前后产生压力和流速的变化。流束在孔板前截面 1 处开始收缩，位于边缘处的流体向中心加速，流束中央的压力开始下降。在截面 2 处流束达到最小收缩截面，此处流速最快，静压最低。之后流束开始扩张，流速逐渐减慢，静压逐渐恢复。但由于流体流经节流元件时会有压力损失，所以静压不能恢复到收缩前的最大压力值。

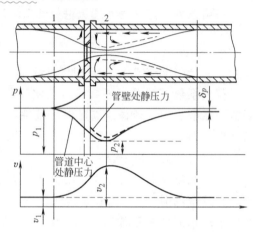

图 4-1　流体流经节流元件时压力和流速的变化情况

根据能量守恒原理，流体在流动中的位能、动能，再加上能量损失应是不变的。由此得出不可压缩流体的流量方程为

$$q_V = \alpha A_0 \sqrt{\frac{2}{\rho}\Delta p} = \alpha\frac{\pi}{4}d^2\sqrt{\frac{2}{\rho}\Delta p} \qquad (4\text{-}9)$$

$$q_m = \alpha A_0 \sqrt{2\rho\Delta p} = \alpha\frac{\pi}{4}d^2\sqrt{2\rho\Delta p} \qquad (4\text{-}10)$$

式中，d 为节流元件的开孔直径；A_0 为节流元件的开孔面积；ρ 为流体的密度；Δp 为节流元件前后的差压，$\Delta p = p_1 - p_2$；p_1、p_2 为节流元件前后的静压力；α 是流量系数，与节流元件的形式、直径比 β、取压方式、流动雷诺数 R_e 及管道粗糙度等多种因素有关。由于影响因素复杂，通常流量系数 α 要由实验来确定。实验表明，在管道直径、节流元件形式、开孔尺寸和取压位置确定的情况下，α 只与流动雷诺数 R_e 有关。当 R_e 大于某一数值（称为界限雷诺数）时，α 与 R_e 及 β（节流元件的开孔直径 d 与管道直径 D 之比，即 $\beta = d/D$）的关系，对于不同形式的节流元件，各有相应的经验公式计算，并列有图表可查。

对于可压缩流体，考虑流体通过节流元件时的膨胀效应，再引入可膨胀性系数 ε 作为因流体密度改变引起流量系数变化的修正。可压缩流体的流量方程式表示为

$$q_V = \alpha \varepsilon A_0 \sqrt{\frac{2}{\rho} \Delta p} = \alpha \varepsilon \frac{\pi}{4} d^2 \sqrt{\frac{2}{\rho} \Delta p} \qquad (4\text{-}11)$$

$$q_m = \alpha \varepsilon A_0 \sqrt{2\rho \Delta p} = \alpha \varepsilon \frac{\pi}{4} d^2 \sqrt{2\rho \Delta p} \qquad (4\text{-}12)$$

可膨胀性系数 $\varepsilon \leqslant 1$，它与节流元件的形式、β 值、$\Delta p / p_1$ 及气体熵指数 k 有关，对于不同形式的节流元件也有相应的经验公式计算，并列有图表可查。需要注意，在查表时 Δp 应取对应于常用流量时的差压值。

4.2.2　节流装置

图 4-2 为节流（差压）式流量计的组成示意图。节流装置产生的差压信号通过导压管引至差压计，经差压计转换成电信号送至显示仪表。

节流装置分为标准节流装置和非标准节流装置两大类，标准节流装置的研究最充分，实验数据最完善，已经标准化和通用化，只要根据有关标准进行设计计算，严格遵照加工要求和安装要求，这样的节流装置不需要进行单独标定就可以使用。非标准节流装置用以解决脏污和高黏度流体的流量测量问题，尚缺乏足够的实验数据，故没有标准化。

节流装置必须满足下列使用条件和要求，流量方程式和实验数据才能采用。

1）被测流体应充满管道连续流动。

2）管道内流体的流动状态是稳定的。

3）被测流体在通过节流装置时不发生相变，即液体的蒸发或气体的液化。

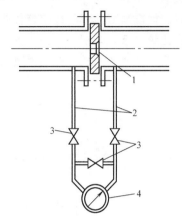

图 4-2　节流式流量计的组成示意图
1—节流元件　2—导压管路
3—三阀组　4—差压计

4）在节流元件前后各 $2D$ 长的一段管道内，表面上不能有凸出物或明显的粗糙不平；在节流元件前 $10D$，节流元件后 $5D$ 范围内，必须是直管段。

5）各种标准节流装置使用管内径 D 的最小值要符合要求。

1. 标准节流装置

标准节流装置的结构如图 4-3 所示。

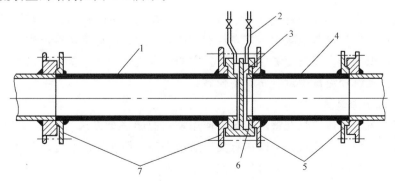

图 4-3　标准节流装置
1—上游直管段　2—导压管　3—孔板　4—下游直管段　5、7—连接法兰　6—取压装置

目前国际上规定的标准节流装置有：标准孔板、标准喷嘴、文丘利管、文丘利喷嘴和长径喷嘴，常用的是前三种。它们的结构、尺寸和技术条件均有统一的标准，计算数据和图表可查阅有关手册或资料。

（1）标准孔板　标准孔板是一块中心有圆孔的金属薄圆平板，圆孔的入口朝着流体的流动方向，并有尖锐的直角边缘，如图 4-4 所示。圆孔直径 d 由所选取的差压计的量程决定，在大多数使用场合，β 值为 0.2~0.75。标准孔板的结构最简单，体积小，加工方便，成本低，因而在工业上应用最多。但其测量精度较低，压力损失较大，而且只能用于清洁的流体。标准孔板可以采用角接取压、法兰取压和径距取压方式。

（2）标准喷嘴　标准喷嘴是由圆弧曲面构成的入口收缩部分和与之相接的圆筒形喉部组成的，当 m（$m = d^2/D^2 = \beta^2$）取值在不同范围时，标准喷嘴的形状略有不同，如图 4-5 所示。标准喷嘴的形状适应流体收缩的流线型，所以压力损失较小，测量精度较高。但它的结构比较复杂，体积大，加工困难，成本较高。然而由于喷嘴的坚固性，一般选择喷嘴用于高速蒸气流量的测量。标准喷嘴采用角接取压法。

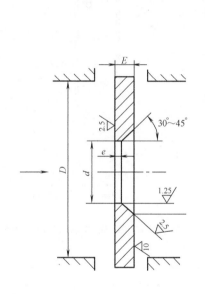

图 4-4　标准孔板

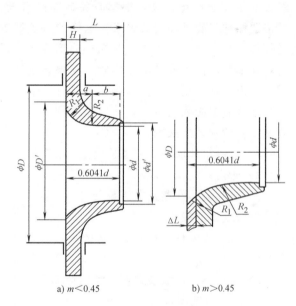

a) $m < 0.45$　　　　b) $m > 0.45$

图 4-5　标准喷嘴

（3）文丘利管　文丘利管具有圆锥形的入口收缩段和喇叭形的出口扩散段，如图 4-6 所示。它能使压力损失显著地减少，并有较高的测量精度，但加工困难，成本最高，一般用在有特殊要求如低压损、高精度测量的场合。它的流道连续变化，所以可以用于脏污流体流量的测量，并在大管径流量测量方面应用较多。

2. 非标准节流装置

非标准节流装置通常只在特殊情况下使用，它们的估算方法与标准节流装置基本相同，只是所用数据不同，这些数据可以在有关手册中查到。但非标准节流装置在使用前要进行实际标定。图 4-7 所示为几种典型的非标准节流装置。

（1）1/4 圆喷嘴　如图 4-7a 所示，1/4 圆喷嘴的开孔入口形状是半径为 r 的 1/4 圆弧，它主要用于低雷诺数下的流量测量，雷诺数范围为 500~2.5×10^5。

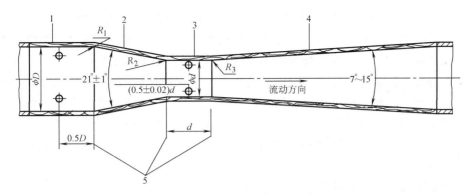

图 4-6　文丘利管

1—入口圆筒段　2—圆锥形收缩段　3—圆筒形喉部　4—喇叭形扩散段　5—连接平面

（2）锥形入口孔板　如图 4-7b 所示，锥形入口孔板与标准孔板形状相似，只是入口为 45° 锥角，相当于一只倒装孔板，它主要用于低雷诺数下流体的测量，雷诺数范围为 250～2×10^5。

（3）圆缺孔板　如图 4-7c 所示，圆缺孔板主要用于脏污、有气泡析出或有固体微粒的液体流量测量，其开孔在管道截面的一侧，为弓形开孔。测量含气液体时，其开孔位于上部；测量含固体微粒的液体时，其开孔位于下部，测量管段一般要水平安装。

（4）V 内锥流量计　V 内锥流量计是 20 世纪 80 年代提出的一种新型流量计，它是利用内置 V 形锥体在流场中引起的节流效应来测量流量的，其结构如图 4-7d 所示。V 内锥节流装置包括一个在测量管中同轴安装的 V 形锥体和相应的取压口。流体在测量管中流经尖圆

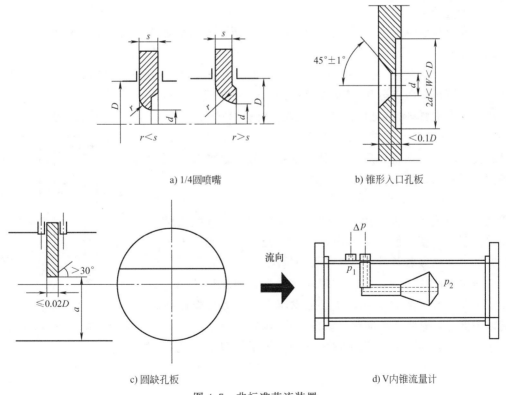

a) 1/4圆喷嘴　　　　　　　　　　　b) 锥形入口孔板

c) 圆缺孔板　　　　　　　　　　　d) V内锥流量计

图 4-7　非标准节流装置

锥体，逐渐节流收缩到管道内壁附近，在锥体两端产生差压，差压的正压 p_1 是在上游流体收缩前的管壁取压口处测得的静压力，差压的负压 p_2 是在圆锥体朝向下游的端面中心所开取压孔处取得的压力。这种节流式流量计改变了传统的节流布局，从中心节流改为外环节流，与传统流量计相比具有较明显的优点：结构设计合理，不截留流体中的夹带物，耐磨损；信号噪声低，可以达到较高量程比 10∶1～14∶1；安装直管段要求较短，一般上游只需 0～2D，下游只需 3～5D；压力损失小，仅为孔板的 1/2～1/3，与文丘利管相近。目前这种流量计尚未达到标准化程度，还没有相应的国际标准和国家标准，其流量系数需要通过实验标定得到。

3. 节流装置的设计和计算

在实际的工作中，通常有两类计算命题，它们都以节流装置的流量方程式为依据。

1）已知管道内径及现场布置情况，已知流体的性质和工作参数，并给出流量测量范围，要求设计标准节流装置。为此要进行以下几个方面的工作：选择节流元件的形式，选择差压计的形式及测量范围；计算确定节流元件的开孔尺寸，提出加工要求；建议节流元件在管道上的安装位置；估算流量的测量误差。制造厂家多已将这个设计计算过程编制成软件，用户只需提供原始数据即可。由于节流式流量计经过了长期的研究和使用，手册数据资料齐全，根据规定的条件和计算方法设计的节流装置可以直接投产使用，不必经过标定。

2）已知管道内径及节流元件的开孔尺寸、取压方式、被测流体参数等必要条件，要求根据所测得的差压值计算流量。这一般是实验工作的需要，为了准确地求得流量，需同时准确地测出流体的温度、压力参数。

4. 取压装置

标准节流装置规定了由节流元件前后引出差压信号的取压方式，国际上通常采用的取压方式有三种：角接取压法、法兰取压法和径距取压法。

（1）角接取压法　图 4-8 中 1-1、2-2 所示为角接取压法的两种结构，适用于孔板和喷嘴，上、下游取压点分别在节流元件的前、后端面处，可以采用环室和夹紧环（单独钻孔）取压两种结构形式。

1）环室。图 4-8 中 1-1 为环室取压，上、下游静压通过环缝传至环室，由前、后环室引出差压信号，取得节流元件的前、后端面处的平均压力。

2）夹紧环，也称为单独钻孔，如图 4-8 中 2-2 所示，取压孔开在节流元件前后的夹紧环上。单独钻孔取压装置结构简单，制作方便，但取压不均匀，误差较大，一般用于 D＞200mm，直管段较长及差压值较大的情况下。

角接取压法的特点是易实现环室取压，使取压均匀，且缩短了节流装置的总长度，缺点是取压点在压力分布曲线最陡峭的部分，安装不精确对测量精度的影响很大。

在 D＞400mm 时，为了取压均匀，可采用单独钻孔取压与环室取压相结合的办法，在夹紧环上均匀分布六个以上钻孔，再加一个取压环管与各孔相通，这样可以兼顾两者的优点。

（2）法兰取压法　上、下游取压孔开在固定节流元件的法兰上，分别与节流元件的前、

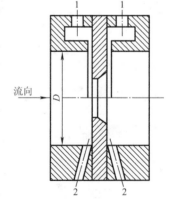

图 4-8　节流装置取压方式
1—环室取压　2—单独钻孔取压

后端面距离 25.4mm，如图 4-9 所示，适用于标准孔板。此法的法兰加工方便，管径较大时，测量精度较高。

（3）径距取压法　如图 4-9 所示，上游取压孔距离节流元件前端面 D，下游取压孔距离节流元件后端面 $D/2$，适用于标准孔板。在开孔截面积比 $m<0.54$ 时，下游 0.5D 处近似于最小截面，此时测量精度高。

以上各种取压方式中，取压孔的大小及各部件的尺寸均有相应的规定，可以查阅有关手册。

4.2.3　节流装置的其他辅件

1. 冷凝器

被测流体是蒸气或湿气体时，在导压管内要积存凝结水。为了使前后导压管内液位保持不变或相等，常采用图 4-10 所示的冷凝器。冷凝器下部的两个导压管接差压计，两个水平导压管接节流装置。由于两个水平导压管的管口高度一致，多余的液体流入被测管道中，使下部的两个导压管液位一致，且稳定，从而减少了附加误差。冷凝器要安装在垂直导压管的最高处，并具有相同的高度。

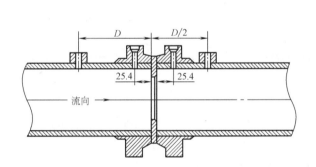

图 4-9　法兰取压法和径距取压法示意图

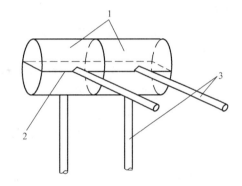

图 4-10　冷凝器
1—冷凝器　2—冷凝水面　3—导压管

2. 集气器和沉降器

当被测介质为液体时，为防止液体中析出的气体进入差压计，引起测量误差，常在导压管的最高处放置集气器。集气器上有排气阀，可定期排出积存的气体。另外为了防止液体中析出的沉淀物堵塞导压管，又在导压管的最低处放置沉降器及排污阀，以便定期排除沉淀物。

3. 隔离器

对于高黏度、腐蚀性强、易冻结或易析出固体颗粒的液体，应采用隔离器，将被测流体与差压计隔开。图 4-11 所示为一简单的隔离器，其内部装有隔离液，也称为传压液体。当被测介质密度大于隔离液时，上部接差压计，下部接节流装置，如图 4-11a 所示；当被测介质密度小于隔离液时隔离器如图 4-11b 所示。隔离液一般选择物理化学性能稳定、不易溶解其他物质、流动性好的液体，如硅油等。

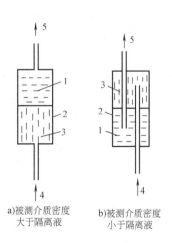

a)被测介质密度大于隔离液　　b)被测介质密度小于隔离液

图 4-11　隔离器
1—隔离液　2—隔离器　3—被测介质　4—被测压力　5—接差压计

4.2.4　节流式流量计的安装使用

标准节流装置的流量系数，都是在一定条件下通过严格的实验取得的，因此对管道的选择、流量计的安装和使用条件均有严格的规定。在设计、制造和使用时应满足基本的规定条件，否则难以保证测量的准确性。节流式流量计的安装包括节流装置、导压管路和差压计的安装三个部分。

1. 节流装置的安装

为了确保流体流经节流装置时，其流动状态能和计算中所使用资料的实验状态一致，流量系数等参数数值稳定，使流量和差压之间有确定的对应关系，节流装置的安装要做到以下几个方面：

1) 节流装置必须安装在直管道上，第一阻力元件与节流元件之间应有足够的直管长度（视第一阻力元件的不同，要求的直管段长度也不同，约为前 $10D$、后 $5D$，具体数值请参阅相关资料）。

2) 节流元件的开孔与管道必须同轴，且入口端面与管道轴线垂直，节流元件的方向不得装反。

3) 节流装置前 $2D$ 以内的管道内径 D_{20}' 与管道内径的计算值 D_{20} 的最大偏差要小于规定限度。

4) 节流元件在安装之前应保护好开孔边缘的尖锐和表面光洁度，只能用软布擦去表面油污，严禁用砂布或锉刀进行辅助加工。

2. 导压管路的安装

在节流式流量计的安装中，导压管路安装的正确可靠与否，对保证将节流装置输出的压差信号准确地传送到差压计或差压变送器上是十分重要的。据统计，在节流式流量计中，导压管路的故障约占全部故障的 70%，因此，对导压管路的配置和安装必须引起高度重视。除了要按照 3.6.2 节中的要求正确选择取压口位置外，还要在敷设导压管时严格遵循下列规程：

1) 导压管内径不得小于 6mm，长度最好在 16m 以内，最长不得超过 60m，管道弯曲处应有均匀的圆角，严防有磕碰或压扁现象。

2) 导压管应垂直或倾斜敷设，其倾斜度不得小于 1:12，倾斜方向视流体而定。

3) 两导压管应该尽量靠近、平行敷设，保证两导压管中的介质温度相同，压力损失相等。

4) 导压管要采取防烘烤、防冻结等措施。

5) 全部导压管管路要密封不漏，并装有必要的切断、冲洗、排污等所需的阀门。

6) 要根据测量条件加装集气器、沉降器、隔离器及冷凝器等装置。

3. 差压计的安装

1) 差压计的安装要十分注意安装现场的条件，如环境温度、湿度、尘埃、腐蚀性和振动等，使之符合差压计的工作条件。差压计的安装位置视被测流体的状态而定。

① 测量液体流量时，差压计最好装在节流装置的下部。如果差压计一定要装在上部，那么导压管的最高处要安装集气器，最低处要安装沉降器，以便排除管内的气体或沉积物，如图 4-12a 所示。

② 测量气体流量时，差压计最好安装在节流装置的上部。如果差压计一定要装在下部，那么导压管的最低处要安装沉降器，以便排除冷凝液或沉积物，如图 4-12b 所示。

③ 测量蒸气流量时，可按照测量液体流量的做法安装差压计。为了防止差压计受高温蒸气的影响，在靠近节流装置处安装两个冷凝器，且使两个冷凝器的液面高度相同，以防影响差压计的测量精度，如图 4-12c 所示。

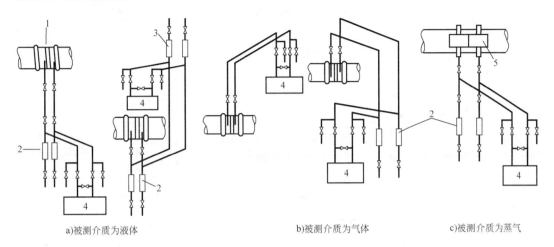

a)被测介质为液体   b)被测介质为气体   c)被测介质为蒸气

图 4-12　差压计的安装示意图

1—节流装置　2—沉降器　3—集气器　4—差压计　5—冷凝器

2) 差压计之前要装三阀组（或平衡阀），在投入运行或拆修之前，要先打开平衡阀，再打开或关闭截止阀，可以起到单向过载保护的作用。在仪表运行过程中，打开平衡阀，可以进行仪表的零点校验。

4.2.5　其他差压式流量计

1. 均速管流量计

均速管流量计是由动压管测速原理发展而成的一种流量计，流体流经均速管产生差压信号，此差压信号与流体流量有确定的关系，故经过差压计即可测出流体流量。

均速管可以认为是一个横跨管道的多孔动压管，其结构如图 4-13 所示。一般在测量管的迎流方向开有对称的两对总压检出孔，各总压检出孔分别对应 4 个面积相等的半环形或扁形区域，各孔测得的流体总压在测量管内平均，从而取得反映截面平均流速的总压。静压检出孔面向下游，测得的流体静压由静压管引出。由平均总压与静压之差可求管道截面的平均流速，从而实现流量测量的目的。

均速管的实用流量方程式写为

$$q_V = \frac{\pi}{4} D^2 \overline{v} = \frac{\pi}{4} D^2 k \sqrt{\frac{2}{\rho} \Delta p} \qquad (4-13)$$

式中，D 为管道内径；k 为均速管的流量系数，它是由实验确定的。

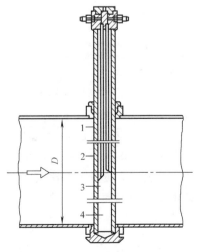

图 4-13　均速管流量计的结构图

1、2、3、4—总压检出孔

均速管流量计结构简单，便于安装，价格低廉，压力损失小，准确度及长期稳定性较好，其准确度可达到±1%，稳定度达±1%。均速管流量计尤其适用于大口径管道的流量测量。但它产生的差压信号较低，需要配用低量程差压计。被测流体中不能含有固体粉尘和固体物，在测量脏污流体时，建议使用清洗流对其进行定时清洗。

2. 弯管流量计

当流体通过管道弯头时，受到角加速度的作用而产生的离心力会在弯头的外半径侧与内半径侧之间形成差压，此差压的二次方根与流体流量成正比。弯管流量计如图 4-14 所示。取压口开在45°角处，两个取压口要对准。弯头的内壁应保证基本光滑，在弯头入口和出口平面各测两次直径，取其平均值作为弯头的内径 D，弯头的曲率 R 取其外半径与内半径的平均值。弯管流量计的流量方程式写为

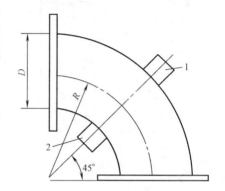

$$q_V = \frac{\pi}{4} D^2 k \sqrt{\frac{2}{\rho} \Delta p} \qquad (4-14)$$

式中，D 为弯头内径；ρ 为流体密度；Δp 为差压值；k 为弯管流量系数，与弯管的结构参数有关，也与流体流速有关，需由实验确定。

图 4-14　弯管流量计示意图
1—正压取压口　2—负压取压口

弯管流量计的特点是结构简单，安装维修方便；在弯管内流动无障碍，没有附加压力损失；对介质条件要求低。它的主要缺点是产生的差压非常小。它是一种尚未标准化的仪表。由于许多装置上都有不少的弯头，所以可以根据原管道设置测量装置，价格便宜，特别在工艺管道条件限制的情况下，可用弯管流量计测量流量，但是其前直管段至少要有 $10D$ 的长度。弯头之间的差异限制了测量精度的提高，其精确度为±5%～±10%，但其重复性可达±1%。有些制造厂家提供专门加工的弯管流量计，经单独标定，能使精确度提高到±0.5%。

4.3　转子流量计

转子流量计也是利用节流原理测量流体的流量，但它的差压值基本保持不变，是通过节流面积的变化反映流量的大小，故又称恒压降变截面流量计，也有的称作浮子流量计。

转子流量计可以测量多种介质的流量，更适用于中小管径、中小流量和较低雷诺数的流量测量。它的特点是结构简单，使用维护方便，对仪表前后直管段长度要求不高，压力损失小而且恒定，测量范围比较宽，刻度为线性。转子流量计的测量精确度为±2%左右。但仪表的测量精确度受被测介质的密度、黏度、温度、压力及纯净度的影响，还受安装位置的影响。

4.3.1　转子流量计的原理及结构

1. 转子流量计的工作原理

转子流量计的测量主体由一根自下向上扩大的垂直锥形管和一只可以沿锥形管轴向上下

自由移动的浮子组成，如图 4-15 所示。流体由锥形管的下端进入，经过浮子与锥形管间的环隙，从上端流出。当流体流过环隙面时，因节流作用而在浮子的上下端面产生差压，形成作用于浮子的上升力。当此上升力与浮子在流体中的重力相等时，浮子就稳定在一个平衡位置上，平衡位置的高度与所通过的流量有对应的关系，这个高度就代表流量值的大小。

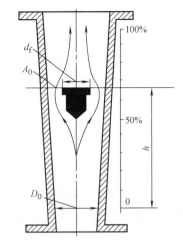

图 4-15 转子流量计测量原理示意图

根据浮子在锥形管中的受力平衡条件，可以写出力平衡公式：

$$\Delta p A_f = V_f (\rho_f - \rho) g \qquad (4\text{-}15)$$

式中，Δp 为差压；A_f、V_f 分别为浮子的截面积和体积；ρ_f、ρ 分别为浮子密度、流体密度；g 为重力加速度。

将式(4-15)代入节流流量方程式(4-9)，则有

$$q_V = \alpha A_0 \sqrt{\frac{2 V_f (\rho_f - \rho) g}{\rho A_f}} \qquad (4\text{-}16)$$

式中，A_0 为环隙面积，它与浮子高度 h 相对应；α 为流量系数。

对于小锥度锥形管，近似有 $A_0 = ch$，系数 c 与浮子和锥形管的几何形状及尺寸有关，则流量方程式写为

$$q_V = \alpha c h \sqrt{\frac{2 V_f (\rho_f - \rho) g}{\rho A_f}} \qquad (4\text{-}17)$$

式(4-17)给出了流量与浮子高度之间的关系，这个关系近似线性。

流量系数 α 与流体黏度、浮子形式、锥形管与浮子的直径比以及流速分布等因素有关，每种流量计有相应的临界雷诺数，在低于此值的情况下 α 不再是常数。流量计应工作在 α 为常数的范围，即雷诺数大于临界值的情况下。

2. 转子流量计的结构

转子流量计有两大类型：采用玻璃锥形管的直读式转子流量计和采用金属锥形管的远传式转子流量计。

（1）直读式转子流量计　直读式转子流量计主要由玻璃锥形管、浮子和支撑结构组成。流量标尺直接刻在锥形管上，由浮子的位置高度读出流量值。玻璃管转子流量计的锥形管刻度有流量刻度和百分比刻度两种。对于百分比刻度的流量计要配有制造厂提供的流量刻度曲线。

这种流量计结构简单，工作可靠，价格低廉，使用方便，可制成防腐蚀性仪表，用于现场测量。

（2）远传式转子流量计　远传式转子流量计可采用金属锥形管，它的信号远传方式有电动和气动两种类型，测量转换机构将浮子的位移转换为电信号或气信号进行远传及显示。图4-16所示为电远传式转子流量计的工作原理图，其转换机构为差动变压器组件，用于测量浮子的位移。流体的流量变化引起浮子的移

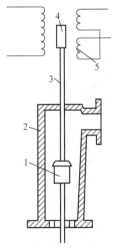

图 4-16　电远传式转子流量计的工作原理图
1—浮子　2—锥形管　3—连动杆
4—铁心　5—差动线圈

动，浮子同时带动差动变压器中的铁心做上、下运动，差动变压器的输出电压将随之改变，通过信号放大后输出的电信号表示出相应流量的大小。

4.3.2 转子流量计的刻度换算与量程调整

1. 刻度换算

转子流量计是一种非通用性仪表，出厂时需单个标定刻度。测量液体的转子流量计用常温水标定，测量气体的转子流量计用常温常压（20℃、1.01325×10⁵Pa）的空气标定。在实际测量时，如果被测介质不是水或常温常压下的空气，则流量计的指示值与实际流量值之间存在误差，因此要对其进行刻度换算修正。

（1）液体流量的换算　对于一般的液体介质，当温度和压力变化时，流体的黏度变化很小，只需进行密度校正。根据流量方程式(4-16)，可以得到修正式为

$$q_V' = q_{V0}\sqrt{\frac{(\rho_f - \rho')\rho_0}{(\rho_f - \rho_0)\rho'}} \tag{4-18}$$

式中，q_V' 为被测介质的实际流量；q_{V0} 为流量计的标定刻度流量；ρ_f 为浮子密度；ρ'、ρ_0 分别为被测介质和标定介质的密度。

（2）气体流量的换算　气体的密度受压力和温度的影响较大，故进行气体流量的换算时要考虑压力和温度的影响。

1）当被测气体的工作压力和温度与标定条件相同时，由于 $\rho_f \gg \rho'$ 或 ρ_0，上式可以化简为

$$q_V' = q_{V0}\sqrt{\frac{\rho_0}{\rho'}} \tag{4-19}$$

式中，ρ_0、ρ' 分别为标定介质和被测气体的密度，必须是同温同压（常用标定状态）下的密度。

2）当被测气体的工作压力、温度均与标定条件不同时，有

$$q_V' = q_{V0}\sqrt{\frac{\rho_0\, p_0\, T'}{\rho'\, p'\, T_0}} \tag{4-20}$$

式中，p_0、p' 分别为标定介质和被测气体的工作压力，要求是绝对压力值，一般压力表测出的是表压力，要进行换算：$p_{绝对} = p_{大气} + p_{表}$；T_0、T' 分别为标定介质和被测气体的工作温度，要求是国际开尔文温度值，单位是 K，一般温度计测出的是摄氏温度，要进行换算：$T = t + 273.15$。

例 4-1　用一转子流量计测量温度是 40℃，压力是 55.66kPa（表压）的氧气流量，流量计读数为 100m³/h，流量计出厂前是在 20℃、101.32kPa（绝对压力）下用空气标定的，问氧气的实际流量（已知在标定条件下氧气密度为 1.331kg/m³，空气密度为 1.205kg/m³，转子流量计使用地区的大气压为 101.32kPa）？

解：首先将压力换算成绝对压力，温度换算成开尔文温度：

$$P_0 = 101.32\text{kPa} \qquad p' = (101.32 + 55.66)\text{kPa} = 156.98\text{kPa}$$

$$T_0 = (20 + 273.15)\text{K} = 293.15\text{K} \qquad T' = (40 + 273.15)\text{K} = 313.15\text{K}$$

$$q_{V0} = 100\text{m}^3/\text{h}$$

$$q'_V = q_{V0}\sqrt{\dfrac{\rho_0}{\rho'}\dfrac{p_0}{p'}\dfrac{T'}{T_0}} = 100\sqrt{\dfrac{1.205 \times 101.32 \times 313.15}{1.331 \times 156.98 \times 293.15}}\,\text{m}^3/\text{h} = 79\text{m}^3/\text{h}$$

新型的转子流量计由于带有单片机，上述换算可以自动完成，只需将实际工作状态下的各参数置入，即可显示出实际流量。

2. 量程调整

如果要改变转子流量计的量程，那么可以通过改变转子材料的密度来实现。当被测介质与标定介质相同，而转子材料用密度为 ρ'_f 的材质代替密度为 ρ_f 的材质时，有

$$q_{V2} = q_{V1}\sqrt{\dfrac{\rho'_f - \rho}{\rho_f - \rho}} = kq_{V1} \tag{4-21}$$

式中，q_{V1}、q_{V2} 分别为转子流量计量程调整前后的流量上限值；ρ 为介质密度；k 为测量修正系数，$k = \sqrt{\dfrac{\rho'_f - \rho}{\rho_f - \rho}}$。

当 $\rho'_f > \rho_f$ 时，量程扩大；反之，量程缩小。

例 4-2 现有一台用于测量水流量的转子流量计，测量范围为 $0 \sim 50\text{m}^3/\text{h}$，转子密度为 2.7g/cm^3，欲将此流量计的测量范围变更为 $0 \sim 100\text{m}^3/\text{h}$，需对转子做何调整（已知水的密度为 1.0g/cm^3）？

解： 根据 $q_{V2} = q_{V1}\sqrt{\dfrac{\rho'_f - \rho}{\rho_f - \rho}}$，得

$$100\text{m}^3/\text{h} = 50\text{m}^3/\text{h}\sqrt{\dfrac{\rho'_f - 1.0\text{g/cm}^3}{2.7\text{g/cm}^3 - 1.0\text{g/cm}^3}}$$

$$\rho'_f = 7.8\text{g/cm}^3$$

故需将转子更换为密度为 7.8g/cm^3 的同形转子。

4.3.3 转子流量计的安装使用

在安装使用前必须核对所需测量范围、工作压力和介质温度是否与选用流量计的规格相符。流量计的最佳测量范围为测量上限的 $1/3 \sim 2/3$ 刻度内。安装使用时要遵循下列规程：

1）工作环境温度低于 60°C，防震、防晒和防雨淋，便于操作。

2）转子流量计应垂直安装在管道上，倾斜度不得大于 $30'$，流体必须自下而上通过流量计，如图 4-17 所示。

3）流量计前后应有截止阀，并安装旁通管道。仪表投运时，要先开旁路阀，再将前、后截止阀按顺序缓慢开启，投入运行后，关闭旁路阀；仪表停止时，要先开旁路阀，再关截止阀。

4）流量计前后应用 5 倍管道内径的直管段，有时要在仪表之前安装过滤器。

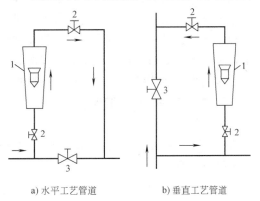

a) 水平工艺管道　　　b) 垂直工艺管道

图 4-17　转子流量计的安装示意图

1—转子流量计　2—截止阀　3—旁路阀

4.4 靶式流量计

在管道中垂直于流动方向安装一圆盘形阻挡件，称之为"靶"。流体经过时，由于受阻将对靶产生作用力，此作用力与流速之间存在一定的关系。通过测量靶所受作用力，可以求出流体流量。靶式流量计的结构原理图如图 4-18 所示。

4.4.1 靶式流量计的工作原理

圆盘靶所受作用力，主要是由靶对流体的节流作用和流体对靶的冲击作用造成的。若管道直径为 D，靶的直径为 d，环隙通道面积 $A_0=\frac{\pi}{4}(D^2-d^2)$，则可求出体积流量与靶上受力 F 的关系为

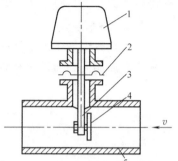

图 4-18　靶式流量计的结构原理图
1—力平衡转换器　2—密封膜片
3—杠杆　4—靶　5—测量导管

$$q_V=A_0v=k_a\frac{D^2-d^2}{d}\sqrt{\frac{\pi}{2}}\sqrt{\frac{F}{\rho}} \tag{4-22}$$

式中，v 为流体通过环隙截面的流速；k_a 为流量系数；F 为作用力；ρ 为流体的密度。

以直径比 $\beta=d/D$ 表示流量公式，可写成如下形式：

$$q_V=k_aD\left(\frac{1}{\beta}-\beta\right)\sqrt{\frac{\pi}{2}}\sqrt{\frac{F}{\rho}} \tag{4-23}$$

流量系数 k_a 的数值由实验确定。实验结果表明，在管道条件与靶的形状确定的情况下，当雷诺数 R_e 超过某一限值后，k_a 趋于平稳，由于此限值较低，所以靶式流量计对于高黏度、低雷诺数的流体流量的测量更为合适。使用时要保证在测量范围内，使 k_a 值基本保持恒定。

4.4.2 靶式流量计的结构及安装使用

1. 靶式流量计的结构

靶式流量计由靶装置和测力装置两部分组成。靶装置又称为测量装置，主要是将流动流体在靶上产生的力，通过挠性管或支点膜片传递给测力装置，从而实现了流量—力的转换。这里的挠性管或支点膜片是既传递力，又起密封作用的装置。测力装置又称为转换装置，是把靶装置传递过来的力通过力平衡机构和放大装置，转换成统一电信号或气信号输出，由显示仪表显示流量值。近来已有应变式靶式流量计产品出现，它直接采用应变式力转换器感受靶的作用力，使流量计结构变得简单可靠。

2. 靶式流量计的安装使用

由于靶有节流作用，在靶的前后也要保证一定长度的直管段。一般，靶前是 $(6\sim8)D$ 的直管段长度，靶后是 $(4\sim5)D$ 的直管段长度。要保证靶与管道同轴，迎着流向的面要与管道轴线垂直。

4.4.3 靶式流量计的标定

靶式流量计的标定方法有两种：一种是干式标定法，又称为干校；另一种是用实际的介质通过标准流量计进行标定，又称为湿校。

1. 干式标定法

靶式流量计的干式标定法，如图 4-19 所示，就是采用砝码挂重的方法代替靶上所受作用力，用来校验靶上受力与仪表输出信号之间的对应关系，并可调整仪表的零点和满量程。干式标定法的实质是对靶式流量计测力装置的标定。

2. 湿校

靶式流量计主要是用来测量液体流量的，而液体介质的种类很多，制造厂不可能用各种介质进行标定，只能采用统一的有代表性的液体进行校验，这个介质就是水，所以湿校也称为水校。

将被校靶式流量计和标准流量计串接于同一个管道上，管道中通过可以调节流量的水。分别读出两个流量计的输出值，进行比较，从而校验出靶式流量计的线性度和误差。

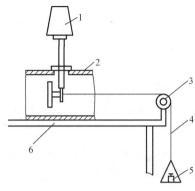

图 4-19　靶式流量计的干式标定装置
1—被校变送器　2—测量管　3—滑轮
4—挂重线　5—砝码　6—校验台

靶式流量计的湿校是用实际的介质进行校验的，比起挂重的干校来说，更接近于实际，也更准确一些。但是，用水介质标定的流量计在测量其他介质时，其标定值要进行换算。其换算方法同转子流量计的刻度换算方法相同。

4.4.4　靶式流量计的特点

靶式流量计结构比较简单，维护方便，不易堵塞，适于测量高黏度、高脏污及有悬浮固体颗粒介质的流量。它的缺点是压力损失大，测量精度不太高。目前，靶式流量计的配用管径为 15～200mm 系列，正常情况下测量精度可达±1%，范围度为 3：1。

4.5　速度式流量计

速度式流量计的测量原理基于与流体流速有关的各种物理现象，仪表的输出与流速有确定的关系，即可知流体的体积流量。工业生产中使用的速度式流量计种类很多，新的品种也不断开发，它们各有其特点和适用范围。下面介绍几种应用较普遍、有代表性的流量计。

4.5.1　涡轮流量计

涡轮流量计是利用安装在管道中可以自由转动的叶轮感受流体的速度变化，从而测定管道内的流体流量。

1. 涡轮流量计的结构和流量方程式

涡轮流量计测量本体的结构如图 4-20 所示。流量计主要由壳体、导流件、轴承、涡轮和磁电转换器等组成。涡轮是测量元件，它由导磁系数较高的不锈钢材料制成，轴心上装有数片呈螺旋形或 F 直形的叶片，流体作用于叶片，使涡轮转动。壳体和前、后导流件由非导磁的不锈钢材料制成，导流件对流体起导直作用。在导流件上装有滚动轴承或滑动轴承，用来支撑转动的涡轮。将涡轮转速转换为电信号的方法中以磁电式转换法应用最为广泛。磁电感应信号检出器包括磁电转换器和前置放大器，磁电转换器由线圈和磁钢组成，用于产生与叶片转速成比例的电信号，前置放大器放大微弱电信号，使之便于远传。

流体通过涡轮流量计时推动涡轮转动，涡轮叶片周期性地扫过磁钢，使磁路磁阻发生周期性地变化，线圈感应产生的交流电信号频率与涡轮转速成正比，即与流速成正比。涡轮流量计的流量方程式表示为

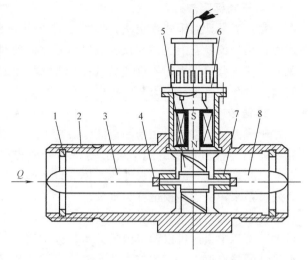

$$q_V = \frac{f}{\xi} \qquad (4-24)$$

图 4-20　涡轮流量计的结构图

1—紧固环　2—壳体　3—前导流件　4—止推片　5—涡轮

6—磁电转换器　7—轴承　8—后导流件

式中，q_V 为体积流量；f 为信号脉冲频率；ξ 为仪表常数。

仪表常数 ξ 与流量计的涡轮结构等因素有关。在流量较小时，ξ 值随流量增加而增大，只有当流量达到一定值后才近似为常数。在流量计的使用范围内，ξ 值应保持为常数，使流量与转速接近线性关系。

涡轮流量计的显示仪表是一个脉冲频率测量和计数的仪表，根据单位时间的脉冲数和一段时间的脉冲计数，分别显示瞬时流量和累积流量。

2. 涡轮流量计的特点和使用

涡轮流量计可以测量气体、液体的流量，但要求被测介质洁净，而且不适用于黏度大的液体。涡轮流量计在石油成品流量测量中应用得也很广，这主要是因为石油本身是良好的润滑剂，在流量测量过程中能对轴和轴承进行良好的润滑，有利于仪表的长期可靠运转。轴和轴承经特殊设计的涡轮流量计甚至在难度较高的液化石油气流量的测量中，也能获得成功应用。

（1）优点

1）测量精度较高，一般为 0.5 级，在小范围内误差可达到 $\pm 0.1\%$。

2）由于仪表刻度为线性，范围度可达（10～20）∶1。

3）输出频率信号便于远传及与计算机相连。

4）仪表有较宽的工作温度范围（-200～400℃），可耐较高工作压力。

5）重复性好，短期重复性可达 0.05%，如经常校准，可得到非常高的准确度，在定量发料、定量装桶操作中都能获得理想的效果。

6）惯性小，响应快，时间常数为 1～50ms，可以测量变化速率较低的脉动流量，引入的误差可忽略。

7）结构简单、紧凑、轻巧，安装维护方便，流通能力大。如果发生故障，则不影响管道内液体的输送。

8）耐高压，可用于高压流体的测量。

9）耐腐蚀，传感器采用耐腐蚀材料制造，能耐一般腐蚀性介质的腐蚀。

（2）缺点

1）涡轮的轴承与轴之间的摩擦导致磨损，使仪表的准确度发生变化，所以用于贸易结算的仪表须定期校准。现在有的产品采用宝石轴承和镍基碳化钨轴，使耐磨性得到根本改进，准确度可保持 3～4 年不变。

2）一般涡轮流量计不适用于高黏度流体，随着黏度的增大，流量计测量下限值提高，范围度缩小，线性度变差。

3）对流体的洁净程度要求较高。

（3）安装使用　涡轮流量计一般应水平安装，并保证其前后有一定的直管段，一般仪表前是 10 倍管道直径，仪表后是 5 倍管道直径。为保证被测介质洁净，仪表前应装过滤装置。如果被测液体易气化或含有气体，则要在仪表前装消气器。

4.5.2　电磁流量计

利用某些流体的导电性质，根据电磁感应原理制成的测量流量的装置，称为电磁流量计。电磁流量计应用范围广，可以测量酸、碱、盐溶液等腐蚀性介质，也可以测量那些带有悬浮颗粒的导电浆液。

1. 电磁流量计的原理及结构

（1）电磁流量计的测量原理　电磁流量计基于电磁感应原理，导电流体在磁场中垂直于磁力线方向流过，在流通管道两侧的电极上将产生感应电动势，感应电动势的大小与流体的流速有关，通过测量此电动势可求得流体流量。如图 4-21 所示，感应电动势 E 与流速的关系为

$$E = CBDv \tag{4-25}$$

式中，C 为常数；B 为磁感应强度；D 为管道内径；v 为流体平均速度。

当仪表结构参数确定之后，感应电动势与流速 v 成对应关系，则可求得流体体积流量，其流量方程式可写为

$$q_V = \frac{\pi D^2}{4}v = \frac{\pi D}{4CB}E = \frac{E}{K} \tag{4-26}$$

式中，K 为仪表常数，对于固定的电磁流量计，K 为定值。

电磁流量计中的直流电动势 E 会对导电液产生电解作用，从而破坏流体并使测量产生误差。为了克服电解极化现象，电磁流量计的磁场 B 都采用交变磁场。

采用交变磁场，不仅消除了介质电解极化所造成的影响，而且也便于输出信号的放大。但是，采用交变磁场却增加了感应误差。

（2）电磁流量计的结构　电磁流量计的测量主体由磁路系统、测量导管、电极和调整转换装置等组成。电磁流量计的结构如图 4-22 所示。由非导磁性材料制成的导管、测量电极嵌在管壁上，若导管为导电材料，则其内壁和电极之间必须绝缘，通常在整个测量导管内壁装有绝缘衬里。导管外围的励磁线圈用来产生交变磁场。在导管和线圈外还装有磁轭，以便形成均匀磁场和具有较大磁通量。

电磁流量计转换部分的输出电流 I_o 与平均流速成正比。

2. 电磁流量计的特点

电磁流量计的测量导管中无阻力件，压力损失极小；其流速测量范围宽，为 0.5～10m/s；

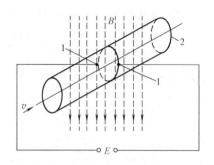

图 4-21　电磁流量计的测量原理示意图
1—电极　2—管道

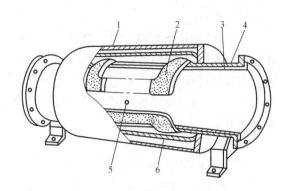

图 4-22　电磁流量计的结构图
1—外壳　2—励磁线圈　3—绝缘衬里
4—测量导管　5—电极　6—铁心

范围度可达 10∶1；流量计的口径可从几毫米到几米以上；流量计的精度为 0.5～1.5 级；仪表反应快，流动状态对示值的影响小，可以测量脉动流和两相流，如泥浆和纸浆的流量。被测液体的电导率下限由转换器的输入阻抗决定。如果输入阻抗为 100MΩ，则被测液体的电导率不得低于 10μΩ/cm。

　　电磁流量计对直管段要求不高，仪表前直管段的长度为 5D～10D。安装地点应尽量避免剧烈振动和交直流强磁场。在垂直安装时，流体要自下而上流过仪表，水平安装时两个电极要在同一平面上。要确保流体、外壳和管道间的良好接地。

　　电磁流量计的选择要根据被测流体的情况确定合适的衬里和电极材料。其测量精确度受导管的内壁，特别是电极附近结垢的影响，应注意维护清洗。

4.5.3　涡街流量计

　　涡街流量计属旋涡流量计类型，它是利用流体振荡的原理进行流量测量的。当流体流过非流线型阻力件时会产生稳定的旋涡列，旋涡的产生频率与流体流速有着确定的对应关系，测量频率的变化，就可以得到流体的流量。

1. 涡街流量计的组成及流量方程式

　　涡街流量计的测量主体是旋涡发生体。旋涡发生体是一个具有非流线型截面的柱体垂直插于流通截面内。当流体流过旋涡发生体时，在发生体两侧会交替地产生旋涡，并在它的下游形成两列不对称的旋涡列。当每两个旋涡之间的纵向距离 h 和旋涡列之间的横向距离 l 满足一定的关系，即 $h/l = 0.281$ 时，这两个旋涡列将是稳定的，称之为卡门涡街，如图 4-23 所示。

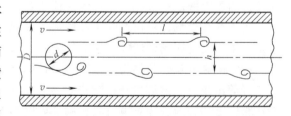

图 4-23　卡门涡街的形成原理示意图

　　大量实验证明，在一定的雷诺数范围内，稳定的旋涡产生频率 f 与旋涡发生体处的流速 v 有确定的关系：

$$f = S_t \frac{v}{d} \tag{4-27}$$

式中，d 为旋涡发生体的特征尺寸；S_t 称为斯特罗哈尔数。

S_t 与旋涡发生体的形状及流体的雷诺数有关，在一定的雷诺数范围内，S_t 数值基本不变。旋涡发生体的形状有圆柱、三角柱、矩形柱、T 形柱以及由上述简单柱体组合而成的组合柱体，不同柱体的 S_t 不同，如圆柱体 $S_t=0.21$，三角柱体 $S_t=0.16$。其中三角柱体的旋涡强度较大，稳定性较好，压力损失适中，故应用较多。

当旋涡发生体的形状和尺寸确定后，可以通过测量旋涡产生频率来测量流体的流量，其流量方程式为

$$q_V = \frac{f}{K} \tag{4-28}$$

式中，K 为仪表系数，一般通过实验测得。

旋涡频率的检出有多种方式，可以分为一体式和分体式两类。一体式检测元件放在旋涡发生体内，如热丝式、膜片式和热敏电阻式；分体式检测元件则装在旋涡发生体的下游，如压电式、摆旗式、超声式。以上均为利用旋涡产生时引起的波动进行测量的。图 4-24 所示为三角柱体涡街流量计的原理示意图，旋涡频率采用热敏电阻检测方式，在三角柱体的迎流面对称地嵌入两个热敏电阻，通入恒定电流加热电阻，使其温度稍高于流体，在交替产生的旋涡作用下，两个电阻被周期地冷却，使其阻值改变，阻值的变化由桥路测出，即可测得旋涡的产生频率，从而测知流量。

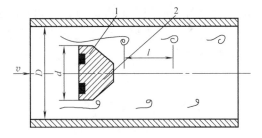

图 4-24　三角柱体涡街流量计的原理示意图
1—检测元件　2—旋涡发生体

2. 涡街流量计的优缺点及安装使用

（1）涡街流量计的优点

1）涡街流量计适用于气体、液体和蒸气介质的流量测量，其测量几乎不受流体参数（温度、压力、密度和黏度）变化的影响。在一定的雷诺数范围内，仪表系数仅与旋涡发生体及管道的形状、尺寸有关。

2）涡街流量计在仪表内部无可动部件，使用寿命长。

3）结构简单、牢固、安装维修方便。无需导压管和三阀组，减少泄漏、堵塞和冻结等。

4）压力损失小。

5）输出为频率信号，有较宽的范围度（30∶1）。

6）测量精确度也比较高，为 $\pm 0.5\% \sim \pm 1\%$。

（2）涡街流量计的局限性

1）对管道的机械振动较敏感，不宜用于强振动场所。

2）口径越大，分辨率越低。

3）液体温度太高时，传感器误差较大。

4）当流体有压力脉动或流量脉动时，示值大幅度偏高，影响较大，因此不适用于脉动流。

（3）涡街流量计的安装使用　涡街流量计可以水平安装，也可以垂直安装。在垂直安装时，流体必须自下而上通过，使流体充满管道。在仪表上、下游要求有一定的直管段，下游长度为 5D，上游长度根据阻力件形式而定，为 15D～40D，且上游不应设流量调节阀。

4.5.4 超声流量计

1. 超声流量计的工作原理

超声流量计利用超声波在流体中的传播特性实现流量测量。超声波在流体中传播时，将受到流体速度的影响，检测接收到的超声波信号可以测知流速，从而求得流体流量。

超声波测量流量有多种方法，按作用原理有传播速度差法、多普勒效应法、声束偏移法及相关法等，在工业应用中以传播速度差法最普遍。

传播速度差法利用超声波在流体中顺流传播与逆流传播的速度变化来测量流体流速。测量方法有时间差法、相差法和频差法。传播速度差法的测量原理如图 4-25 所示，在管道壁上，从上、下游两个发射换能器 T_1、T_2 发出超声波，各自到达下游和上游接收超声换能器 R_1、R_2。流体静止时超声波声速为 c，流体流动时顺流和逆流的声速将不同。两个传播时间与流速之间的关系可写为

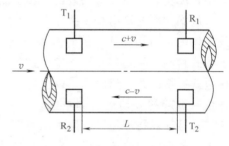

图 4-25 传播速度差法原理图

$$t_1 = \frac{L}{c+v}$$

$$t_2 = \frac{L}{c-v} \qquad (4-29)$$

式中，t_1 为顺流传播时间；t_2 为逆流传播时间；L 为两探头间距离；v 为流体平均流速。

一般情况下 $c \gg v$，则时间差与流速的关系为

$$\Delta t = t_2 - t_1 \approx \frac{2Lv}{c^2} \qquad (4-30)$$

所以，测得时间差 Δt 就可知流速。

采用频差法时，列出频率与流速的关系式为

$$f_1 = \frac{1}{t_1} = \frac{c+v}{L}$$

$$f_2 = \frac{1}{t_2} = \frac{c-v}{L} \qquad (4-31)$$

则频率差与流速的关系为

$$\Delta f = f_1 - f_2 = \frac{2v}{L} \qquad (4-32)$$

采用频差法测量可以不受声速的影响，所以不必考虑流体温度变化对声速的影响。

2. 超声换能器的结构原理

不管哪一种超声仪器，都必须把超声波发射出去，然后再把超声波接收回来，变换成电信号，完成这一部分工作的装置，就是超声传感器。但是在习惯上，把这个发射和接收超声波的部分均称为超声换能器，有时也称为超声探头。

超声换能器根据其工作原理，有压电式、磁滞伸缩式和电磁式等多种，在检测技术中主要是采用压电式。压电式换能器主要是利用压电晶体的压电效应来实现能量转换的。压电效应有正压电效应和逆压电效应之分。

有些晶体，如石英等，当在它的两个面上施加交变电压时，晶体片将沿其厚度方向做伸长

或压缩的交替变化，即产生了振动，其振动频率的高低与所加交变电压的频率相等。这样就能在晶体片周围的介质中产生频率相同的声波。如果所加交变电压的频率是超声频率，晶体片发出的声波就是超声波，这种现象称为逆压电效应，超声波发射换能器就是利用逆压电效应工作的；反之，当脉冲的外力作用在压电晶体片的两个相对面上而使其变形时，就会有一定频率的交流电压输出，这种现象称为正压电效应，超声波接收换能器就是利用正压电效应工作的。

3. 超声换能器的安装方式比较

就超声换能器的安装方式来说，夹装式较插入式有更多的优点。夹装式换能器可以便携使用，插入式换能器是固定的；插入式换能器与被测介质接触，有腐蚀、黏结和沉淀等问题，夹装式换能器装在管道外表面，不与被测介质接触，不会遇到前述问题。插入式换能器的结构如图 4-26 所示，管道内可能出现旋涡，造成压力损失，夹装式换能器的压力损失极小。夹装式换能器的重复发射频率可以比插入式换能器高 10 倍。

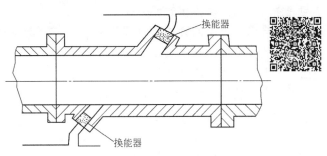

图 4-26　插入式换能器

4. 超声流量计的测量精确度

超声流量计的测量精确度受下列诸因素的影响：流量计壳体几何尺寸和超声传感器位置参数的准确性；流量计所采用的积分技术；速度分布剖面的质量、气流的脉动程度和气体的均匀性；传播时间测量的精确度。传播时间测量的精确度又取决于电子时钟的稳定性、对超声脉冲波参考位置检测的一致性及对电子元器件和传感器信号滞后的适当补偿等。

4.6　容积式流量计

容积式流量计是直接根据排出体积进行流量累积的仪表，它利用运动元件的往复次数或转速与流体的连续排出量成比例的关系对被测流体进行连续检测。容积式流量计可以计量各种液体和气体的累积流量，由于这种流量计可以精密测量体积量，所以其类型包括小型的家用煤气表、大容积的石油和天然气计量仪表，都得到了广泛应用。

容积式流量计由测量室、运动部件、传动和显示部件组成。它的测量主体为具有固定标准容积的测量室，测量室由流量计内部的运动部件与壳体构成。在流体进、出口压力差的作用下，运动部件不断地将充满在测量室中的流体从入口排向出口。假定测量室的固定体积为 V_0，某一时间间隔内经过流量计排出流体的体积数为 n，则可知被测流体的体积总量 V。容积式流量计的流量方程式可以表示为

$$V = nV_0 \tag{4-33}$$

计数器通过传动机构测出运动部件的转数 n，即可得出通过流量计的流体总量。在测量较小流量时，要考虑泄漏量的影响，通常仪表有最小流量的测量限度。

容积式流量计的运动部件有往复运动和旋转运动两种形式。往复运动式有家用煤气表、活塞式油量表等；旋转运动式有旋转活塞式流量计、椭圆齿轮流量计和腰轮流量计等。各种流量计适用于不同的场合和条件。

4.6.1 椭圆齿轮流量计

1. 原理

椭圆齿轮流量计的测量主体由一对相互啮合的椭圆齿轮和仪表壳体构成,其工作原理如图 4-27 所示。两个椭圆齿轮 A、B 在进、出口流体压力差的作用下,交替地相互驱动,并各自绕轴作非均匀角速度转动。在转动过程中连续不断地将充满在齿轮与壳体之间的固定体积的流体一份份地排出。齿轮的转数可以通过机械的或其他的方式测出,从而可以得知流体总流量。

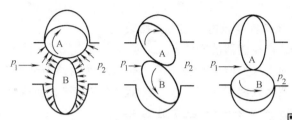

图 4-27 椭圆齿轮流量计的工作原理示意图

两个齿轮每转动一圈,流量计将排出 4 个半月形体积的流体。通过椭圆齿轮流量计的流体总量可以表示为

$$V = 4nV_0 \tag{4-34}$$

式中,n 为椭圆齿轮的转数;V_0 为半月形体积,两个半月形容积相等且恒定。

椭圆齿轮的转数通过变速机构直接驱动机械计数器来显示,也可以通过电磁转换装置转换成相应的脉动信号,通过对脉动信号的计数反映出总流量的大小。

2. 特点

椭圆齿轮流量计的主要误差是齿轮之间、齿轮与外壳之间的泄露量。为了提高精度,要求间隙不能太大,加工精度要求较严。同样可以理解,被测介质的黏度越大,泄露量越小,测量精确度越高,因此椭圆齿轮流量计适用于高黏度液体流量的测量。

椭圆齿轮流量计的基本误差为 $\pm 0.2\% \sim \pm 0.5\%$;范围度为 10∶1;工作温度要低于120℃,以防止齿轮卡死。在使用时要注意防止齿轮的磨损与腐蚀,以延长仪表寿命。当被测液体的黏度小于等于 $30 \times 10^{-3} \mathrm{Pa \cdot s}$ 时,其压力损失小于等于 0.04MPa。

椭圆齿轮流量计还有一个缺点,就是液体的进入与排出是脉动的,齿轮在转动一周的过程中,其受力不均匀,瞬时角速度不恒定,因此仪表测量的流量不是瞬时流量,而是总流量或平均流量。若在转动轴上加入等速化齿轮机构,可使液体排放成等速脉动,也可以求得瞬时流量。

4.6.2 腰轮流量计

腰轮流量计的工作原理与椭圆齿轮流量计相同,它们的结构也相似,只是一对测量转子是两个不带齿的腰形轮。腰形轮的形状保证在转动过程中两轮外缘保持良好的面接触,以依次排出定量流体,而两个腰形轮的驱动是由套在壳体外面,且与腰形轮同轴的啮合齿轮来完成的,因此它较椭圆齿轮流量计的明显优点是能保持长期的稳定性。腰轮流量计的工作原理如图 4-28 所示。

腰轮流量计可以测量液体和气体的流量,也可以测量高黏度流体的流量。它的基本误差为 $\pm 0.2\% \sim \pm 0.5\%$,范围度为 10∶1,工作温度在 120℃以下,压力损失小于 0.02MPa。

4.6.3 皮膜式家用煤气表

皮膜式家用煤气表的工作原理如图4-29所示。在刚性容器中由柔性皮膜分隔成Ⅰ和Ⅱ、Ⅲ和Ⅳ四个计量室。可以左右运动的滑阀在煤气进口和出口差压的作用下做往复运动。煤气由入口进入，通过滑阀的换向依次进入气室Ⅰ、Ⅲ或Ⅱ、Ⅳ，并排向出口。图中带箭头的实线表示气体进入的过程，带箭头的虚线表示气体排出的过程。皮膜往复一次将流过一定体积的煤气，通过传动机构和计数装置能测得往复次数，从而可知煤气总量。

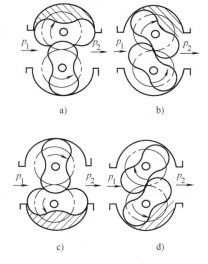

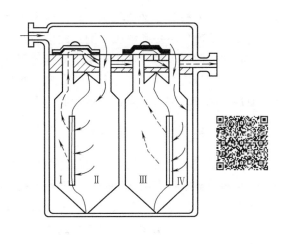

图 4-28 腰轮流量计的工作原理示意图　　　　图 4-29 家用煤气表的结构示意图

此仪表结构简单，使用维护方便，价格低廉，精确度可达±2%，是家庭专用仪表。

4.7　质量流量计

由于流体的体积是流体温度、压力和密度的函数，在流体状态参数变化的情况下，采用体积流量测量方式会产生较大的误差。因此，在生产过程和科学实验的很多场合，作为工业管理和经济核算等方面的重要参数，要求检测流体的质量流量。

质量流量测量仪表通常可分为两大类：间接式质量流量计和直接式质量流量计。间接式质量流量计采用密度或温度、压力补偿的办法，在测量体积流量的同时，测量流体的密度或流体的温度、压力值，再通过运算求得质量流量。现在带有微处理器的流量传感器均可实现这一功能，这种仪表又称为推导式质量流量计。直接式质量流量计则直接输出与质量流量相对应的信号，反映质量流量的大小，其测量不受流体的温度、压力和密度变化的影响。目前得到较多应用的直接式质量流量计是科里奥利式质量流量计，此外还有热式质量流量计和冲量式质量流量计等。

4.7.1　热式质量流量计

热式质量流量计的测量原理基于流体中热传递和热转移与流体质量流量的关系。它的工作机理是利用外热源对被测流体加热，测量因流体流动造成的温度场变化，从而测得流体的

质量流量。热式流量计中被测流体的质量流量可表示为

$$q_m = \frac{P}{c_p \Delta T} \qquad (4\text{-}35)$$

式中，P 为加热功率；c_p 为定压比热容；ΔT 为加热器前后温差。

若采用恒定功率法，测量出温差 ΔT 就可以求得质量流量。若采用恒定温差法，则测出加热功率 P 就可以求得质量流量。

图 4-30 为一种非接触式对称结构的热式质量流量计的示意图。加热器和两只测温铂电阻安装在小径口的金属薄壁圆管外，测温铂电阻 R_1、R_2 接入测量电桥的两臂。在管内流体静止时，电桥处于平衡状态。当流体流动时则形成变化的温度场，两只测温铂电阻阻值的变化使电桥产生不平衡电压，测得此信号可知温差 ΔT，即可求得流体的质量流量。

热式质量流量计适用于微小流量的测量。当需要测量较大流量时，要采用分流方法，仅测一小部分流量，再求得全流量。热式质量流量计结构简单，压力损失小，非接触式测量，使用寿命长。它的缺点是灵敏度低，测量时还要进行温度补偿。

4.7.2 冲量式质量流量计

冲量式质量流量计用于测量自由落下的固体粉料的质量流量。冲量式质量流量计由冲量传感器及显示仪表组成。冲量传感器感受被测介质的冲力，经转换放大后输出与质量流量成比例的标准信号，冲量式质量流量计的工作原理如图 4-31 所示。自由落下的固体粉料对检测板——冲板产生冲击力，其垂直分力由机械结构克服而不起作用。其水平分力则作用在冲板轴上，并通过机械结构的作用与反馈测量弹簧产生的力相平衡，水平分力的大小可表示为

$$F_m = q_m \sqrt{2gh \sin\alpha \sin\gamma} \qquad (4\text{-}36)$$

式中，q_m 为物料的质量流量，单位为 kg/s；h 为物料自由下落至冲板的高度，单位为 m；γ 为物料与冲板之间的夹角；α 为冲板的安装角度。转换装置检测冲板轴的位移量，经转换放大后输出与质量流量相对应的信号。

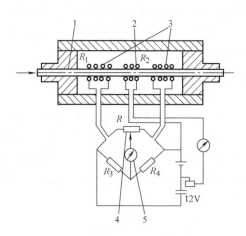

图 4-30　非接触式对称结构的热式质量流量计示意图
1—镍管　2—加热线圈　3—测温铂电阻
4—调零电阻　5—电表

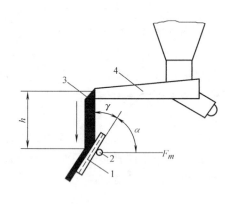

图 4-31　冲量式质量流量计的工作原理图
1—冲板　2—冲板轴　3—物料　4—输送机

冲量式质量流量计结构简单，安装维修方便，使用寿命长，可靠性高，由于检测的是水平力，所以检测板上有物料附着时也不会发生零点漂移。冲量式质量流量计适用于各种固体粉料、块状物以及浆状物料的质量流量测量。流量计的选择要考虑被测介质的大小、重量和正常工作流量等条件，正常流量应在流量计最大流量的 30%～80% 之间。改变流量计的量程弹簧可以调整流量的测量范围。

4.7.3 科里奥利式质量流量计

1. 工作原理

科里奥利式质量流量计简称科氏力流量计，它是利用流体在振动管中流动时，将产生与质量流量成正比的科里奥利力的原理测量的。科氏力流量计由检测科里奥利力的传感器与转换器组成。图 4-32 所示为一种 U 形管式科氏力流量计的示意图。传感器的测量主体为一根 U 形管，U 形管的两个开口端固定，流体由此流入和流出。在 U 形管顶端装有电磁装置，用于激发 U 形管，使其以 O—O 为轴，按固有的自振频率振动，振动方向垂直于 U 形管所在平面。U 形管

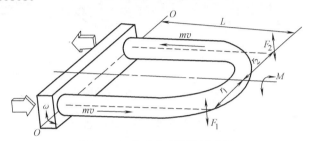

图 4-32　科氏力流量计示意图

中的流体在沿管道流动的同时又随管道做垂直运动，此时流体将产生一科里奥利加速度，并以科里奥利力反作用于 U 形管。由于流体在 U 形管两臂的流动方向相反，所以作用于 U 形管两臂的科里奥利力大小相等方向相反，从而形成一个作用力矩。U 形管在此力矩的作用下将发生扭曲，U 形管的扭角与通过流体的质量流量相关。在 U 形管两臂的中心平面处安装两个电磁传感器，可以测出扭曲量——扭角的大小，就可以得知质量流量，其关系式为

$$q_m = \frac{K_s \theta}{4\omega r} \tag{4-37}$$

式中，θ 为扭角；K_s 为扭转弹性系数；ω 为振动角速度；r 为 U 形管的跨度半径，即 U 形管两臂到对称轴的距离 $r = r_1 = r_2$。

也可由传感器测出 U 形管入口管端先于出口管端越过中心平面的时间差 Δt 来测量流量，其关系式为

$$q_m = \frac{K_s}{8r^2} \Delta t \tag{4-38}$$

此时，所得测量值与 U 形管的振动频率 f 及角速度 ω 均无关。

科氏力流量计的振动管还有平行直管、Ω 形管或环形管等，也有的用两根 U 形管等方式。采用何种形式的流量计要根据被测流体的情况及允许的阻力损失等因素综合考虑进行选择。图 4-33 所示为两种振动管形式的科氏力流量计的结构示意图。

2. 科里奥利式质量流量计的特点及安装

（1）优点　科氏力流量计投入工业应用之后，尽管售价高，但仍以其不可替代的许多优点取代部分容积式流量计、速度式流量计及差压式流量计等，稳定地占领市场。它的主要优点如下：

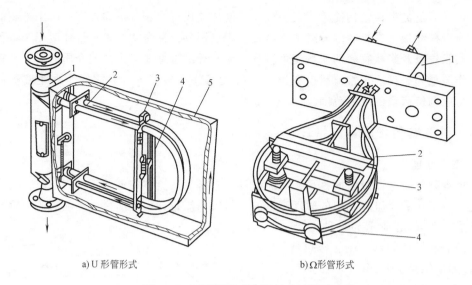

a) U 形管形式   b) Ω形管形式

图 4-33   两种科氏力流量计的结构示意图

1—支承管   2—检测管   3—电磁检测器   4—电磁激励器   5—壳体

1）直接测量质量流量，有很高的测量精确度。

2）可测量流体范围广泛，包括高黏度流体、液固两相流体、含有微量气体的液气两相流体以及密度足够高的中高压气体。

3）上、下游管路引起的旋涡流和非均匀流速分布对仪表性能无影响，通常不要求配置专门长度的直管段。

4）流体黏度变化对测量值影响不显著，流体密度变化对测量值影响也极微小。

5）有多路输出，可同时分别输出瞬时质量流量、体积流量、流体密度或流体温度等信号。还带有若干开关量输入、输出口，某些型号的仪表能实现批量操作。

6）有双向流量测量功能。

（2）缺点

1）零点稳定性差，影响其精确度的进一步提高。

2）不能用于测量密度较低的介质，如低压气体。

3）液体中含气量稍高一些就会使测量误差显著增大。

4）对外界振动干扰较为敏感。

5）不能用于较大管径。

6）测量管内壁磨损、腐蚀和沉积结垢会影响测量精确度。

7）压力损失大，尤其是测量饱和蒸气压较高的液体时，压损很易导致液体气化，出现气穴，导致误差增大甚至无法测量。

（3）测量管的结构特点   各个制造商所设计的科氏力流量计的测量管形状各不相同，可分成两类，即弯曲形和直形。设计成弯曲形是为了降低刚度，因而管壁可比直形管取得厚一些，仪表性能受磨损、腐蚀影响减小，但易积存气体和残渣，引起附加误差。此外，弯曲形管组成的传感器的重量和体积都比直形管大。

直形管不易积存气体，也便于清洗。垂直安装时，流体中的固体颗粒不易沉积在管壁上。直形管组成的传感器尺寸小，重量轻，但刚度大，管壁相对较薄，测量值受磨损、腐蚀影响大。

测量管按段数又有单管型和双管型之分，其中单管型易受外界振动干扰影响；双管型可降低外界振动干扰的影响，容易实现相位的测量。

（4）传感器的安装　传感器应确保安装在管道中充满被测流体的位置上，并应尽量消除或减少流体中的固体颗粒在测量管内壁沉积，否则仪表的测量性能将下降。为了做到这两点，对于使用最多的直形管和 U 形管，应满足表 4-2 所列的要求。

表 4-2　测量管为直形管及 U 形管的传感器安装方式

被测介质	水平安装	垂直安装
洁净的液体	可以采用，U 形管的传感器箱体在下	可以采用，流向为自下而上通过传感器
带有少量气体的液体	可以采用，U 形管的传感器箱体在下	可以采用，流向为自下而上通过传感器
气体	可以采用，U 形管的传感器箱体在上	可以采用，流向为自上而下通过传感器
浆液（含有固体颗粒）	可以采用，U 形管的传感器箱体在上	可以采用，流向为自上而下通过传感器

科氏力流量计的原理和结构都决定了外界振动对它会造成影响，因此流量传感器的安装场所应尽量远离大功率泵、电机等振动干扰源。

1）传感器的支撑。在传感器与管道的连接中，做到"无应力"是至关重要的，这对减小整机零点漂移起决定性作用。所谓"无应力"是指要力求避免或减少因安装因素造成的应力，为此，传感器的安装应采用坚固的支架，支架支撑的部位如图 4-34 和图 4-35 所示。在相连接的管道振动无法避免时，传感器与管道之间应采用挠性连接或通过膨胀节减小振动。

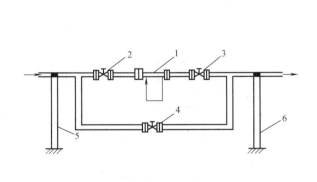

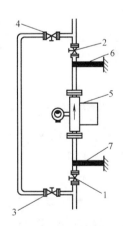

图 4-34　流量传感器在水平管道上的安装
1—传感器　2、3、4—阀门　5、6—支架

图 4-35　流量传感器的"旗式"安装
1、2、3、4—阀门　5—传感器　6、7—支架

传感器如需串联（或并联）使用，不但传感器之间要保持适当的距离，而且串联（或并联）传感器之间的工艺管道上应安装牢固的支架，因为传感器之间的工艺管道能将每一个传感器测量管的振动在传感器之间进行不同程度的传送，从而产生一定的相互干扰，这些振动干扰会造成流量计零点不稳定，并对流量计的调整造成困难。在这种场合，也可要求制造厂错开两传感器的振动频率。

2）科氏力流量计的使用必须满足背压要求。在测量液化的气体、热溶剂以及有析出气体趋向的介质时，为防止气体腐蚀的产生，必须保证安装在管路中的传感器有足够的背压。背压是指传感器下游端口处流体的压力，一般常在距传感器下游端口 $3L$（L 为传感器长度）之内的管道处测量，最小背压指标为 $p \geqslant A\Delta p + Bp_0$（式中，$\Delta p$ 为流量计压损；p_0 为最高工作温度下介质的饱和蒸气压；A、B 为系数，视流量传感器的结构及介质的性质而定，一般由实验得出）。目的是避免管路系统中任何一处的压力高于管内液体的饱和蒸气压，以防液体气化。

直形管流量计，其测量管刚度大，谐振频率高，由于上述的各种原因，当背压不足时，对测量管的振动稳定性会造成一定的影响。实验表明，零流量时，测量管内至少要保持 $0.02\mathrm{MPa}$（表压力）的静压。要做到这一点，将传感器装在上升管道的较低部位，而且传感器下游上升管道的高度应不低于 2m（视介质密度而定），如图 4-36 所示。

图 4-37 所示的配管方法，虽然流量计出口管也有 2m 的高度，但因为管道升高后又降低，静压被抵消，所以背压仍无法保证。

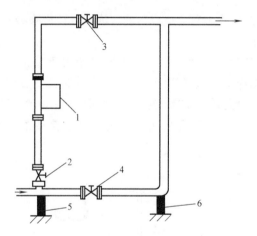

图 4-36　确保背压的配管方法
1—传感器　2、3、4—阀门　5、6—支架

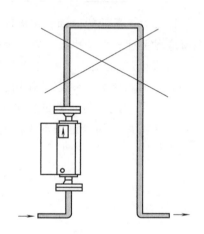

图 4-37　静压被抵消的配管图

图 4-38 所示的配管方法也是容易犯的错误。由于出口端无液封，空气易从出口端窜入管道，并逐渐上升，流量计不仅保证不了背压，而且管道内不能保证充满液体，所以仪表往往无法正常工作。

3）零点调整。零漂和零点的不稳定性会使仪表输出引入系统误差。仪表的零点应在初次安装或安装有所改变后进行调整，有些仪表的零点要在工作温度、压力和密度条件下调整。对振动管弹性温度补偿的不当可导致零点偏移误差。在仪表运行的第一个月内建议每周检查一次零点，如零点变化小，可减少检查次数。

4.7.4　间接式质量流量的测量方法

根据质量流量与体积流量的关系 $q_m = \rho q_V$，可以由多种仪表组合以实现质量流量的测量。常见的组合方式有如下几种。

1. 体积流量计与密度计的组合方式

（1）差压式流量计（或靶式流量计）与密度计的组合　差压式流量计和靶式流量计的输出信号均正比于 ρq_V^2，密度计测量流体密度 ρ，仪表输出为统一标准的电信号，可以进行开二次方运算求出质量流量，如图 4-39a 所示，其计算式为

$$q_m = \sqrt{\rho q_V^2 \rho} = \rho q_V \qquad (4-39)$$

（2）其他体积流量计与密度计的组合　速度式流量计（如涡轮流量计、电磁流量计、涡街流量计和超声流量计等）和容积式流量计的输出信号均正比于 q_V。这类流量计的输出信号与密度计的输出信号进行乘法运算，即可求出质量流量，如图 4-39b 所示，其计算式为

$$q_m = \rho q_V \qquad (4-40)$$

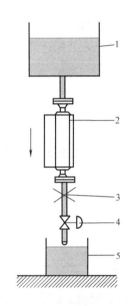

图 4-38　错误配管方式示意图
1—储液槽　2—传感器　3—节流孔
4—截止阀　5—计量槽

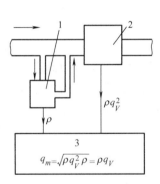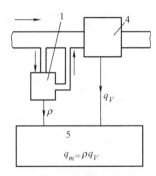

a) 差压式(或靶式)流量计　　　　b) 速度式(或容积式)流量计
　　与密度计的组合　　　　　　　　　与密度计的组合

图 4-39　体积流量计与密度计组合测量质量流量
1—密度计　2—差压式（或靶式）流量计　3—开二次方运算器
4—速度式（或容积式）流量计　5—乘法运算器

2. 体积流量计与体积流量计的组合方式

差压式流量计和靶式流量计的输出信号均正比于 ρq_V^2，速度式流量计和容积式流量计输出信号均正比于 q_V，将二者的输出进行除法运算可以得到质量流量，如图 4-40 所示，其计算式为

$$q_m = \frac{\rho q_V^2}{q_V} = \rho q_V \qquad (4-41)$$

3. 温度、压力补偿式质量流量计

流体的密度是温度、压力的函数，通过测量流体的温度和压力，得出工作条件下的密度，与体积流量计的输出进行乘法运算，可求出流体质量流量，如图 4-41 所示。

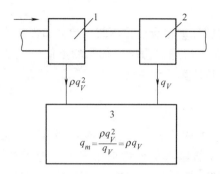

图 4-40　差压式（或靶式）流量计与体积流量计
组合测量质量流量
1—差压式（或靶式）流量计　2—速度式
（或容积式）流量计　3—除法运算器

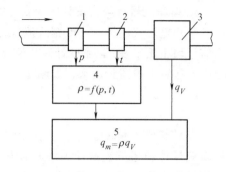

图 4-41　温度、压力补偿式质量流量计
1—压力计　2—温度计　3—体积流量计
4—密度计算　5—质量流量计算

间接式质量流量计构成复杂，由于包括了其他参数的测量仪表误差和函数误差等，其系统误差通常高于体积流量计。但在目前，已有多种微机化仪表可以实现有关的计算功能，应用仍较普遍。

4.8　流量校验系统

流量计在出厂之前和使用一段时间后都要做流量校验，流量校验（或检定）涉及到流量校验装置和校验方法。对流量仪表在出厂和使用中进行校验的目的是标准化测量，如流量仪表的精度、重复性等。对流量仪表在研制时进行校验的目的是为了找出仪表特性的数学模型，确定流量仪表的静态、动态特性及测量方法。流量校验方法一般分为校验装置法和标准表法两种。

4.8.1　流量校验装置

流量校验装置也称流量标准装置。流量校验装置是满足流量计的流体流动特性、流体性质与工作状态特性的试验设备。流量校验装置的作用主要有：①进行仪表特性试验。研究仪表在实验室条件下和现场条件下的静态和动态特性，确定仪表精确度、测量范围、适应的工作状态、仪表稳定性及可靠性等技术指标，使仪表可定型生产。②对仪表在现场使用中由于介质性质及流动特性不同而引起的特性变化进行研究，找出修正方法。③作为流量单位量值统一与传递的标准设备，使各个部门的量值保持精确与统一。

流量校验装置按校验介质的种类分为水流量标准装置和气体流量标准装置。

1. 水流量标准装置

用水作为校验介质的流量标准装置称为水流量标准装置，国内外使用最广泛的水流量标准装置为稳定压力的静态校验法水流量标准装置。图 4-42 所示为静态容积法水流量标准装置的系统图。这种装置凭借高位水塔或稳压容器获得稳定压力，用换向器切换流体的流动方向，以便在某时间间隔内流经管道横截面的流体从流动中分割出来流入计量容器，由此得到标准体积流量（或质量流量）的量值。

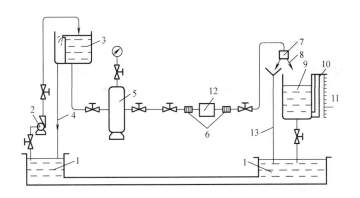

图 4-42　静态容积法水流量标准装置的系统图

1—水池　2—水泵　3—高位水塔　4—溢流管　5—稳压容器　6—活动管接头　7—换向器
8—切换挡板　9—标准容积计量器　10—液体标尺　11——游标　12—被校流量计　13—旁通管

系统开始工作时，先用水泵向高位水塔上水，高位水塔内装有溢流槽，当水塔内液面上升到高于溢流槽高度时，高出溢流槽的一部分水从溢流槽溢出，并通过溢流管流回水池。用这样的方法可保持试验管道中流体总压的稳定，从而获得稳定的流体流动。把换向器先调整到液流流入旁通管的位置，液流将通过旁通管流向水池。开始工作时先将调节阀调整到所需的流量，待流动达到完全稳定后，即可使用控制器使换向器动作，将液流导入标准容积计量器，过一定时间间隔后再使用控制器，使换向器反方向运动，将液流导入旁通管。记录换向器两次动作的时间间隔 Δt，并读出由换向器导入标准容积计量器的流体体积 ΔV，则可由下式计算出体积流量标准值：

$$q_V = \frac{\Delta V}{\Delta t}\tag{4-42}$$

静态容积法水流量标准装置的精确度一般可达 $\pm 0.1\%\sim\pm 0.2\%$ 或更高。

2. 气体流量标准装置

以气体为校验介质的流量标准装置称为气体流量标准装置。气体流量除了与体积、时间等参数有关外，还与温度、压力等物理性质有关，所以气体流量标准装置一般比液体流量标准装置复杂。为适应不同种类、不同流量范围的气体流量计校验的需要，现在已经有了多种形式的气体流量标准装置：PVTt 法的气体流量标准装置、用音速喷嘴产生恒定流量的气体流量标准装置和钟罩式气体流量校正装置。这里只介绍钟罩式气体流量校正装置，其系统示意图如图 4-43 所示。

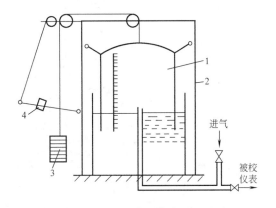

图 4-43　钟罩式气体流量校正装置图

1—钟罩　2—导轨和支架　3—平衡锤　4—补偿锤

作为气体标准容器的是钟罩，钟罩的下部是一个水封容器。由于下部液体的隔离作用，使钟罩内形成储存气体的标准容积。工作气体由底部的管道送入或排出。为了保证钟罩内的压力恒定，以及消除由于钟罩浸入深度变化引起钟罩内压力的变化，钟罩上部经过滑轮悬以相应的平衡重物。钟罩侧面有经过分度的标尺，以计量钟罩内的气体体积。在对流量计进行校正时；由送风机把气体送入系统，使钟罩浮起，当流过的气体量达到预定要求时，把三通阀转向放空位置停止进气。放气使钟罩下落，钟罩内的气体经被校仪表流出，由钟罩的刻度值变化换算为气体体积，即被校仪表的累积流过总量。钟罩匀速下落时，瞬时流量为

$$q_V = \frac{V}{t} \tag{4-43}$$

式中，q_V 为瞬时流量；V 为钟罩匀速落下时排出的气体体积；t 为钟罩匀速落下的时间。

采用该方法时，如果校验用气体与实际测量气体不同或压力、温度条件不同时，要进行修正。这种方法比较常用，可达到较高的精确度。目前常用的钟罩容积有 50L、500L 和 2000L 几种。

4.8.2 标准表校验法

标准表校验法是把高精确度的流量计当作标准表，与较低精确度的流量计进行比对校验，从而对被校流量计进行分度，或确定其精确度等级。这种方法既适用于计量部门，也适用于现场。

1. 校验装置

标准表的选择灵活性很大，对于液体，选用精确度优于 0.2 级的涡轮流量计是适宜的；对于气体，流量不大时选用煤气表；流量较大时，选用临界流流量计。连接管道时，应注意下面两点：

1) 保证两个流量计的前后直管段要足够长。

2) 保证管道中充满被测流体。因此，当被测流体为液体时，常将管道末端向上翻高，如图 4-44 所示。

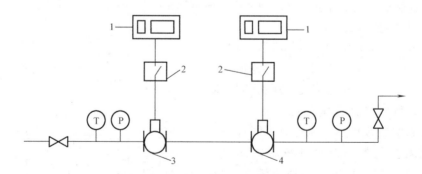

图 4-44　标准表校验法校验管路的连接

1—指示积算仪　2—开关　3—被校流量计　4—标准流量计

2. 运用标准表校验法时应注意的事项

1) 当被测流体为气体时，情况要复杂一些。因为气体的温度膨胀系数大，又容易被压缩，当其状态偏离标准状态较远时，还需进行压缩系数修正。被校表的类型有多种，标准表的类型也可以有多种，对于直接式质量流量计，其示值不受流体状态的影响，而其他类型的仪表，必须进行流体温度、压力和压缩系数补偿。测压点的位置要求也有很大差异，例如，

涡街流量计要求装在流量传感器下游数倍管径的管道上；节流式流量计要求装在节流装置正端取压口处；其他原理的流量计，大多数要求装在流量计上游管道上。因此，如何处理被校表和标准表的测量数据，应按相应的仪表说明书，得到被校表和标准表的示值后，计算被校表的误差。

2）在用标准表校验法对现场流量计进行校验时，由于被校流量计和标准流量计安装在同一根管道上，而且相隔距离又很近，两台仪表很容易相互影响引起误差增大，甚至无法工作。例如，在用科氏力质量流量计对现场的一台科氏力流量计进行校验时，两台仪表都应用支架固定牢固，如果两台仪表的振动相互干扰，难以消除，可在两台仪表之间用一段挠性管连接。

3）在用旋转式容积流量计作标准表对涡街流量计等进行校验时，由于容积式流量计中的椭圆齿轮式、腰轮式和旋转活塞式等流量计工作时角速度的变化会引发流动脉动，作用在涡街流量计等对流动脉动非常敏感的仪表上，导致其示值明显偏高。解决这个问题的方法一是避免采用容易引发流动脉动的标准表，二是在两台仪表之间增设阻尼器。

4.9 流量计的应用

4.9.1 腐蚀性介质的流量测量

1. 腐蚀现象

腐蚀是金属在其环境中由于化学作用而遭受破坏的现象。一切金属与合金对于某些特定环境可以是耐腐蚀的，但是在另一些环境中对腐蚀却又很敏感。一般来说，对于所有环境都耐腐蚀的工业用金属材料是不存在的。

介质的腐蚀性对流量测量仪表来说是个严重威胁，只有像夹装式超声流量计等个别种类的流量计受腐蚀的影响较小。

2. 流量测量中的防腐措施

（1）定期更换仪表　腐蚀性介质对金属的腐蚀情况是多种多样的。有的腐蚀速度很快，即全面腐蚀；有的腐蚀是轻微的，速度很慢，即局部腐蚀。使用仪表时，要根据腐蚀情况及时更换仪表。

（2）避重就轻　就是在对工艺流程和有关介质特性深入了解的基础上，合理选择测量方案，同样达到计量或对生产过程进行控制的目的，避开腐蚀性强的部位，而选在腐蚀性较轻的部位，甚至更改被控参数的种类。例如（如果可行的话）将流量定值控制系统用液位均匀控制或其他合适的变量控制代替，从而避开流量测量仪表不耐腐蚀的难题。

（3）采用法兰式差压变送器　选用耐腐蚀性能极佳的微晶玻璃孔板，将法兰安装在导压管口上。法兰的隔离膜片采用含钼不锈钢，并在膜片上贴一层聚四氟乙烯隔离，如图 4-45 所示。

（4）采用隔离器　用隔离液将耐腐蚀能力较差的仪表同强腐蚀流体隔离开来。

（5）对于腐蚀性导电液体采用电磁流量计　电磁流量计测量管的内衬材料有多种，其中耐腐蚀性能最好的是聚四氟乙烯；电极材料也有好几种，能满足绝大多数腐蚀性介质的需要；测量管口径从几毫米到 3m，各种规格齐全，能满足各种测量范围的需要；如果

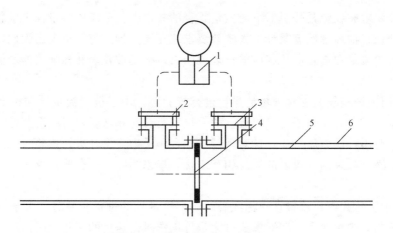

图 4-45　耐腐蚀节流式流量计

1—双法兰式差压变送器　2—测量头　3—聚四氟乙烯膜片　4—耐腐蚀孔板　5—工艺管道内衬　6—工艺管道

流体温度也在允许范围之内，那将是理想的选择。但若流体不导电，电磁流量计就无能为力了。

4.9.2　高黏度流体的流量测量

原油、重油和渣油等具有较高黏度的液体，以前大多采用容积式流量计、靶式流量计等测量流量，现在已有很多改用科氏力质量流量计，其可靠性好，准确度高。流量计配以伴热保温，即使仪表为间歇使用也不致凝结堵塞。但也存在一些必须注意的问题，如介质黏度较高，容易在测量管管壁上黏结，形成"挂壁"现象，从而对测量管的振动频率产生影响，降低测量精确度。当工艺条件为间歇进料时，这一问题更要予以注意。"挂壁"问题主要通过管线吹扫和良好的伴热保温来解决，因此在安装时就得配置适当的清扫系统和伴热保温系统。

高黏度流体流量测量的另一个问题是在黏度较高时仪表压力损失大，在同样流量的条件下，黏度越高压力损失越大。当黏度高到一定程度时就会影响流体输送，为了防止此有害情况的出现，需要监视流体温度。

伴热保温的方法常用的有电热带和蒸气。有的文献建议不要采用电热带，因为电热带伴热易因供热过多导致传感器线圈过热，而用蒸气伴热时，因伴热管中蒸气已进入饱和状态，在采用中低压蒸气伴热的情况下，即使传感器箱体内的温度升到与饱和蒸气温度一样高，也不致达到烧毁线圈的温度。

4.9.3　液固混合流的流量测量

科氏力流量计测量含有少量固体的液体流量时，一般都能取得很好的效果，但当流体中的固体具有强磨蚀作用或为软固体时，就应按流体的特点选用合适类型的测量管。

固体含量较高或含有软固体的流体，很容易在测量管中堵塞。对于双管型测量管，测量管的内径一般不到仪表名义口径的一半，是易堵的原因之一。其次是测量管的形状，在各种形状的测量管中，直形管最不容易堵塞。另外，流体的特性也很重要，有些流体中的固体物由于外形尺寸较大，相互之间摩擦系数大，非常容易堵塞。

测量管一旦被堵塞,如果测量管形状是弯曲的,则疏通非常困难,因此最好的办法是选用直形测量管。

有文献报道,用科氏力质量流量计测量沥青石墨糊的流量时,也工作得很好,但缺少长时间运行后测量管磨蚀情况的数据和仪表精确度变化的数据。有的文献介绍,用垂直安装的直形测量管测量磨蚀作用强的流体,效果最好。

4.9.4 气液两相流的流量测量

液体及其蒸气或组分不同的气体及液体一起流动的现象称为气液两相流。前者称为单组分气液两相流,后者称为多组分气液两相流。气液两相流在动力、化工、石油及冶金等工业设备中是常见的,在流动时气相和液相间存在流速差,在测量流量时应考虑此相对速度。

制造商通常声称含有百分之几体积比游离气体的液体对流量示值影响不大,但其影响值无具体数据。然而有关文献提供的信息表明,液体中含有游离气体对流量示值的影响,不同设计的仪表差异很大,流体的压力、流速、黏度和气体在液体中的分布状态等不同,带来的影响也不一样,因此最好在流量计上游加装消气器。

当液体中含有少量气体时,气体在液体中的分布呈微小气泡状,可用电磁流量计进行测量,只是所测得的为气泡混合物的体积流量。当液体中所含气体数量增加后,气泡的几何尺寸逐渐增大,进而向弹状结构过渡。当气泡的尺寸等于或大于流量计电极端面尺寸并从电极处经过时,电极就有可能被气体盖住,使电路瞬时断开,出现输出晃动现象。

4.9.5 高饱和蒸气压液体的流量测量

下面以液氨为例,讨论乙烯、丙烯及氯乙烯等易蒸发、高饱和蒸气压液体的流量测量。

液氨流量测量同水流量测量、油流量测量相比有以下两个重大的差别:①液氨的饱和蒸气压高,在标准大气压条件下,其沸点为-33.4℃,因此必须在压力条件下输送和储存;②在这种流体的流量测量中容易因仪表的压力损失而在流量计的出口处产生气穴和伴随而来的气蚀现象,引起流量计示值偏高和流量一次装置受损。液态乙烯、丙烯等流量测量中遇到的情况也相同。这里分析的液氨流量测量中遇到的问题及其处理方法,对其他饱和蒸气压较高的液体的流量测量也有参考价值。

1. 液氨流量测量的特点

1)储存在储槽中的液氨的气液分界面一般处于气液平衡状态。图4-46所示为氨厂入库液氨流量测量的典型流程。来自氨冷凝器的合成气、气态氨和液态氨混合物在氨分离器中进行分离,液态氨经流量计和液位调节阀送至低压氨中间槽。显然,图中氨分离器和中间槽的气液分界面处,气液两相均处于平衡状态。

液氨的流量测量中应尽量避免出现两相流。然而接近气液平衡状态的液态氨,在流过流量计时,如果压力损失较大,则很容易引起部分气化,影响测量精确度。

2)流体密度的温度系数较大。从液氨的 $\rho = f(t)$ 函数表可知,在常温条件下,液氨温度每变化1℃,其密度变化0.2%以上,因此液氨计量必须进行温度补偿。

3)精确度要求高。原化工部有关文件要求,液氨计量应达到1级精确度。如果不采取有效措施,是很难达到这个要求的。

4)流体易燃易爆。仪表选型时应选用防爆型仪表,仪表安装、使用和维修中,都应遵守防爆规程。

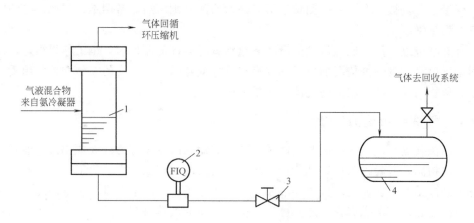

图 4-46　液氨流量测量的典型流程

1—氨分离器　2—流量计　3—液位调节阀　4—氨中间槽

5）被测介质有腐蚀性。氨对铜等材料有强烈的腐蚀作用，因此，仪表与被测介质直接接触的部分应该能够耐受氨的腐蚀，仪表的电子线路部分应有 IP67 及以上的防护能力，以防周围环境中腐蚀性气体对电子线路的腐蚀。

2. 气穴和气蚀及防止流体气化问题

在液体流动的管路中，如果某一区域的压力降低到液体饱和蒸气压之下，那么在这个区域内液体将会产生气泡，这种气泡聚集在低压区域附近，就会形成气穴，发生气穴现象。在装有透明管道的试验装置上，能观察到气穴的存在，它表现为在管道内一个基本不变的区域出现一个气团。

在水流管路中，这种气泡所包含的主要是水蒸气，但是由于水中溶解有一定量的气体，所以气泡中还夹带有少量从水中析出的气体。这种气泡随着水流到达压强高的区域时，气泡中的蒸气会重新凝结为液体，此时气泡会变形破裂，四周液体流向气泡中心，发生剧烈的撞击，压力急剧增高，其值可达几百个大气压，不断破裂的气泡会使管道内壁材料受到不断的冲击，从而使材料受到侵蚀。如果管路上装有流量计，则气蚀现象将引起测量误差增大，并能损坏一次装置。气泡从形成、增长、破裂以及造成材料侵蚀的整个过程就称为气蚀现象。

气蚀现象与热力学中的沸腾现象有所不同，两者虽然都有气泡产生，但是气蚀的起因是由于压强降低，而沸腾则是由于温度升高。

液氨同其他饱和蒸气压较高的流体一样，在流量测量中，流量计的一次装置内或出口端极易出现气穴现象。

处于气液平衡状态的流体，在温度升高或压力降低时，必然有部分液体发生相变。例如液氨在 10℃ 条件下，平衡压力为 0.5951MPa，如果将压力降低一些（例如将氨中间槽中的气态氨排掉一些），则必然引起一定数量的液氨气化，升腾到气相中。由于这一蒸发过程是从液相中吸取气化热，所以，气化现象发生的同时，液相温度下降，一直降低到与槽中新的压力相对应的平衡温度。同样，如果槽中的气相温度下降，则有一部分气态氨变成液态氨，槽中气相压力相应下降。

处于气液平衡状态的氨，在输送过程中，如果温度不变而将其压力升高（例如用泵加

144

压)，或者压力不变而将其温度降低（例如用冷却器将液氨冷却），则液氨进入过冷状态。处于过冷状态的液氨，如果压力降低一些，只要不低于与当时液氨温度相对应的平衡压力，液氨就不会出现气化现象。

液氨储槽或中间槽，总有一定的高度，在稳态情况下，处于气液平衡状态的液氨，仅仅是气液两相分界面处的那一部分，如果槽中无冷却管之类的附件，槽中液体的温度可看作是均匀一致的。因此，分界面以下液位深处的液氨，由于液柱的作用使静压升高，所以进入过冷状态。离分界面越远，液氨的过冷深度越深。

3. 流量计的选用及安装

为了避免在液氨流量测量时出现气化现象，选用下面的设计和安装方法将是有效的。

1）选用压力损失较小的仪表。例如有一液氨流量测量对象的最大流量为 40m³/h，选用涡街流量计时的最大压力损失为 0.02MPa，比选用涡轮流量计的压力损失小；而且，涡街流量计完全没有可动部件，液氨对旋涡发生体也无磨损，因此，可以说其寿命是无限的。

2）合理选择安装位置。流量传感器的安装位置应选择在槽的底部出口管道上，在保证直管段的前提下，与槽的出口处应尽量近些。这样，液氨在输送过程中，可减少经输送管道从大气中吸收的热量。同时，安装位置应尽量低些，这样可提高过冷深度。

3）将调节阀安装在流量计的后面。图 4-46 所示的流程中，氨中间槽与氨分离器之间有较大的差压，此差压绝大部分降落在调节阀上。液氨流过此阀时，压力突然降低，有一定数量的液体气化，从而出现气液两相流，为了避免流过流量计的流体中存在气液两相流，调节阀必须装在流量计的下游。如果氨分离器的液相出口配有切断阀，则正常测量时必须将切断阀开到最大开度。在现场曾经发生过切断阀逐渐关小的同时，流量计示值不仅不下降反而大幅度升高的情况，就是因为切断阀关小时，液氨迅速气化，体积膨胀数十倍到数百倍，从而使输出与体积流量成正比的速度式流量计的输出突然升高，出现短时间的虚假指示。

4）提高过冷深度。横河电机公司提出了该公司生产的 YF100 型涡街流量计的压力损失和不发生气穴现象的管道压力的计算公式，即

$$\Delta p = 1.1\rho v^2 \times 10^{-6}$$

或 $$p \geqslant 2.7\Delta p + 1.3 p_0 \qquad (4\text{-}44)$$

式中，Δp 是压力损失，单位为 MPa；ρ 是液体的密度，单位为 kg/m³；v 是流速，单位为 m/s；p 是最低管道压力（绝对压力），单位为 MPa；p_0 是流体的饱和蒸气压（绝对压力），单位为 MPa。

如果能满足式(4-44)的要求，那么肯定不能产生气穴。从前面的分析可知，对于一种确定的液体，其饱和蒸气压 p_0 是其温度的函数，温度越低 p_0 越低。液氨在进入流量计前，经适度冷却，使温度降低，从而使 p_0 降低，这样，尽管流量计进口压力不变，也能收到不产生气穴的效果。

在氨厂液氨冷却后进入流量计不是一件难事，只要将流量计前一定长度的管道改为夹套管，并引入少量的液氨，经节流膨胀、气化后的氨温度降低，为管中的液氨提供冷量，放出冷量气化后的氨进回收系统。流程示意图如图 4-47 所示。

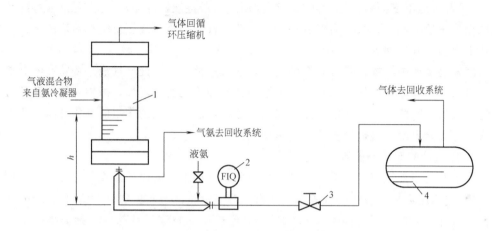

图 4-47　防止产生气穴的措施流程示意图

1—氨分离器　2—流量计　3—液位调节阀　4—氨中间槽

4.9.6　大口径管路液体的流量测量

1. 大口径管路液体流量测量的特点

1) 管路口径大，要求压损越小越好。一般不允许用局部缩径的方法提高流速。

2) 流速一般都不高。新设计安装的管路，一般均选择经济流速。因为流速太低，势必增加管路的投资，流速太高，会造成动力损耗大幅度增加，导致运行成本上升，都是不经济的。但有些老管路，由于增产的需要而提高了流速。

3) 由于流速较低，流体中的污垢、淤泥等极易在管道内壁沉积。进行系统设计时应考虑仪表与流体接触部分的清洗。

4) 测量范围度要求大。有些水管夜间和日间、冬季和夏季流量相差悬殊，多达 10～20倍；有些空调用水，到一定季节干脆就停用，因此，安装在这些水管中的流量计，就要求范围度特别大。

5) 防护等级要求高。大口径管路大多埋地敷设，为的是节省空间，在北方，也是防冻的需要，因此流量传感器大多被安装在仪表井内的管段上。由于雨水、井壁渗透和管路外漏等原因常常引起井内水位上升而淹没流量传感器，所以设计时就应估计到这种情况，选用防持续浸水影响的流量传感器。

2. 流量计的选用和安装

根据大口径管路液体流量测量的特点，经常采用插入式流量计。插入式仪表有点流速计型和径流速计型。其中插入式涡街、涡轮、电磁流量传感器以及皮托管等属点流速计型。差压式均速管流量传感器、热式均速管流量传感器等属径流速计型。

插入式流量计的原理虽多种多样，但其结构却大同小异。

1) 点流速计型传感器由测量头、插入杆、插入机构、转换器和测量管道五部分组成，如图 4-48 所示。

① 测量头，其结构实际上就是一台流量传感器，不过在这里作为局部流速测量的流速计使用。

② 插入杆，支撑测量头的一根支杆，将测量头的信号电缆引至测量管道外部。

③ 插入机构，由连接法兰、插入杆提升机构及球阀组成。可在不断流的情况下将测量头由管道内提升到表体外，以便检查维修。

④ 转换器，测量头信号输出转换的电子部件。

⑤ 测量管道，对于大口径管道一般都不带仪表表体，而是利用工艺管道的一段作为测量管。

在大口径管路流量计中，由于流速普遍较低，泥沙、污垢等容易在仪表表面沉积，因此，插入式流量计常常配套球阀，实现在不断流的情况下拆下仪表进行维护和检查，从而提高测量系统的可靠性。

2) 差压式均速管流量传感器包括检测件（均速管）、阀、插入机构和取压装置等部件，如图 4-49 所示。

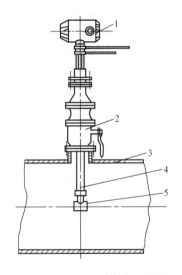

图 4-48　点流速计型传感器结构图
1—转换器　2—插入机构　3—测量管道（壳体）
4—插入杆　5—测量头

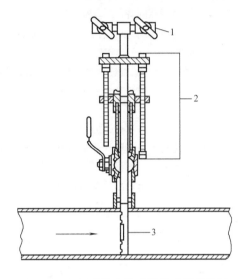

图 4-49　差压式均速管流量传感器结构图
1—取压装置　2—插入机构　3—均速管

从以上的分析可知，在实际选用流量计时，一定要根据测量条件和要求，选用合适的流量计，并严格按照规程安装调试，以便实现精确测量。

本 章 小 结

流量计的特点是种类繁多，这是因为被测介质的复杂性和多样性。首先是被测流体的种类超过万种；其次被测介质在管道中的流动状态不同，可能是层流、紊流和脉动流；被测流体的流量范围相差极大，从每分钟几滴到每小时数百吨；被测介质的温度可相差上百倍，有的高达 600℃ 以上，而有的在零下 259℃；压力的变化范围更大。因此每种流量计只适用于某类介质和一定的流量范围，还没有一种流量计是万能的。

流量计的另一个特点是必须正确使用才能发挥仪表的作用，一定要根据被测流体的性质和范围选择适当的流量计，流量计的选用以适用、可靠为依据，不要追求高、精、尖、新，要根据流量计厂商的要求进行安装和使用。

思考题和习题

1. 写出节流式流量计的流量方程式，其中的流量系数 α 受哪些因素的影响？

2. 画出流体在管道中流过孔板时，其速度和静压力（中心线处和管壁处）随流程变化的曲线，并简述差压式流量计的工作原理。

3. 什么时候采用冷凝器？安装在什么位置？

4. 节流式流量计由哪几部分组成？各部分的安装都有哪些具体要求？

5. 转子流量计使用中，什么时候需要进行刻度换算？为什么？

6. 用转子流量计测量二氧化碳气流量，测量时被测气体温度为 $50℃$，压力为 $1kgf/cm^2$（表压力），如流量计示值在 $80 \sim 90m^3/h$ 之间波动，问此二氧化碳气流量的实际变化范围是多少？已知：标定仪表是在绝对压力为 $1kgf/cm^2$，温度为 $20℃$ 的条件下用空气标定的。标定条件下空气密度为 $1.205kg/m^3$，二氧化碳气密度为 $1.842kg/m^3$，当地大气压力为 $1kgf/cm^2$。

7. 靶式流量计有哪几种标定方法？试简述各种标定方法。

8. 涡街流量计的检测原理是什么？常见的旋涡发生体有哪几种？如何实现旋涡频率的检测？

9. 用椭圆齿轮流量计测量流量时，介质的黏度越大，测量精确度越高。这种说法对吗？为什么？

10. 试说明电磁流量计的工作原理，这类流量计在使用中有什么要求？电磁流量计为什么要采用交变磁场？

11. 试说明超声流量计的工作原理，超声流量计的灵敏度与哪些因素有关？

12. 简述科氏力流量计测量质量流量的原理，并说明安装使用中的注意事项。

13. 质量流量的测量有哪些方法？画出体积流量计与密度计组合构成质量流量计的示意图。

14. 试说明流量标准装置的作用，主要有哪几种类型？

第 **5** 章

物位的测量

【内容提要】

在生产过程中，常常需要对设备内的物位进行测量和调节。通过对物位的测量能为安全生产、质量管理、经济核算以及提高经济效益提供可靠的依据，物位测量在工业生产中占有很重要的地位。

物位测量的方法很多，根据测量原理的不同，物位计分为许多种。本章介绍了物位的基本概念，以及物位测量的特点，详细分析了一些典型物位计的工作原理，介绍了它们的优缺点、应用场合及使用注意事项。

5.1 概述

5.1.1 物位测量的一般概念

在生产过程中常需要对容器中储存的固体（块料、粉料或颗粒）、液体的储量进行测量，以保证生产工艺正常运行和进行经济核算。这种测量通过检测储物在容器中的堆积高度来实现，储物的堆积高度就称为物位。

把储存在罐、塔和槽等容器中以及自然界江、湖、水库等中的液体的高度或自由表面的位置称为液位；把储存在料斗、罐、储仓等容器中的固体块料、颗粒或粉料等的堆积高度或表面位置称为料位；把在同一容器中，两种密度不同且互不相溶的液体之间或液体与固体之间的分界面的位置高度称为界位。而液位、料位和界位统称为物位。

对物位进行测量、报警和自动调节的仪表称为物位测量仪表。其中，测量液位的仪表称为液位计；测量料位的仪表称为料位计；测量界位的仪表称为界位计。

在一般情况下，物位是可以直接由人去观察和测量的参数。但是对于高位、高温、密封和高压的塔或容器中的物位，人无法或不宜直接感知它，就需要借助于物位测量仪表。据我国生产的物位测量仪表系列和工厂的实际应用情况，液位测量在物位测量中占有相当大的比重，所以本章重点介绍液位测量仪表，但是其原理也适用于其他物位测量。

5.1.2 物位测量的工艺特点和主要问题

进行物位测量之前，必须充分了解物位测量的工艺特点。物位测量的工艺特点归纳起来可分为以下几个方面：

1. 液位测量的工艺特点

1）液面是一个规则的表面，但当物料流进、流出时，会有波浪，或者在生产过程中出现沸腾或起泡沫的现象。

2）大型容器中常会出现液体各处的温度、密度和黏度等物理量不相等的现象。

3）容器中常会有高温、高压，或液体黏度很大，或含有大量杂质、悬浮物等。

2. 料位测量的工艺特点

1）物料自然堆积时，有堆积倾斜角，因此料面是不平的，难以确定料位。

2）物料进出时，又存在着滞留区（由于容器结构而使物料不易流动的死角称为滞留区），影响物位最低位置的准确测量。

3）储仓或料斗中，物料内部可能存在大的孔隙，或粉料之中存在小的间隙，前者影响对物料储量的计算，而后者则在振动或压力、湿度变化时使物位也随之变化。

3. 界位测量中最常见的问题

界面位置不明显、浑浊段的存在也影响测准。

以上提到的这些问题，给物位测量带来了不少困难，在选择仪表或设计检测器时，应慎重考虑。所以，目前虽然有种类繁多的物位测量仪表，但是在实际工作中仍然经常要针对特殊需要进行特殊的设计。

5.1.3 物位测量仪表的分类

物位测量仪表的种类很多，而且还在不断发展。按其工作原理可归纳为以下几种：直读式物位测量仪表、浮力式物位测量仪表、静压式物位测量仪表、电磁式物位测量仪表、电容式物位测量仪表、超声波式物位测量仪表和核辐射式物位测量仪表等。此外，还有声学式、称重式、重锤式和旋翼式等。本章只对几种常用的物位测量仪表予以介绍。

5.2 直读式液位计

直读式液位计是一种简单而常用的液位测量仪表，其中最简单的就是直接用直尺插入介质中来测量液位，另外就是用玻璃液位计进行测量。

玻璃液位计是按照连通器液柱静压平衡的原理工作的，其一端接容器的气相，另一端接容器的液相，则管内的液位与容器内的液位相同，读出管上的刻度值便可知容器内的液面高低。

玻璃液位计可以用来测量各种颜色的非黏性介质的液位，但在液位测量时，液体应始终浸没仪器与容器的下连接口，且液面位置应在液位计的标尺范围之内。工业上使用的玻璃液位计的长度为 300～1200mm，可就地指示较低的敞口或密闭容器的液位。如果测量变化较大的液位，则可将几支玻璃管交错起来使用。

玻璃液位计结构简单、价格低廉，一般用在温度及压力不太高的场合就地指示液位的高低。它的缺点是不能测量深色或黏稠介质的液位，另外玻璃易碎，且信号不能远传和自动记录。

玻璃液位计按照其结构可以分为玻璃管式和玻璃板式液位计两种，如图 5-1 和图 5-2 所示。对于温度和压力较高的场合多采用玻璃板液位计。透光式玻璃板液位计适用于测量黏度较小的清洁介质的液位，遮光式玻璃板液位计适用于测量黏度较大的介质的液位。

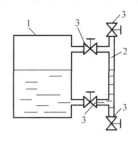

图 5-1　玻璃管液位计
1—被测容器　2—玻璃管
3—阀门

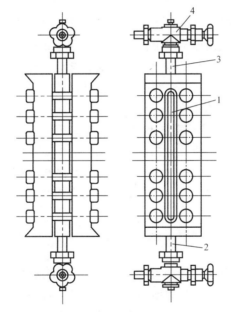

图 5-2　玻璃板液位计
1—玻璃板　2—下金属管　3—上金属管　4—阀门

当用玻璃液位计进行精确测量时，应使容器和仪器中的介质具有相同的温度，以免因密度不同而引起示值误差。此外，当使用玻璃液位计时，管径不宜太小，以免因毛细现象而引起示值误差。另外，还应尽量减小连通管上的流动阻力，以减小液位快速变化时产生的动态误差。为了改善仪表的动态性能，也不能把连通管上的阀门省掉。因为，当玻璃管或玻璃板一旦发生损坏时，可利用连通管上的阀门进行切断，以免事故扩大。

5.3　浮力式液位计

当一个物体浸放在液体中时，液体对它有一个向上的浮力，浮力的大小等于物体所排开的那部分液体的重量。浮力式液位计就是基于液体浮力原理而工作的，根据液位计中浮力的不同特点将液位计分为浮子式和浮筒式液位计两种。通过测量漂浮于被测液面上的浮子（或称浮标）随液面变化而产生的位移来检测液位的液位计称为浮子式（或恒浮力式）液位计；利用沉浸在被测液体中的浮筒（或称沉筒）所受的浮力与液面位置的关系来检测液位的液位计称为浮筒式（或变浮力式）液位计。

浮子式液位计和浮筒式液位计的主要区别在于，浮子式液位计的浮子始终浮在介质上面，并随液位的变化而 $1:1$ 变化；浮筒式液位计的浮筒则部分沉在介质中，当液位变化时，浮筒的位移极小。

浮力式液位计目前应用比较广泛，其主要优点是不容易受到外界环境的影响；浮子或浮筒直接受浮力推动，比较直观、可靠；结构简单、维修方便等。但由于这类液位计具有可动部件，故容易受摩擦作用而影响它的灵敏度和增大误差，而且可动部件易被污垢、锈蚀卡死而影响其可靠性。另外，由于浮筒或浮子要垂直或横伸于容器中，故所占空间较大。

5.3.1　浮子式液位计

浮子式液位计的特点是它的浮子由于受到液体浮力作用而漂浮于液面上，并随液位的变化而升降，即浮子的位移正确地跟随液位而变化。浮子式液位计中的浮子始终漂浮在液面上，其所受浮力为恒定值。常见的浮子式液位计可分为钢丝绳（或钢带）式浮子液位计、杠杆浮球式液位计和依靠浮子电磁性能传递信号的液位计。

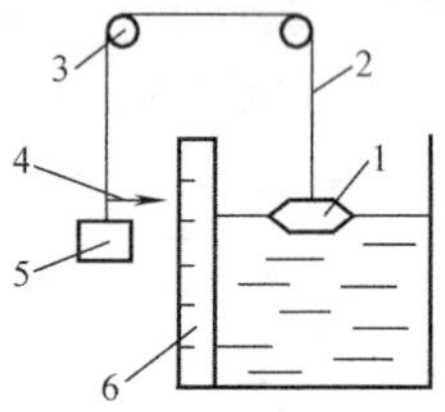

图 5-3　钢丝绳式浮子液位计

1—浮子　2—钢丝绳

3—滑轮　4—指针

5—平衡锤　6—标尺

1. 钢丝绳（或钢带）式浮子液位计

钢丝绳（或钢带）式浮子液位计的结构如图 5-3 所示。将浮子用钢丝绳连接并悬挂在滑轮上，钢丝绳的另一端挂有平衡重物及指针，利用浮子重力和所受浮力之差与平衡重物的重力相平衡，使浮子漂浮在液面上，则有

$$W-F=G \tag{5-1}$$

式中，W 为浮子的重力；F 为浮子所受的浮力；G 为平衡重物的重力。

当液面上升时，浮子所受的浮力增加，则 $W-F<G$，原有平衡被破坏，浮子向上移动，而浮子上移的同时浮力又下降，直到 $W-F$ 重新等于 G 时，浮子将停在新的液位上；反之，当液面下降时，浮子所受的浮力减小，则 $W-F>G$，原有平衡也被破坏，浮子向下移动，而浮子下移的同时浮力又增加，直到 $W-F$ 重新等于 G 时，浮子将停在新的液位上。在浮子随液位升降时，机械传动部分带动指针便可指示出液位的高低。如果需要将信号远传，则可通过传感器将机械位移转换为电或气信号。

浮子通常为空心的金属或塑料盒，有许多种形状，一般为扁平状。

图 5-3 所示的液位计只能用于敞口或低压容器中测量液位，由于机械传动部分暴露在周围环境中，使用日久摩擦增大，液位计的误差就会相应增大，因此这种液位计只能用于不太重要的场合。

如图 5-4 所示，测量密闭容器中的液位时，在密闭容器中设置一个测量液位的通道，在通道的外侧装有浮子和磁铁，通道的内侧装有铁心。当浮子随液位上下移动时，铁心被磁铁吸引而同步移动，通过钢丝绳带动指针指示液位的高低。

钢丝绳（或钢带）式浮子液位计也称罐表，可用于拱顶罐、球罐及浮顶罐等的液位测量，它的测量范围宽，可达 0～25m；精确度高，用于液位测量时，可达±5mm，用于计量时，可达±2mm。钢丝绳式浮子液位计的精确度受多种因素的影响，如测量过程中，钢丝绳的长度变化引起重量变化，致使浮子浸入液体的深度改变；温度变化致使钢丝绳热胀冷缩，引起长度变化；温度变化时，液体密度随之变化，引起测量误差；罐内储量增多时，罐的应力变形引起计量误差等。其中，以钢丝绳热胀冷缩造成的影响最大，例如，10m长的钢丝绳，温度变化 30℃时，长度变化 4.8mm，温度变化 100℃时，长度变化 16mm。

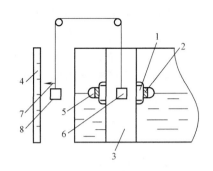

图 5-4 密闭容器中用浮子液位计测量液位示意图
1—导轮 2—磁铁 3—非导磁管
4—标尺 5—浮子 6—铁心
7—指针 8—平衡锤

为了提高测量精确度，一种办法是在钢丝绳打孔时，孔距预留一定裕量加以补偿，但其精确度最高可达到 4～5mm。另一种方法，也是较为理想的办法是采用微处理器自动进行各种补偿。

2. 杠杆浮球式液位计

杠杆浮球式液位计的基本结构如图 5-5 所示。这种仪表的结构是一个机械杠杆系统。杠杆的一端连接空心浮球，另一端装有平衡锤，所以是力矩平衡式仪表。不锈钢空心浮球伸入容器中，并有一半浸在介质内，随着容器内液位的升降而上下移动，通过杠杆支点，在另一端（即平衡锤一端）产生相反方向的移动，从而带动指针在标尺上指示被测液位，或推动微动开关，使触头断开或导通，发出报警信号，或者通过转换机构，输出相应的电流或气压信号，也可用差动变压器等方法将信号远传。

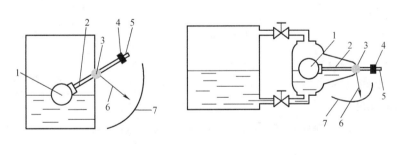

a) 内浮式   b) 外浮式

图 5-5 杠杆浮球式液位计
1—浮球 2—连杆 3—转动轴 4—平衡锤 5—杠杆 6—指针 7—标尺

杠杆浮球式液位计分为内浮式（如图 5-5a 所示）和外浮式（如图 5-5b 所示）两种。使用时若有沉淀物或凝结物附在浮球上，则要重新调整平衡锤的位置，校正零位。这类仪表变化灵活，容易适应介质的温度、压力和黏度等条件，但受机械杠杆长度的限制，测量范围较小。

3. 翻板式液位计

翻板式液位计如图 5-6 所示。翻板由极薄的导磁金属制成，每片宽 10mm，垂直排列，均能绕框架上的小轴旋转。翻板的一面涂有红漆，另一面涂有银灰漆。工作时，液位计的连通管经法兰与容器相连，构成一个连通器。连通容器中间有浮标，它随着液位的变化而变化。浮标中间有一磁钢，其位置正好与液位相一致。当液位上升时，磁钢将吸引翻板，并将它们逐个翻转，使红色的一面在外边；下降时，又将它们翻过来，使银灰色的一面在外边。若从 A 面看，则两种颜色的分界点即为液位，十分醒目。

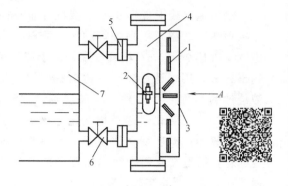

图 5-6　翻板式液位计

1—翻板　2—内装磁钢的浮标　3—翻板支架　4—连通容器　5—连接法兰　6—阀门　7—被测容器

5.3.2　浮筒式液位计

浮筒式液位计的检测元件是浸没于液体中的浮筒。浮筒所受浮力随位移变化而发生变化。此浮力变化再以力或位移变化的形式，带动电动或气动元件发出信号给显示仪表以显示液位，也可以实现液位的报警或调节。这种液位计主要由变送器和显示仪表两部分组成。浮筒的长度就是仪表的量程，一般为300～2000mm。

1. 带有差动变压器的浮筒式液位计

这种液位计的原理如图 5-7 所示。将一重力为 G 的等截面圆柱形金属浮筒悬挂在弹簧上，此时浮筒所受的重力与弹簧的拉力平衡。当浮筒的一部分浸没在液体中时，由于受到浮力作用它将向上浮动，直至与弹簧拉力重新建立平衡为止。平衡时的关系为

$$Cx = G - A\rho gH \qquad (5\text{-}2)$$

式中，C 为弹簧的刚度；x 为弹簧的压缩位移；A 为浮筒的截面积；ρ 为液体的密度；g 为重力加速度；H 为浮筒被液体浸没的深度。

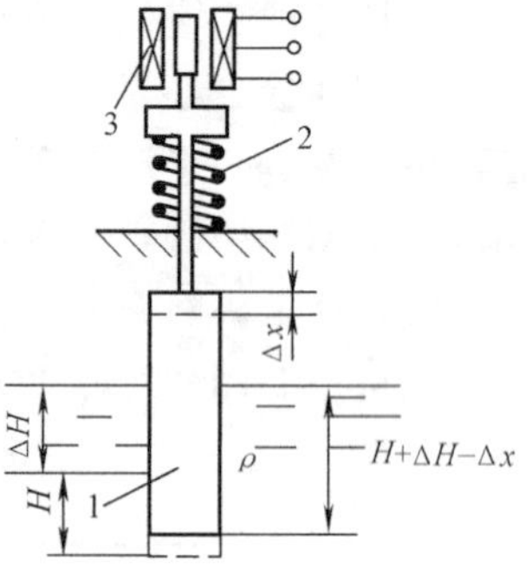

图 5-7　带有差动变压器的浮筒式液位计

1—浮筒　2—弹簧　3—差动变压器

若液位发生变化，例如升高 ΔH，浮筒要向上移动 Δx，则

$$C(x - \Delta x) = G - A\rho g(H + \Delta H - \Delta x) \qquad (5\text{-}3)$$

将式(5-2) 和式(5-3) 相减并整理得

$$\Delta H = \left(1 + \frac{C}{A\rho g}\right)\Delta x = K\Delta x \qquad (5\text{-}4)$$

式(5-4) 表明，浮筒产生的位移 Δx 与液位变化 ΔH 成正比。

若在浮筒的连杆上端装上差动变压器的铁心，通过差动变压器便可输出相应的电信号，从而测量出相应的液位高低。

2. 扭力管式浮筒液位计

这是将浮筒所受浮力的变化转换成机械角位移的一种浮筒式液位计，如图 5-8 所示。浮

筒随液位的升降可以通过扭力管 3 转换为角位移，并经芯轴 4 及推杆 5 使霍尔片 6 的位置发生变化，从而产生霍尔电动势。霍尔电动势的大小与霍尔片在磁场中的位移成正比。霍尔电动势经信号处理后变为直流电流，可与电动单元组合仪表配套使用，实现液位的自动调节和记录。

应当指出，这种液位计的输出信号不仅与液位有关，并且与被测液体的密度有关，因此在密度发生变化时，必须进行修正。

图 5-8　扭力管式浮筒液位计
1—浮筒　2—杠杆　3—扭力管
4—芯轴　5—推杆　6—霍尔片

3. 浮筒式液位计的校验

浮筒式液位计的校验方法主要有挂重法和水校法两种。

（1）挂重法（又称干法）　挂重法校验浮筒式液位计，是将浮筒取下后，加上与各校验点对应的某一砝码重力来校验的。该重力为浮筒重力（包括挂链重力）与液面在该校验点时浮筒所受浮力之差，该浮力 F_H 可由下式求得：

$$F_H = \frac{\pi D^2}{4}(L-H)\rho_2 g + \frac{\pi D^2}{4}H\rho_1 g = \frac{\pi D^2}{4}[L\rho_2 g + H(\rho_1-\rho_2)g] \tag{5-5}$$

式中，F_H 为液面在被校验点 H 处时浮筒所受的浮力；D 为浮筒的外径；L 为浮筒的长度（仪表量程）；H 为浮筒被浸没的长度；ρ_1 为液相介质的密度；ρ_2 为气相介质的密度。

当 $\rho_1 \gg \rho_2$ 时，式(5-5) 变为

$$F_H = \frac{\pi D^2}{4}H\rho_1 g \tag{5-6}$$

例 5-1　设一浮筒式液位计中浮筒的重力 $G_1 = 14.41N$，挂链重力 $G_2 = 0.46N$，浮筒的外径 $D = 13mm$，浮筒的长度 $L = 4600mm$，液相介质的密度 $\rho_1 = 0.85g/cm^3$，气相介质的密度 $\rho_2 = 0.00165g/cm^3$，用挂重法校验时所用托盘重力 $G_3 = 2.59N$，现求：当校验点为全量程的 0%、50%、100%时，应分别加多重的砝码？

解：由题意可知，当液位为全量程的 0%时，浮筒所受浮力 F_0 为零，即应加砝码重力为

$$G_0 = G_1 + G_2 - G_3 = (14.41 + 0.46 - 2.59)N = 12.28N$$

当液位为 50%时，浮筒所受浮力 F_{50} 为

$$F_{50} = \frac{\pi D^2}{4}H_{50}\rho_1 g = \frac{\pi \times 13^2 \times 10^{-6}}{4} \times 0.85 \times 10^3 \times 9.8 \times 2.3N = 2.54N$$

所以，应加砝码重力为

$$G_{50} = G_1 + G_2 - G_3 - F_{50} = (14.41 + 0.46 - 2.54 - 2.59)N = 9.74N$$

当液位为 100%时，浮筒所受浮力 F_{100} 为

$$F_{100} = \frac{\pi D^2}{4}H_{100}\rho_1 g = \frac{\pi \times 13^2 \times 10^{-6}}{4} \times 0.85 \times 10^3 \times 9.8 \times 4.6N = 5.08N$$

所以，应加砝码重力为

$$G_{100} = G_1 + G_2 - G_3 - F_{100} = (14.41 + 0.46 - 5.08 - 2.59)N = 7.2N$$

（2）水校法（又称湿法）　这是现场常用的方法，当被测介质是水时，可直接用水校验，若不是水，也可通过换算用水代校。

设浮筒长度（即全量程）为 L，重力为 G，截面积为 A，被测介质的密度为 ρ_x，水的密度为 $\rho_水$。当浮筒的一部分长度被水或被测介质浸没时，浮筒的指示重力（即浮筒重力与所受浮力的差值）分别为 $G'_水$ 或 G'_x，可用下式表示：

$$G'_水 = G - Al_水\rho_水 g \tag{5-7}$$

$$G'_x = G - Al_x\rho_x g \tag{5-8}$$

由于扭力管的扭角是由浮筒重力与所受浮力的差值所决定，所以当用水来代替被测介质进行校验时，对应于相同的输出，浮筒的指示重力必须相等，即 $G'_水 = G'_x$。由式(5-7) 和式(5-8)可得知，用水代校时浮筒应被水浸没的相应长度为

$$l_水 = \frac{\rho_x}{\rho_水}l_x \tag{5-9}$$

在校验满量程时，浮筒应被水浸没的长度为

$$l_水 = \frac{\rho_x}{\rho_水}L$$

例 5-2　已知浮筒的长度为 300mm，水的密度为 1.0g/cm^3，被测液体的密度为 0.82g/cm^3，如何用水校法进行校验？

解：用水代校时，浮筒应被水浸没的最大长度为

$$l_水 = \frac{\rho_x}{\rho_水}L = \frac{0.82}{1.0} \times 300\text{mm} = 246\text{mm}$$

校验时再将 246 分为五等份，调整液位计使相应输出为全量程的 20%、40%、60%、80%、100% 即可。

应用浮筒式液位计测量两种液体的界位时，用水代校的方法与上述基本相同。

例 5-3　有一测量界位的浮筒式液位计，其浮筒长度为 $L = 300\text{mm}$，被测液体的密度分别为 $\rho_1 = 0.82\text{g/cm}^3$ 和 $\rho_2 = 1.24\text{g/cm}^3$，试用水校法对其进行校验。

解：在最高界位，即浮筒全部被重组分液体所浸没时：

$$l'_水 = \frac{300 \times 1.24}{1.0}\text{mm} = 372\text{mm}$$

在最低界位，即浮筒全部被轻组分液体所浸没时：

$$l''_水 = \frac{300 \times 0.82}{1.0}\text{mm} = 246\text{mm}$$

由此，便可知用水代校时界位的变化范围为

$$\Delta l_水 = (372 - 246)\text{mm} = 126\text{mm}$$

很明显，在最高界位时，对应的水位高度已经超出了浮筒长度，这时，可将零位降到 $(300-126)\text{mm} = 174\text{mm}$，使水位在 174～300mm 范围时，与全量程范围内的输出信号呈线性关系。最后，再通过零点迁移使 246mm 水位对应输出信号的下限值。

浮筒式液位计适用于测量范围在 200mm 以内、密度为 0.5～1.5g/cm^3 的液体液位的连续测量，以及测量范围在 1200mm 以内、密度差为 0.1～0.5g/cm^3 的液体界位的连续测量。

真空对象、易气化的液体宜选用浮筒式液位计。

5.4 静压式液位计

容器中盛有液体或固体物料时，物体对容器的底部或侧壁会产生一定的静压力。当液体的密度均匀，或固体颗粒及物料的密度与疏密程度均匀时，此静压力与物料的物位高度成正比。测出这个静压力的变化就可知道物位的变化。在测量液面上部空间气相压力有波动的密闭容器的液位时，则采用测量差压的方法。把通过测静压力或静差压来测量液位的仪表统称为静压式液位计。

把液位测量转化为静压力或静差压的测量，这就使得液位测量大为简化。例如，可用高精度压力表、单管压力计以及电动单元组合仪表的差压变送器等测量液位。因此，静压式液位计在工业生产中得到了广泛的应用。

静压式液位计是根据液柱静压与液柱高度成正比的原理来实现的，其原理如图 5-9 所示。根据流体静力学原理，可得 A、B 两点之间的压力差为

$$\Delta p = p_B - p_A = \rho g H \qquad (5\text{-}10)$$

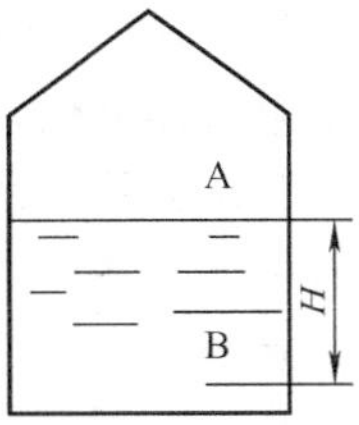

式中，p_A 为容器中 A 点的静压；p_B 为容器中 B 点的静压；H 为液柱的高度；ρ 为液体的密度。

图 5-9　静压式液位计的检测原理图

当被测对象在敞口容器中时，p_A 为大气压，则式(5-10) 变为

$$p = p_B - p_A = \rho g H \qquad (5\text{-}11)$$

式中，p 为 B 点的表压力。

由式(5-10) 和式(5-11) 可知，在测量过程中，如果液体密度 ρ 为常数，那么在密闭容器中 A、B 两点之间的差压 Δp 与液面高度 H 成正比；而在敞口容器中，表压力 p 与 H 成正比，也就是说测出 Δp 或 p 就可以知道密闭容器或敞口容器中的液位高度。因此凡是能够测量压力或差压的仪表，只要量程合适，都可以用于测量液位。

5.4.1　压力计式液位计

压力计式液位计是根据测压仪表测量液位的原理制成的，用来测量敞口容器中液体的液位，其原理如图 5-10 所示。测压仪表通过导压管与容器底部相连，由式(5-11) 可知，当液体的密度 ρ 为常数时，由测压仪表的指示值便可知道液面的高度。因此，用此法进行测量时，要求液体的密度 ρ 必须为常数，否则将引起误差，另外测压仪表实际指示的压力是液面至测压仪表入口之间的静压力，当测压仪表入口与取压点（零液位）不在同一水平位置时，应对其位置高度差引起的固定压力进行修正。

从测量原理看，这种方法比较简单，而且测量范围不受限制，信号可以远传。但是，其精确度受到测压仪表精度的限制，而且只适用于敞口容器中液体液位的测量，当液体密度发生变化时，会引入一定的误差。如果

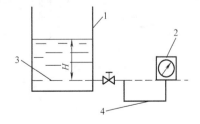

图 5-10　压力计式液位计
1—容器　2—测压仪表
3—零液位面　4—导压管

被测介质具有腐蚀性，则应在仪表与被测液体之间加装隔离罐。但是应注意隔离液与被测液体之间不能发生互溶现象。

现在随着压力传感器技术的不断发展，高性能的静压式液位计，如扩散硅式液位计、投入式液位计和刻纹光纤式液位计等已被广泛应用。

5.4.2 差压式液位计

用压力计式液位计测量密闭容器中液体的液位时，压力表的示值包含了液面上部的气相压力，而此压力不一定是定值，所以用这种液位计测量液位时会引起较大的误差。为消除气相压力的影响，需采用差压式液位计。在对密闭容器中液体的液位进行测量时，容器下部的液体压力不仅与液位有关，还与液面上部的介质压力有关。根据式(5-10)可知，在这种情况下，可以用测量差压的方法来获得液位，如图5-11所示。

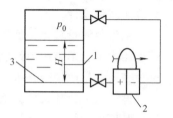

图 5-11 差压式液位计
的原理示意图
1—容器 2—差压计 3—零液位面

和压力检测法一样，差压检测法的差压指示值除了与液位有关外，还与液体密度和差压计的安装位置有关。当这些因素对测量结果影响较大时，就必须进行修正。

5.4.3 法兰式压力变送器的应用

在测量有腐蚀性或含有结晶颗粒以及黏度大、易凝固等液体的液位时，易发生导压管线被腐蚀、被堵现象。为解决这个问题，需采用法兰式压力（差压）变送器。

图5-12所示是用法兰式压力变送器测量液位的原理图，由于容器与测压仪表之间用法兰将管路连接，故称法兰式液位计。对于黏稠液体或凝结性的液体，应在导压管处加隔离膜片，导压管内充入硅油，借助硅油传递压力。

图5-13所示的法兰式差压变送器的法兰直接与容器上的法兰相连接，作为敏感元件的测量头（金属膜盒）经毛细管与变送器的测量室相通。在膜盒、毛细管和测量室所组成的密闭系统内充有硅油，作为传压介质，毛细管外套以金属蛇皮管保护，法兰测量头的结构形式分为平法兰和插入式法兰两种。

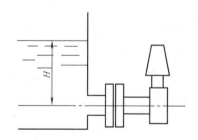

图 5-12 法兰式液位计的原理示意图

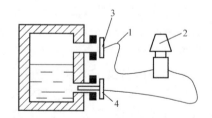

图 5-13 法兰式差压变送器
1—毛细管 2—变送器 3—平法兰测量头
4—插入式法兰测量头

法兰式差压变送器适宜于测量腐蚀性、结晶性、黏稠性和含有悬浮物的液体的液位和界位。而用普通差压变送器测量这些介质的液位时，或者根本测不了，或者需要灌隔离液。而隔离液在使用过程中是很容易被冲走或挥发掉的，特别在开工过程中，更是如此，因此需要不断地调整零点，而普通差压变送器的调零是很麻烦的。

但是，法兰式差压变送器比普通的差压变送器贵，而且有的法兰式差压变送器毛细管内的充灌液很容易渗漏掉。而一经渗漏，一般用户就很难修复。法兰式差压变送器的反应也比普通的差压变送器迟缓，特别是天冷的时候，仪表的灵敏度更低。此外，法兰式差压变送器的测量范围还受毛细管长度的限制。因此，使用哪一种差压变送器进行测量，要视具体的情况而定。

5.4.4 静压式液位计的零点迁移

无论是压力检测法还是差压检测法都要求取压口（零液位）与压力（差压）检测仪表的入口在同一水平高度上，否则就会产生附加静压误差。但是，在实际安装时不一定能满足这个要求。如地下储槽，为了读数和维护的方便，压力检测仪表不能安装在所谓零液位的地方；采用法兰式差压变送器时，由于从膜盒至变送器的毛细管内充有硅油，无论差压变送器在什么高度，一般均会产生附加静压。在这种情况下，可通过计算进行校正，更多的是对压力（差压）变送器进行零点调整，使它在只受附加静压（静压差）时输出为"0"。

1. 无迁移

如图 5-14 所示，两个不同形式的液位测量系统中，将差压变送器的正压室与容器下部的取压点相连通，负压室与大气或容器上部相连通，作为测量仪表的差压变送器的输入差压 Δp 和液位 H 之间的关系都可以用式(5-10)表示。

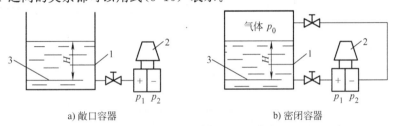

a) 敞口容器   b) 密闭容器

图 5-14 无迁移液位测量系统

1—容器 2—变送器 3—零液位面

当 $H=0$ 时，差压变送器的输入差压 Δp 也为 0，可用下式表示：

$$\Delta p \mid_{H=0} = 0 \tag{5-12}$$

显然，当 $H=0$ 时，差压变送器的输出也为 0（下限值），相应地，显示仪表指示为 0，这时不存在零点迁移问题。对于 DDZ-Ⅲ型差压变送器，当液位 $H=0$ 时，其输出为 DC 4mA；当 H 为最高液位时，变送器的输出为 DC 20mA。

2. 正迁移

出于安装、检修等方面的考虑，差压变送器往往不安装在液位基准面上。图 5-15 所示的液位测量系统，和图 5-14a 所示的液位测量系统的区别仅在于差压变送器安装在液位基准面下方 h 处，这时，作用在差压变送器正、负压室的压力分别为

$$p_1 = \rho g(H+h) + p_0$$

$$p_2 = p_0$$

差压变送器的输入差压为

$$\Delta p = p_1 - p_2 = \rho g(H+h) \qquad (5\text{-}13)$$

所以

$$\Delta p \big|_{H=0} = \rho g h \qquad (5\text{-}14)$$

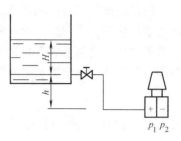

图 5-15　正迁移液位测量系统

就是说，当液位 H 为 0 时，差压变送器仍有一个固定输入差压 $\rho g h$，这就是从液体储槽底面到差压变送器正压室之间的那一段液相导压管液柱的压力。因此，差压变送器在液位为零时会有一个相当大的输出值，给测量过程带来诸多不便。为了保持差压变送器的零点（输出下限）与液位零点的一致，要对差压变送器进行零点正迁移。

3. 负迁移

图 5-16 所示的液位测量系统，和图 5-14b 所示测量系统的区别在于它的气相导压管中充满的不是气体而是冷凝水（其密度与容器中水的密度近似相等）。这时，差压变送器正、负压室的压力分别为

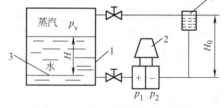

图 5-16　负迁移液位测量系统
1—容器　2—变送器　3—零液位面　4—冷凝罐

$$p_1 = p_v + \rho g H$$
$$p_2 = p_v + \rho g H_0$$

差压变送器的输入差压为

$$\Delta p = p_1 - p_2 = \rho g(H - H_0) \qquad (5\text{-}15)$$

所以

$$\Delta p \big|_{H=0} = -\rho g H_0 \qquad (5\text{-}16)$$

就是说，当液位为零时，差压变送器将有一个很大的负的固定输入差压，为了保持差压变送器的零点（输出下限）与液位零点一致，要对差压变送器进行零点负迁移。

需要特别指出的是，对于图 5-16 所示的液位测量系统，由于液位 H 不可能超过气相导压管的高度 H_0，所以 $\Delta p = \rho g(H - H_0)$ 必然是一个负值。如果差压变送器不进行迁移处理，则无论液位有多高，变送器都不会有输出，测量就无法进行。

5.4.5　静压式液位计的特点及选型

1. 静压式液位计的特点

静压式液位计的性能稳定、测量精确度高，是应用最广泛的一种仪表。利用静压式液位计测量液位具有如下特点：

1）检测元件不占容器空间，而只需在容器侧壁上开两个引压孔。

2）检测元件无可动部件，安装方便，使用可靠。

3）采用法兰式结构还可以解决黏度大、易结晶、有悬浮物的介质液位的测量。

4）在冬季使用时，须采用保温措施，以防止隔离罐、导压管及仪表内的液体冻结，影响正常的测量。

2. 静压式液位计的选型

1) 腐蚀性、结晶性、黏稠性、易气化和含悬浮物的液体，宜选用平法兰式差压变送器。

2) 高结晶、高黏性、结胶性和沉淀性的液体，宜选用插入式法兰差压变送器。

3) 对于在环境温度下气相可能冷凝、液相可能气化或气相有液体分离的对象，在难于使用法兰式差压变送器而使用普通差压变送器进行测量时，应视具体情况分别设置隔离器、分离器、气化器和平衡容器等部件，或对测量管线保温和伴热。

4) 用差压式液位计测量锅炉锅筒液面时，所采用的双室平衡容器应为温度补偿型的。

5.5 电容式物位计

电容式物位计是将物位的变化转换成电容量的变化来进行物位测量的仪表。它由传感器和电容检测电路两大部分组成。传感器部分结构简单，使用比较方便。但因电容变化量较小，要精确测量，就需借助于比较复杂的电子电路才能实现。另外，被测介质的温度、浓度等变化时，对电容变化量也有影响，使用时应及时调整仪表，以保证精确度。

电容式物位计适用于各种导电、非导电液体的液位或粉状物料料位的远距离连续测量和指示，也可以和电动单元组合仪表配套使用，以实现液位或料位的自动记录、控制和调节。由于它的结构简单，没有可动部分，因此应用范围较广。

任何两种导电材料做成的平行平板、同轴圆筒等，中间隔以不导电的介质，就组成了电容器。图 5-17 所示是由两个同轴圆筒极板组成的电容器。若在两圆筒之间隔以介电常数为 ε 的介质，则此电容器的电容量 C 为

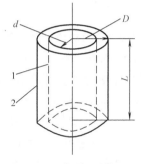

图 5-17　同轴圆筒电容器的组成示意图
1—内电极　2—外电极

$$C = \frac{2\pi\varepsilon L}{\ln\dfrac{D}{d}} \qquad (5\text{-}17)$$

式中，L 为两极板相互遮盖部分的长度；d 为内电极的外径；D 为外电极的内径；ε 为介电常数，$\varepsilon = \varepsilon_0\varepsilon_r$，其中 ε_0 为真空介电常数，$\varepsilon_0 = 8.84 \times 10^{-12}\,\text{F/m}$，$\varepsilon_r$ 为介质的相对介电常数，如 $\varepsilon_{r\text{水}} = 80$、$\varepsilon_{r\text{甲醇}} = 37$、$\varepsilon_{r\text{苯}} = 2.3$ 等。

由式(5-17) 可以看出，只要 ε、L、D、d 中任何一个参数发生变化，就会引起电容量 C 的变化。电容式物位计就是将物位变化转换成这些参数的变化，从而引起电容量变化而制成的。

电容式物位计视用途不同，有多种形式，归纳起来可以分为导电液体、非导电液体和固体物料三种不同用途的电容式物位计。

5.5.1 导电介质用电容式物位计

图 5-18 所示为测量导电介质液位的电容式物位计原理图。1 是直径为 d 的紫铜或不锈钢电极，外套聚四氟乙烯塑料绝缘管或涂以搪瓷作为电介层和绝缘层 2。假设直径为 D_0 的容器 4 是金属的，则当容器中没有液体时，电介层为空气加塑料或搪瓷，电极覆盖长度为整个 L；当导电介质液位为 H 时，则导电介质就是电容器的另一极板的一部分，在高度 H 的

范围内作为电容器外电极的液体部分的内径为 D，内电极的外径为 d，于是整个电容器的电容量为

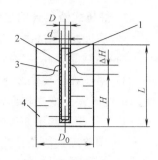

$$C = \frac{2\pi\varepsilon H}{\ln(D/d)} + \frac{2\pi\varepsilon'(L-H)}{\ln(D_0/d)} \qquad (5\text{-}18)$$

式中，ε 为绝缘层或绝缘套管的介电常数；ε' 为电极绝缘层和容器内气体共同组成的介质的等效介电常数。

当容器中的液体放空，即 $H=0$ 时，电极与容器组成的电容器的电容量 C_0 为

$$C_0 = \frac{2\pi\varepsilon'L}{\ln(D_0/d)} \qquad (5\text{-}19)$$

图 5-18　测量导电介质液位
的电容式物位计原理图

1—内电极　2—绝缘套管（电介层）
3—虚假液位　4—容器

将式(5-18) 与式(5-19) 相减，便得到液位为 H 的电容变化量 ΔC：

$$\Delta C = C - C_0 = \frac{2\pi\varepsilon H}{\ln(D/d)} + \frac{2\pi\varepsilon'H}{\ln(D_0/d)} \qquad (5\text{-}20)$$

若 $D_0 \gg d$，而 $\varepsilon' \leqslant \varepsilon$，则式(5-20) 的第二项可忽略，于是得到电容变化量为

$$\Delta C = \frac{2\pi\varepsilon H}{\ln(D/d)} = K_i H \qquad (5\text{-}21)$$

式中，K_i 为液位计的灵敏度系数。

实际上，对于一个具体的液位计，D、d 和 ε 是基本不变的，故测量电容变化量 ΔC 即可知道液位 H。由式(5-21)可知，介电常数 ε 越大，D 与 d 的值越接近，则仪表的灵敏度越高。如果在测量过程中 ε 和 ε' 发生变化，则会使测量结果产生附加误差。

在测量黏性导电介质的液位时，由于介质沾染电极相当于增加了液位（因为介质是作为电容的一个极板）。这个增加的高度 ΔH 是一个虚假液位（如图 5-18 中 3 所示），它大大影响了仪表的精度，甚至使仪表不能工作。为了消除虚假液位的影响，通常采用如下方法：

1）采用与被测介质亲和力小的材料做电极套管，以减小液体的沾染。较常用的材料有聚四氟乙烯或聚四氟丙烯套管。

2）采用隔离型电极。如图 5-19 所示，内电极 1 与外电极 3 相互绝缘，外电极的下端装有隔离波纹管 2，波纹管中充以部分介电常数尽可能大而黏度很小的非导电液体 4。当被测黏性液体 6 的液位变化时，波纹管所受压力变化，使它内部所充液体在两极间隙中升降，从而改变了内、外电极间的电容量。这时被测介质对外电极的黏附（即虚假液位 5）对测量结果影响很小，可以忽略。

5.5.2　非导电介质用电容式物位计

测量非导电介质的液位时，其电容式物位计的结构原理图如图 5-20 所示。它是由内电极 1 和与之相绝缘的同轴金属套管制成的外电极 2 组成的。为使被测介质能顺利通过，在外电极上开有许多流通小孔 4，内、外电极用绝缘套管 3 绝缘。对于空容器，即液位为零时，此电容器的电容量为

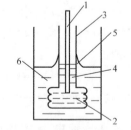

图 5-19　采用隔离型电极消除
虚假液位的影响

1—内电极　2—隔离波纹管
3—外电极　4—波纹管内所充介质
5—虚假液位　6—被测黏性液体

$$C_0 = \frac{2\pi\varepsilon_0 L}{\ln(D/d)} \qquad (5\text{-}22)$$

式中，ε_0 为空气的介电常数；d 为内电极的外径；D 为外电极的内径。

当液位为 H 时，其电容量变为

$$C = \frac{2\pi\varepsilon H}{\ln(D/d)} + \frac{2\pi\varepsilon_0 (L-H)}{\ln(D/d)} \qquad (5\text{-}23)$$

电容变化量为

$$\Delta C = C - C_0 = \frac{2\pi(\varepsilon - \varepsilon_0)H}{\ln(D/d)} = K_i H \qquad (5\text{-}24)$$

式中，K_i 为液位计的灵敏度系数。

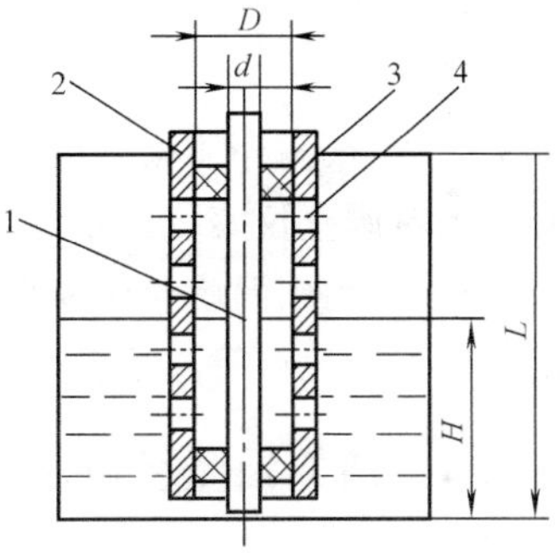

从式(5-24)可以看出，电容变化量 ΔC 与液位 H 成正比，测出电容量的变化，便可知道液位。从该式还可以看出，被测介质的介电常数差别越大，D/d 越接近于 1，液位计的灵敏度越高。

若被测介质是黏性非导电液体，其测量结果也会受到虚假液位的影响，但一般很小，可以忽略。

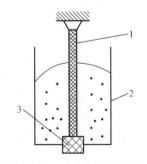

图 5-20　非导电介质的液位测量

1—内电极　2—外电极
3—绝缘套管　4—流通小孔

5.5.3　固体物料用电容式物位计

因为固体物料的摩擦较大，容易"滞留"，所以一般不用双层式电极。对于非导电固体的料位，可采用以电极棒和容器壁为两电极、以被测物料为电介质的电容器来测量，如图 5-21 所示。如果容器为圆筒形，则电容变化量可用式(5-24)计算。对于像钢筋水泥料仓的料位测量，也可如图 5-22 所示，用钢丝绳及仓库钢筋作为电容器的两电极，以测量非导电固体物料的料位。钢丝绳对地及钢筋用绝缘材料加以绝缘。

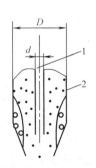

图 5-21　用电极棒及容器壁组
成的电容器测量固体料位

1—金属棒内电极　2—容器壁

图 5-22　用钢丝绳与钢筋组
成的电容器测量固体料位

1—钢丝绳　2—钢筋　3—绝缘层

电容式物位计在使用时主要应注意以下几点：

1) 电极必须垂直安装，安装前要校直。

2) 注意不要把电极安装在管口、孔及凹坑等的内部，以防止介质"滞留"而造成误动作。

3) 仪表的同轴电缆芯线不允许进水，必须予以严格注意。

4）同轴电缆不允许切断或加长，因为在校验中已计入初始电容量，否则将影响零点和整个线性。

5）当被测介质改变后（指其浓度和温度与仪表调整时的被测介质相比较出入较大时），必须重新调整仪表（即校对仪表的零点和满刻度值）。

6）当周围温度与仪表调整时的温度偏离过大时，则必须重新调整仪表，以减小温度的附加误差，也可将显示仪表安装在周围环境温度变化较小的室内。

5.5.4　油箱油量检测系统

油箱油量检测系统如图 5-23 所示，其主要组成部分是电容式液位传感器、电桥、放大器、两相电动机、减速机构和显示装置等。电桥中，C_0 为标准电容，C_x 为液位传感器的电容，R_1 和 R_2 为标准电阻，且 $R_1 = R_2$，RP 为调整电桥平衡的电位器，它的转轴与显示装置同轴连接，并经减速器由两相电动机带动。

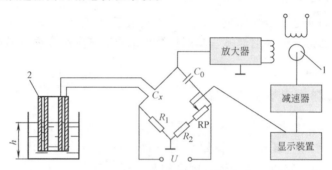

图 5-23　油箱油量检测系统
1—两相电动机　2—电容式液位传感器

当油箱中无油时，电容器的初始电容量为 C_{x0}，若 $C_0 = C_{x0}$，且电位器的触头位于零点，即 RP 的阻值为零时，显示装置的指针指在零位，由电桥的平衡条件可知：

$$\frac{C_{x0}}{C_0} = \frac{R_2}{R_1}$$

此时电桥平衡，电桥输出电压为零，电动机不转动。

当油箱中注入油且液面升高到 h 时，则 $C_x = C_{x0} + \Delta C_x$，电桥失去平衡，于是电桥输出端有电压信号输出，该信号经放大器放大后，驱动两相电动机转动，经减速器同时带动电位器的转轴（实际上是改变触头的位置）和显示装置上的指针转动，当电位器的转轴转动到某个位置时，可使电桥又处于一个新的平衡位置，于是电桥输出电压又变为零，电动机停转，显示装置上的指针停止在受电桥输出电压大小控制的某一相应的指示角 θ 上，电桥所处的新的平衡条件为

$$\frac{C_{x0} + \Delta C_x}{C_0} = \frac{R_2 + \Delta R}{R_1}$$

式中，ΔC_x 为液位传感器的电容变化量；ΔR 为电位器转轴转动引起的阻值变化，且有

$$\Delta R = \frac{R_1 \Delta C_x}{C_0} = \frac{R_1 K_1 h}{C_0}$$

因为

$$\theta = K_2 \Delta R$$

所以

$$\theta = \frac{R_1 K_2 K_1 h}{C_0}$$

式中，K_1、K_2 为比例系数。

由此可见，显示装置的指针偏转角 θ 与油箱中油的液面高度 h 成正比，知道了液面高度，也就知道了油箱中的油量。

5.6　导电式液位计

导电式液位计的工作原理，如图 5-24 所示。导电式液位计是利用某些液体的导电特性而制成的。它由一根、两根或两根以上的电极固定在一起，中间用绝缘材料隔开，然后安装在被测设备上，当被测介质的液面达到一定高度时，电极经被测介质连通，再经过放大和转换后，发出相应的报警或控制信号。电极可根据检测液位的要求进行升降调节，它实际上是一个导电性的检测电路，当液位低于检知电极时，两电极间呈绝缘状态，测量电路中没有电流流过，液位计输出电压为 0。假如液位上升到与检知电极端都接触时，由于液体有一定的导电性，因此测量电路中有电流流过，指示电路中的显示仪表就会发生偏转，同时在限流电阻两端有电压输出，人们通过显示仪表或电路输出电压便得知水位已达到预定的高度了。如果把输出电压和控制电路连接起来，便可对供水系统进行自动控制。

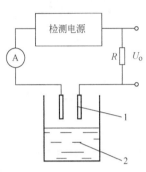

图 5-24　导电式液位计的基本工作原理图
1—检知电极　2—被测介质

导电式液位计的被测介质必须是导电的，酸碱盐的导电特性较好，所以常用它测定这些介质的液位，但是电极须是耐腐蚀的不锈钢或铂金丝。石油产品是不导电的，但含有一定酸碱度的污水是导电的，所以也可用它来测量液位。

导电式液位计在日常工作和生活中应用很广泛，它在抽水及储水设备、工业水箱及汽车水箱等方面均被采用。

图 5-25 所示为可实现水箱中缺水或加水过多时能自动发出报警声的太阳能热水器水位报警器的工作原理示意图。这种太阳能热水器水位报警器采用导电式液位计 1、2、3 三个金属电极探知水位，发光二极管 VL_5 为电源指示灯，报警声由音乐集成电路 IC9300 产生。

水位在电极 1、2 之间为正常情况，这时，电极 1 悬空，VT_1 截止，高水位指示灯 VL_8 为熄灭状态。因电极 2、3 处于水中，使 VT_3 导通，VT_2 截止，低水位指示灯 VL_9 也为熄灭状态。整个报警系统处于非报警状态。

当水位下降低于电极 2 时，VT_3 截止，VT_2 导通，低水位指示灯 VL_9 点亮。由 C_3 及 R_4 组成的微分电路在 VT_2 由截止到导通的跳变过程中产生的正向脉冲，将触发音乐集成电路 IC9300 工作，使扬声器发出 30s 的报警声，告知水箱将要缺水。

同理，当水箱中的水位超出电极 1 时，VT_1 导通，高水位指示灯 VL_8 点亮，由 C_2 及 R_4 组成的微分电路产生的正向脉冲触发音乐集成电路 IC9300 工作，使扬声器发出报警声，告知水箱中的水快要溢出了。

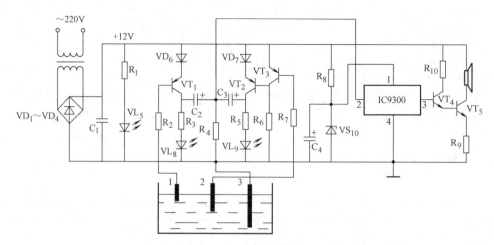

图 5-25　太阳能热水器水位报警器的工作原理示意图

5.7　超声波式物位计

超声波与声波一样，是一种机械振动波，是机械振动在弹性介质中的传播过程。超声波检测是利用不同介质的不同声学特性对超声波传播的影响来探查物体和进行测量的一门技术。近 30 年来，超声波检测技术在工业领域中得到广泛的应用并有着良好的发展前途。

5.7.1　超声波的特性

人耳所能听到的声波的频率在 20～20000Hz 之间，频率超过 20000Hz，人耳不能听到的声波称为超声波。声波的速度越高，其特性越与光学的某些特性如反射定律、折射定律等相似。

1. 超声波的分类

由于声源在介质中的施力方向与波在介质中的传播方向不同，声波的波形也不同。一般有以下几种：

(1) 纵波　质点振动方向与传播方向一致的波，称为纵波。它能在固体、液体和气体中传播。

(2) 横波　质点振动方向与传播方向相垂直的波，称为横波。它只能在固体中传播。

(3) 表面波　质点的振动介于纵波和横波之间，沿着表面传播，振幅随着深度的增加而迅速地衰减，称为表面波。表面波只能在固体的表面传播。

2. 超声波的传播速度

超声波可以在气体、液体及固体中传播，并有各自的传播速度，纵波、横波及表面波的传播速度取决于介质的弹性常数及介质的密度。例如在常温下空气中的声速约为 334m/s，在水中的声速约为 1440m/s，而在钢铁中的声速约为 5000m/s。声速不仅与介质有关，而且还与介质所处的状态有关。例如，理想气体中的声速与绝对温度 T 的二次方根成正比，对于空气来说，影响声速的主要原因是温度，声速与温度之间的近似关系为

$$v = 20.067 T^{\frac{1}{2}} \tag{5-25}$$

声波在介质中传播时会被吸收而衰减，气体吸收最强而衰减最大，液体其次，固体吸收最小而衰减最小，因此对于一给定强度的声波，在气体中传播的距离会明显比在液体和固体中传播的距离短。另外，声波在介质中传播时衰减的程度还与声波的频率有关，频率越高，声波的衰减也越大，因此超声波比其他声波在传播时的衰减更明显。

3. 声波的反射与折射

当声波从一种介质传播到另一种介质时，在两介质的分界面上，一部分能量反射回原介质，称为反射波；另一部分则透过分界面，在另一介质内继续传播，称为折射波。声波的反射与折射分别遵守声波的反射定律与折射定律。

5.7.2 超声波式物位计的特点及其分类

超声波式物位计有许多优点：它不仅可以定点和连续测量，而且能很方便地提供遥测或遥控所需的信号；超声波测量装置不需要防护；超声波测量技术可选用气体、液体或固体作为传声介质，因而有较大的适应性；因为没有可动部件，所以安装、维护较方便；超声波不受光线、黏度的影响等；超声波式物位计可以做到非接触测量，可测范围广；超声波换能器寿命长。但是，超声波式物位计也有其缺点：换能器本身不能承受高温；声速受到介质的温度、压力等影响；电路复杂，造价较高。另外，超声波式物位计不能测量有气泡和悬浮物的液体的液位，被测液面有很大波浪时，在测量时会引起超声波反射混乱，产生测量误差。

超声波式物位计根据使用特点可分为定点式物位计和连续指示式物位计两大类。

1. 定点式超声波物位计

常用的定点式超声波物位计有声阻尼式、液体介质穿透式和气体介质穿透式三种。

（1）声阻尼式超声波液位计　如图 5-26所示，声阻尼式超声波液位计利用气体和液体对超声振动的阻尼有显著差别这一特性来判断被测对象是液体还是气体，从而测定是否到达检测换能器的安装高度。

由于气体对压电陶瓷前面的不锈钢辐射面振动的阻尼小，所以压电陶瓷振幅较大，足够大的正反馈使放大器处于振荡状态。当不锈钢辐射面和液体接触时，由于液体的阻尼较大，压电陶瓷产生的电量降

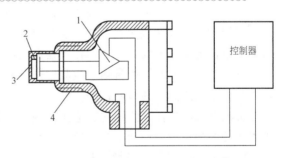

图 5-26　声阻尼式超声波液位计的原理示意图
1—放大器　2—压电陶瓷　3—辐射面　4—不锈钢外壳

低，反馈量减小，导致振荡停止，消耗电流增大，控制器内继电器动作，发出相应的控制信号，工作频率约为 40kHz。

声阻尼式超声波液位计结构简单、使用方便。换能器上有螺纹，使用时从容器顶部将换能器安装在预定高度即可。它适用于化工、石油和食品等工业中各种液位的测量，也用于检测管道中有无液体存在。这种液位计不适用于黏滞液体的液位测量，因为有一部分液体会黏附在换能器上，不随液面下降而消失，因而容易引起误动作。同时也不适用于溶有气体的液体的液位测量，因为如果有气泡附着在换能器上，会在辐射面上形成一层空气隙，减小了液体对换能器的阻尼，并导致误动作。

(2) 液体介质穿透式超声波液位计 液体介质穿透式超声波液位计的工作原理是利用超声换能器在液体中和气体中发射系数的显著差别来判断被测液面是否到达换能器的安装高度，其结构如图 5-27 所示。超声换能器由相隔一定距离平行放置的发射压电陶瓷与接收压电陶瓷组成。它被封装在不锈钢外壳中或用环氧树脂铸成一体，在发射与接收压电陶瓷之间留有一定间隙（12mm）。控制器内有放大器及继电器驱动电路，发射压电陶瓷和接收压电陶瓷分别接到放大器

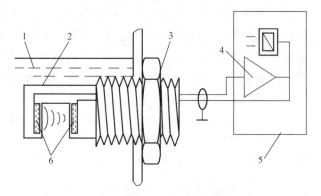

图 5-27 液体介质穿透式超声波液位计
1—液体 2—不锈钢外壳 3—检测探头 4—放大器
5—控制器 6—压电陶瓷

的输出端和输入端。当间隙内充满液体时，由于固体与液体的声阻抗率接近，超声波穿透时在固、液分界面上的损耗较小，从发射到接收，使放大器由于声反馈而连续振荡。当间隙内充满气体时，由于固体与气体的声阻抗率差别极大，超声波穿透时在固、气分界面上的衰减极大，所以声反馈中断，振荡停止。可根据放大器振荡与否来判断换能器间隙内是空气还是液体，从而判断液面是否到达预定的高度，继电器发出相应的信号。

液体介质穿透式超声波液位计结构简单，不受被测介质物理性质的影响，工作安全可靠。

(3) 气体介质穿透式超声波物位计 发射换能器中压电陶瓷和放大器接成正反馈振荡电路，以发射换能器的谐振频率振荡。接收换能器同发射换能器采用相同的结构，使用时，将两换能器相对安装在预定高度的一直线上，使其声路保持畅通。当被测物位升高遮断声路时，接收换能器收不到超声波，控制器内继电器动作，发出相应的控制信号。

由于超声波在空气中传播，故频率选择得较低（20~40kHz）。这种物位计适用于粉状、颗粒状、块状或其他固体料位的报警。气体介质穿透式超声波物位计结构简单、安全可靠、不受被测介质物理性质的影响，适用范围广，如可用于比重小、介电常数小，电容式物位计难以测量的塑料粉末、羽毛和兽毛等的物位测量。

2. 连续指示式超声波物位计

(1) 液体介质超声波液位计 液体介质超声波液位计是以被测液体为导声介质，利用回声测距的方法来测量液面高度。该液位计由超声波换能器和电子装置组成，用高频电缆连接，如图 5-28 所示。时钟定时触发发射电路发射出电脉冲，激励换能器发射出超声波脉冲。脉冲穿过外壳和容器壁进入被测液体，在被测液体表面上反射回来，再由换能器转换成电信号送回电子装置。

当超声波换能器向液面发射超声波脉冲，经过 t 时间后，换能器接收到从液面反射回来的回声脉冲，则换能器到液面的距离 H 为

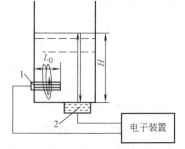

图 5-28 液体介质超声波液位计
1—校正筒 2—换能器

$$H = \frac{1}{2}vt \qquad (5\text{-}26)$$

式中，v 为超声波在被测介质中的传播速度；t 为超声波换能器发出超声波到接收到超声波的时间。

由此可见，只要知道超声波在这种介质中的传播速度，通过精确测量时间 t 的方法，就可以测量出距离 H。

超声波的传播速度 v 在各种不同的液体中是不同的，即使在同一种液体中，由于温度和压力的不同，其值也是不同的。因为液体中其他成分的存在及温度的不均匀都会使超声波速度发生变化，引起测量误差，故在精密测量时，要考虑采取补偿措施。

这种液位计适用于测量如油罐、液化石油气罐之类容器中液体的液位，具有安装使用方便、可多点检测、精确度高、可以直接用数字显示液面高度等优点。同时存在着当被测介质温度、成分经常变动时，由于声速随之变化，故测量精确度较低的缺点。

（2）气体介质超声波物位计　气体介质超声波物位计以被测介质上方的气体为导声介质，利用回声测距的方法来测量物位，其原理与液体介质超声波液位计相似。

该物位计利用被测介质上方的气体导声，被测介质不受限制，可测量有悬浮物的液体、高黏度液体与粉体、块体等的物位，使用维护方便。除了能测量各种密封、敞开容器中液体的液位外，还可以用于测量塑料粉粒、砂子、煤、矿石和岩石等固体的料位，以及测量沥青、焦油等糊状液体及纸浆等介质的物位。

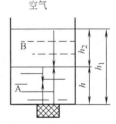

图 5-29　反射时间差法超声波界位计的原理图

（3）超声波界位计　利用超声波反射时间差法可以检测液液相界面的位置，如图 5-29 所示。

两种不同液体 A、B 的相界面在 h 处，已知液面高度为 h_1，超声波在 A、B 两种液体中的传播速度分别为 v_1 和 v_2。超声波换能器安装在容器的底部。

超声波在液体 A 中传播并被相界面反射回来的往返时间为

$$t_1 = \frac{2h}{v_1} \qquad (5\text{-}27)$$

超声波在液体 A、B 中传播并被液面反射回来的往返时间为

$$t_2 = \frac{2(h_1-h)}{v_2} + \frac{2h}{v_1} \qquad (5\text{-}28)$$

故有

$$h = h_1 - \frac{(t_2-t_1)v_2}{2} = \frac{t_1 v_1}{2} \qquad (5\text{-}29)$$

由式（5-28）和式（5-29）可知，检测出 t_1、v_1 即可求得相界面的位置 h，或者检测出 t_1、t_2 和 v_2 也可求出 h。超声波界位计的测量精确度可达 1%，检测范围为数米时的分辨率达 ±1mm。

5.7.3　声速校正的方法

从前面的分析可以看出，只要知道超声波在介质中的传播速度，便可以根据传播时间来确定物位。但是声速还与介质的成分、温度和压力等因素有关，因此，很难将声速看成是一

个不变的恒量。一般要用设置校正具的方法对声速进行校正。

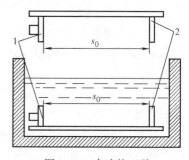

图 5-30　声速校正具

1—探头　2—反射板

所谓校正具就是在导声介质中相隔 s_0 固定距离安装一个由超声探头（校正探头）和反射板组成的测量装置，如图 5-30 所示。对液体介质超声波液位计而言，校正具应安装在液体介质的最低处，以避免液面反射声波的影响，同理，对气体介质超声波物位计而言，校正具应安装在容器顶端的气体介质中。

如果超声波脉冲从探头发射经 t_0 时间后返回探头，共走过 $2s_0$ 距离的校正段，那么实际声速 v_0 为

$$v_0 = \frac{2s_0}{t_0} \tag{5-30}$$

如果测量段声速 v 与校正段声速 v_0 相等，则根据式（5-26）和式（5-30）可得

$$H = \frac{ts_0}{t_0} \tag{5-31}$$

从式（5-31）中显然可见，测液位 H 变为测时间 t、t_0。

在测量时，声速沿高度方向是不同的，如沿高度方向被测介质密度分布不均匀或有温度梯度时，可采用图 5-31 所示的浮壁式声速校正具。该校正具的上端连接一个浮子，下端装有转轴，使校正具反射板的位置随液面变化而升降，使校正探头与测量探头发射和接收的超声波所经过的液体的状态相近，以消除由于传播速度的差异而带来的误差。

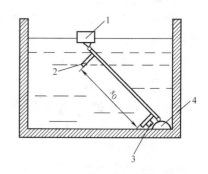

图 5-31　浮壁式声速校正具

1—浮子　2—反射板　3—探头　4—转轴

超声波物位测量的测量范围可从毫米数量级到几十米以上。精确度在不加校正具时为 1%，加校正具后为 0.1%。

5.8　核辐射式物位计

5.8.1　核辐射式物位计的工作原理与特点

放射性同位素的原子核在核衰变中放出各种带有一定能量的粒子或射线的现象称为核辐射。核辐射放射出的射线有 α、β、γ 三种。其中 α 射线由带正电的 α 粒子组成，β 射线由带负电的 β 粒子组成，γ 射线由中性的光子所组成。

目前用于物位测量仪表中的辐射源（或称放射源）有钴 C_O^{60} 及铯 C_S^{137} 等放射性同位素。这两种同位素发射出较强的 γ 射线，而且半衰期（辐射源的强度减至原来的一半所需要的时间）较长。如钴 C_O^{60} 的半衰期为 5.3 年，铯 C_S^{137} 的半衰期为 33 年。γ 射线与 α 射线和 β 射线相比，受物质的吸收较小，能穿过几十厘米厚的钢板或其他固体物质，所以 γ 射线在物位检测中的应用较多。

当射线穿过物质时，会被物质的原子散射和吸收而损失掉一部分能量。射线在穿过物质层后，其能量强度随物质层的厚度呈指数规律衰减，可表示为

$$I = I_0 e^{-\mu H} \tag{5-32}$$

式中，I_0 为射入介质前的射线强度；I 为通过介质后的射线强度；μ 为介质对射线的吸收系数；H 为介质的厚度。

当放射源选定，被测介质已知时，I_0 与 μ 都为定值，则介质厚度 H 与穿过介质后的射线强度 I 的关系可表示为

$$H = \frac{1}{\mu}(\ln I_0 - \ln I) \tag{5-33}$$

由此可见，只要能测知穿过介质后的射线强度 I，那么介质的厚度即物位 H 就可求出。

不同的介质吸收射线的能力是不同的，固体的吸收能力最强，液体次之，气体最弱。

核辐射式物位计由放射源、接收器和显示仪表三部分组成，其原理框图如图 5-32 所示。放射源和接收器放置在被测容器两旁（测量现场），显示仪表可以放在控制室内。由放射源放出的射线强度为 I_0，穿过容器和被测介质后，由探测器接收，并把探测出的射线强度 I 转换成电信号，经放大器放大后送入显示仪表进行显示。

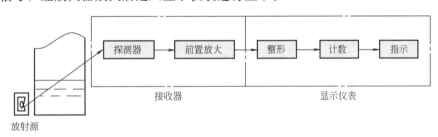

图 5-32　核辐射式物位计的原理框图

工业核仪表常用的射线探测器有闪烁探测器、电离室探测器和盖革计数管等。闪烁探测器的探测效率高，可以减低仪表放射源的强度，其工作寿命也较长，可达数年；缺点是成本高，稳定性稍差，抗振性差。

根据核辐射检测的原理可制成厚度计、物位计和密度计等，也可用来测量气体压力、分析物质成分以及进行无损探伤，应用范围很广。在放射性同位素的应用中，γ 射线物位计的应用时间长且数量也比较多。它具有如下重要特点：

1）可以从容器、罐等密闭装置的外部以非接触的方式进行测量。

2）不受温度、湿度、压力、黏度和流速等被测介质性质和状态的限制，特别适用于高温、高压容器，强腐蚀、剧毒、易爆、易结晶和沸腾状态的介质以及高温熔体等的物位测量。

3）不受温度、压力、湿度以及电磁场等环境因素的影响，故此物位计可用于恶劣环境下，且人不常到的地方。

4）不仅可以测量液位，还可以测量料位。

5）可以测量密度相差很小的两层介质的分界面的位置。

6) 射线对人体有害，所以对它的剂量及使用范围要加以控制和限制，而且在使用中必须进行防护。

5.8.2 利用核辐射式物位计测量物位的方法

利用核辐射式物位计测量物位的方法有很多种，如图 5-33 所示。应当根据生产要求、介质情况以及容器的具体条件进行合理选择。

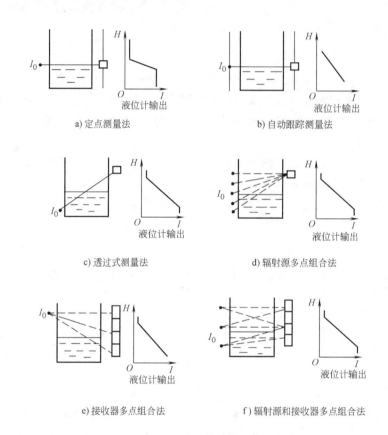

图 5-33 各种测量方法及输出特性曲线示意图

图 5-33a 所示为定点测量的方法。将放射源和接收器安装在容器的同一水平面上。由于液体和固体吸收射线的能力远比气体强，因而当物位超过或低于此平面时，接收器接收到的射线强度会发生急剧变化，从而发出物位控制信号。可见，定点测量的方法是根据射线是否到达探测器来判断物位是否超过设定的位置。这种测量方法不是测量射线的强度，而是测量射线的有无，所以受外界条件和被测介质的性质、形状以及内壁附着物的影响小，工作稳定、可靠。对于粉粒体或块状物料，其物位面往往不是水平的，一般调整到物料占据容器截面一半时发出信号。

图 5-33b 所示为自动跟踪测量方法。通过电动机带动放射源和接收器沿导轨升降，始终保持放射源和接收器在同一水平高度上，并对液位自动跟踪。因此，它既保持了定点测量方法的优点，又可以实现连续测量，而且量程可以很宽，但是由于有可动部件，所以其结构复杂。

图 5-33c 所示为透过式测量方法。在射线倾斜或垂直地穿过容器时,部分射线被吸收,并且随着物位的升高,射线被吸收得越来越多。因此根据接收器接收到的射线强弱程度,便可以表示出物位。此种方法的装置便于安装、维护和调整。但是,它的测量范围较窄,一般为 300~500mm。

为了测量变化范围较大的液位,可采用辐射源多点组合、接收器多点组合或两者并用的方法,如图 5-33d、e、f 所示。它们可以改善线性关系,但是同时也增加了安装和维护的难度。如果采用线状放射源,由于放射源均匀地分布在测量范围内,并且接收器主要接收穿过气体的射线,而不受被测介质密度变化的影响,所以既可适应宽量程的需要,又可以改善线性关系。

5.8.3 核辐射式物位计的使用与防护

工业核仪表具有广泛的应用前景,由于有些人对其缺乏了解,往往谈核色变。事实上,核辐射式仪表所用的放射源都是封闭型的,对于封闭型放射源的防护是比较简单、容易的。例如,在距工业核仪表 0.5m 强度最大点处工作 8h,所受射线照射剂量小于 20mrem,而一次胸部 X 光透视的射线照射剂量为 100~200mrem,一次牙齿透视的射线照射剂量为1500~15000mrem,所以,只要遵守有关规定,正确操作,就不必有什么顾虑。

在使用工业核仪表时,应该注意以下几点:

1) 接收器一般在 50~60℃ 不能正常工作,因此在高温环境下,必须进行冷却。

2) 对放射源必须采取严格的防护措施,遵守安全操作规程,确保人身安全。图 5-34 所示为一种带有防护结构的放射源。放射源密封于铅罐中,仅在发射一侧圆柱形铅封头上有一个偏心孔,使用时用手把转动铅封头让射线经偏心孔透过铝板射出,不用时转动铅封头封住放射源。

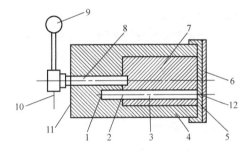

图 5-34 带防护结构的放射源
1—放射源 2—不锈钢闷头 3—偏心孔 4—铅罐
5—铅板 6—不锈钢片(上开一个小孔)
7—铅封头 8—转轴 9—手把 10—指针
11—放射源工作标记 12—小孔

3) 仪表到货后应单独妥善保管,不得与易燃、易爆和腐蚀性等物品放在一起。

4) 安装地点除从工业核仪表的要求考虑外,尽量置于其他人员很少接近的地方,并设置有关标志,安装地点应远离人行过道。

5) 安装时,应先安装有关机械部件和探测器并初步调校正常,然后再安装放射源,安装时应将放射源容器关闭,使用时再打开。

6) 检修时应关闭放射源容器,需要带源检修时,应事先制定操作步骤,动作准确迅速,尽量缩短时间,防止不必要的照射。

7) 放射源半衰期以后,需要更换,否则会影响测量精度,更换放射源时,一般请仪表制造厂家或专业单位更换,有条件的单位也可自行更换。

8) 废旧放射源的处置,应与当地卫生防护部门联系,交由专门的放射性废物处理单位处理,用户不得将其作为一般的废旧物资处理,更不能随意乱丢。

本章小结

本章主要介绍了直读式物位测量仪表、浮力式物位测量仪表、静压式物位测量仪表、电容式物位测量仪表、导电式液位计、超声波式物位测量仪表和核辐射式物位测量仪表等几种典型物位计的工作原理、优缺点以及安装使用方法。

本章的难点在于有关浮力式物位测量仪表中的浮筒式物位计的知识，以及超声波式物位计中的声速校正方法。

学习本章内容时，要注意比较，明确各种物位计的优缺点。要能够根据测量条件，选择合适的仪表，并正确安装和使用。

思考题和习题

1. 钢丝绳式和杠杆浮球式液位计各有什么特点？当液体密度有变化时，对它们各有什么影响？

2. 浮筒式液位计与浮子式液位计在工作原理上有什么异同点？

3. 利用差压式液位计测量液位时，为什么有时要进行正迁移或负迁移的校正？

4. 用电容式物位计测量导电和非导电液体的液位时，为什么前者因虚假液位而造成的影响较大，而后者却可以忽略不计？

5. 连续测量的超声波式物位计的工作原理是什么？

6. 用超声波式物位计测量物位时，为什么常常要设置校正具？

7. 核辐射式物位计的基本原理是什么？它有什么主要特点？

8. 某厂用一个量程为 0～800mm 的气动浮筒式液位计来测量某储槽的液位，已知浮筒外径为 20mm，自重为 3.68N，介质密度为 0.8g/cm³，若用挂重法进行校验，问当被校点为全量程的 25％ 和 75％ 时，应分别挂重多少？

9. 现用水校法来校验一台浮筒式液位计，其浮筒长度为 500mm，被测介质密度为 0.85g/cm³，输出信号为 0～10mA，试计算当输出为 20％、40％、60％、80％ 和 100％ 时，浮筒应被水淹没的高度（$\rho_{水}$ 以 1g/cm³ 计）。

10. 现用水校法来校验一台用于测量界位的气动式浮筒液位计，被测介质的密度分别为 $\rho_{x1} = 1.2g/cm³$，$\rho_{x2} = 0.8g/cm³$，量程为 0～800mm，试求出当输出为 0％、50％ 和 100％ 时，浮筒应被水浸没的高度。

11. 已知用静压法测量一高位储槽液位的压力计的示值为 $7.84 \times 10^4 Pa$，介质密度为 1.2g/cm³，取压口与仪表的高度差为 5m，试问高位储槽中的液面距取压口有多少米？

12. 采用差压式测量仪表进行液位和界位测量时，应如何选型？

13. 使用工业核仪表时应注意哪些问题？

14. 怎样选择物位测量仪表？一般需要考虑哪些因素？

15. 除了本章介绍过的物位计以外，你还知道哪些物位计？说出它们的工作原理及应用场合。

第 **6** 章

机械量的测量

【内容提要】

本章主要介绍位移、转速、振动、加速度和厚度等机械量的测量方法，介绍一些典型传感器的特性和使用方法。位移的测量中主要介绍电感式、霍尔式、光纤式位移传感器和计量光栅；转速的测量中主要介绍模拟式、计数式及激光式测速方法；力学量的测量中主要介绍重量、振动和加速度的测量方法；最后介绍厚度及直径的一些常用测量方法。

6.1 概述

机械量包括位移、转角（角位移）、尺寸、速度、转速、力、扭矩、振动和加速度等。它们是机械加工的重要参数，也是很多传感器及变送器的中间参数。例如，转子流量计、浮子式液位计等都是将被测量转换成机械量测量的。

在机械工程中，要准确测量零部件的位移或位置，因为在力、压力、扭矩、速度、加速度、强度和流量等参数的测量中，常常是以位移测量为基础的。位移表示物体上某一点在一定方向上的位置变动，位移包括线位移和角位移。位移是一个矢量，所以，位移的测量，不仅要确定其大小，而且还要确定其方向。

加速度的测量包括振动加速度和冲击加速度两个方面，实际上是稳态和瞬态加速度的测量。振动加速度在旋转机械、传动机械、机床、流体管路、车辆、飞行器、火箭和火炮等方面都大量存在，主要是测量其幅度、相位和频率。

6.2 位移的测量

用于位移测量的传感器种类很多，根据测量范围的不同，所用的传感器也不同。测量小位移通常采用电感式、应变式、电容式和霍尔式等传感器，测量精确度可以达到 $0.5\% \sim$

1.0%，其中电感式传感器的测量范围要大一些，有些可达 100mm。小位移传感器主要用于测量微小位移，从微米级到毫米级，如进行蠕变测量、振幅测量等。大位移的测量则常采用感应同步器、计量光栅、磁栅和编码器等传感器。这些传感器具有较易实现数字化、测量精确度高、抗干扰性能强、避免了人为的读数误差及方便可靠等特点。位移传感器在测量线位移和角位移的基础上，还可以测量长度、速度等物理量，所以在检测与自动控制系统中得到了广泛应用。

6.2.1　电感式位移传感器

电感式位移传感器是利用电磁感应原理，把被测位移转换为线圈电感的变化，按照转换方式的不同，有自感式和互感式两种。

1. 自感传感器

当一个线圈中的电流变化时，该电流所产生的磁通也随着变化，因而线圈本身产生感应电动势，这种现象称为自感，产生的感应电动势称为自感电动势。

（1）简单的自感传感器　自感传感器是由线圈、铁心和衔铁组成的，如图 6-1 所示。线圈套在铁心上，在铁心与衔铁之间有一个空气隙，其厚度为 δ。传感器的运动部分与衔铁相连，当运动部分产生位移时，空气隙的厚度 δ 变化，从而使电感值发生变化。线圈的电感值为

$$L=\frac{N^2\mu_0 S}{2\delta} \tag{6-1}$$

式中，μ_0 是空气隙的磁导率，$\mu_0=4\pi\times10^{-9}\,\mathrm{H/cm}$；$S$ 是空气隙的截面积；N 是线圈匝数；L 是自感（或电感）。

自感传感器一般有三种类型：改变空气隙厚度 δ 的自感传感器、改变空气隙截面积 S 的自感传感器和螺管式自感传感器，如图 6-1a、b 和图 6-2 所示。

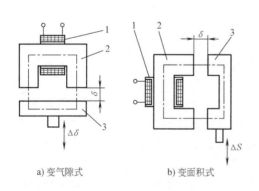

a）变气隙式　　b）变面积式

图 6-1　自感传感器的原理图

1—线圈　2—铁心　3—衔铁

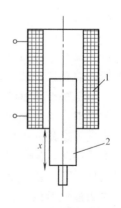

图 6-2　螺管式自感传感器

1—线圈　2—动铁心

改变空气隙厚度 δ 的自感传感器的优点是灵敏度高（原始空气隙厚度 δ 一般取值很小，为 0.1~0.5mm），因而它对电路的放大倍数要求很低，缺点是非线性严重。为了限制非线性误差，示值范围只能很小，最大示值范围 $\Delta\delta<\delta/5$，由于衔铁在 $\Delta\delta$ 方向运动受到铁心的限制，所以自由行程小，常用来测量比较小的位移。另外，这种自感传感器制造装配困难。

改变空气隙截面积 S 的自感传感器的优点是具有较好的线性，示值范围较大，自由行程也较大，缺点是灵敏度较低，所以常用来测量比较大的位移。

螺管式自感传感器的优点是示值范围大，自由行程大，结构简单，制造装配容易，缺点是灵敏度低。

（2）差动式自感传感器　以上三种自感传感器，虽然结构简单，运行方便，但也有缺点，如自线圈流往负载的电流不可能等于零，衔铁总是受到吸力作用；线圈电阻受温度影响，有温度误差，不能反映被测量的变化方向等。因此，这些自感传感器在实际中应用较少，而常采用差动结构，即把两个相同的简单自感传感器组合在一起而共用一个衔铁构成差动式自感传感器，如图 6-3a 所示。当衔铁的位移为零，即当衔铁处于中间位置时，两线圈的电感相等，负载 Z_f 上就没有电流，此时 $I_1 = I_2$，$\Delta I = 0$，输出电压 $U = 0$。当衔铁有位移时，一个自感传感器的空气隙增加，另一个减小，从而使一个自感传感器的电感值减小，而另一个增大，此时 $I_1 \neq I_2$，在负载 Z_f 上产生输出电流 ΔI 和输出电压 U。该输出电流 ΔI 和输出电压 U 的大小可表示衔铁的位移，同时衔铁移动的方向不同，输出电压的相位也不同。这样，根据输出电流或输出电压的大小和它的相位，就可知道衔铁位移的大小和方向。根据磁路的不同，可有多种结构形式的差动式自感传感器。图 6-3b 所示为螺管式差动自感传感器，这种传感器有较高的灵敏度及线性度，常被用于电感测微计上，其测量范围为 $0 \sim 300 \mu m$，分辨率可达 $0.5 \mu m$。

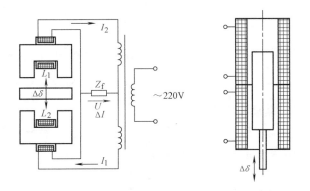

a) 变空气隙式差动自感传感器　　b) 螺管式差动自感传感器

图 6-3　差动式自感传感器的原理图

差动式自感传感器对于干扰、电磁吸力有一定的补偿作用，它的灵敏度比简单自感传感器的灵敏度大一倍，而且能改善特性曲线的非线性。

（3）测量电路　基本测量电路通常采用交流电桥，其输出电压 U_o 不能反映输入量的变化方向，而且还有残余电压，因此常采用带有相敏整流器的交流电桥，如图 6-4 所示。电桥由差动式自感传感器 Z_1 和 Z_2 以及平衡电阻 R_1 和 R_2（$R_1 = R_2$）组成，$VD_1 \sim VD_4$ 构成了相敏整流器，交流输入电压 U 接在电桥的一个对角线上，电压表 V 接在另一个对角线上测量输出电压。

当差动衔铁处于中间位置时，$Z_1 = Z_2 = Z$，电桥处于平衡状态，输出电压 U_o 为零。

当衔铁偏离中间位置而使 $Z_1 = Z + \Delta Z$，$Z_2 = Z - \Delta Z$，在输入电压 U 的正半周（上端为正，下端为负）时，电阻 R_2 上的压降大

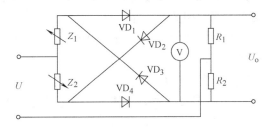

图 6-4　带有相敏整流器的电桥电路

于 R_1 上的压降；在输入电压 U 的负半周（下端为正，上端为负）时，电阻 R_1 上的压降大于 R_2 上的压降，则电压表 V 的下端为正，上端为负。

当衔铁偏离中间位置而使 $Z_2=Z+\Delta Z$，$Z_1=Z-\Delta Z$，在输入电压 U 的正半周时，电阻 R_1 上的压降大于 R_2 上的压降；在输入电压 U 的负半周时，电阻 R_2 上的压降大于 R_1 上的压降，电压表 V 的上端为正，下端为负。

比较上述两种情况，可知输出电压幅值相等，极性相反。图 6-5 所示为电桥电路的输出特性曲线。

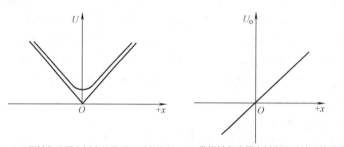

a) 无相敏整流器电桥电路的输出特性曲线　　b) 带相敏整流器电桥电路的输出特性曲线

图 6-5　电桥电路的输出特性曲线

2. 差动变压器

差动变压器属于互感传感器，是把被测位移转换为传感器线圈互感的变化量，由于这种传感器常做成差动的，所以称为差动变压器。

（1）工作原理　差动变压器利用了电磁感应的互感原理，实质上是一个输出电压可变的变压器，当变压器一次绕组输入稳定交流电压后，二次绕组便产生感应电动势输出，该电动势随被测量的变化而变化。差动变压器的结构形式有多种，但大多采用螺管式结构，如图 6-6 所示。这种差动变压器主要由一个线圈骨架和一个铁心组成。在线圈骨架上绕有一组一次绕组作为输入绕组，两组二次绕组作为输出绕组，并在线圈骨架中央的圆柱孔中放入铁心，如图 6-6a 所示。当一次绕组加以适当频率的电压激励时，根据变压器的工作原理，在两个二次绕组中就会产生感应电动势。当铁心向左移动时，在左边二次绕组内所穿过的磁通比右边二次绕组多些，所以互感也大些，感应电动势 E_1 增加；另一个绕组的感应电动势 E_2 随铁心向左偏离中心位置而逐渐减小，并减小到接近空心状态时的电动势 E_0，如图 6-7a 所示。两个二次绕组的输出电压分别为 U_{21} 和 U_{22}（空载时即为感应电动势 E_1 和 E_2），如图 6-6b 所示，如果输出接成反向串联，则此传感器的输出电压 $U_2=U_{21}-U_{22}$。因为两个二次绕组做得一样，因此铁心在中央位置时，$U_2=0$；当铁心移动时，U_2 就随铁心位移 x 线性增加，其特性如图 6-7b 所示，形成 V 形特性。如果以适当方法测量 U_2，就可以得到与 x 成比例的线性读数。

（2）基本特性

1）灵敏度。差动变压器的灵敏度是指差动变压器在单位电压励磁下，铁心移动单位距离时的输出电压，以 V/mm·V 表示。一般差动变压器的灵敏度大于 50V/mm·V。

2）频率特性。差动变压器的励磁频率一般为 50Hz～10kHz。若频率太低，则差动变压器的灵敏度显著降低，温度误差和频率误差增加；若频率太高，则铁损和耦合电容等的影响

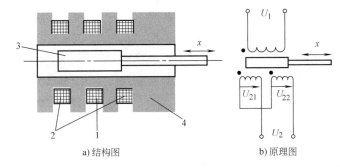

a) 结构图   b) 原理图

图 6-6　差动变压器

1——一次绕组　2—二次绕组　3—铁心　4—线圈骨架

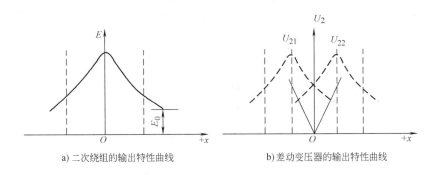

a) 二次绕组的输出特性曲线　　　　b) 差动变压器的输出特性曲线

图 6-7　差动变压器的输出特性曲线

增加，具体应用时频率可在 400Hz～5kHz 范围内。

3）线性范围。理想差动变压器的二次侧输出电压应与铁心位移成线性关系，而且二次侧的相角为一定值，这一点比较难满足。考虑到这种因素，差动变压器的线性范围为全长的 1/10～1/4。采用相敏整流电路对输出电压进行处理，可以改善差动变压器的线性。

一般差动变压器的使用温度为 80℃，特别制造的高温型可以用在 150℃ 温度下。

（3）零点残余电压及其消除方法　差动变压器的两组二次绕组由于反向串联，因此当铁心处在中央位置时，输出电压应为零。但是，在实际情况中输出电压并不是零，而是一个很小的电压值，一般这个电压值称为零点残余电压。零点残余电压产生的原因有以下几个方面：

1）由于两个二次绕组结构上的不对称，引起两个二次电压的幅值平衡点与相位平衡点两者不重合。

2）由铁心材料 B-H 曲线的弯曲部分导致输出电压中含有高次谐波。

3）励磁电压波形中含有高次谐波。

消除零点残余电压最有效的方法是采用在放大电路前加相敏整流器的方法，使其特性曲线由图 6-8 中的曲线 1 变成曲线 2，这样不仅使输出电压能反映铁心移动的方向，而且使零点残余电压减小到可以忽略不计的程度。

6.2.2　霍尔式位移传感器

1. 霍尔元件及霍尔效应

霍尔元件是一种由半导体材料制成的薄片，是一种磁电转换元件，一般由锗（Ge）、锑化铟（InSb）和砷化铟（InAs）等半导体材料制成。在电路中，霍尔元件可用两种符号表示，如图 6-9a 所示，其基本电路如图 6-9b 所示。图中，电源 E 供给元件激励电流，可调电阻 R 用来调节激励电流的大小，R_f 为霍尔电动势输出端的负载电阻，通常它是放大器或记录仪表的输入阻抗。

霍尔元件是利用霍尔效应进行工作的。如图 6-10 所示，在霍尔片的 Z 轴方向施加磁感应强度为 B 的恒定磁场，在 Y 轴方向通以恒定电流，当电子在霍尔片中以速度 v 运动时，因受洛仑兹力 f 的作用使电子运动轨道偏移，造成霍尔片的一个端面上积累负电荷，另一个端面上积累正电荷，则在它的 X 轴方向就出现

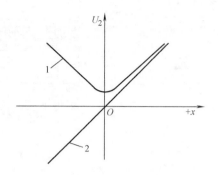

图 6-8　采用相敏整流器时差
动变压器的特性曲线

1—不带相敏整流器时的特性曲线
2—带相敏整流器时的特性曲线

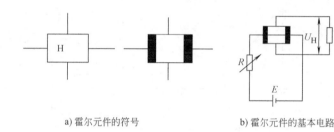

a) 霍尔元件的符号　　　　　b) 霍尔元件的基本电路

图 6-9　霍尔元件的符号及其基本电路

了电位差，此电位差称为霍尔电动势 U_H，这种物理现象称为霍尔效应。

霍尔电动势 U_H 与霍尔元件的材料、几何尺寸、输入电流 I 及磁感应强度 B 有关，其关系式为

$$U_H = R_H B I \qquad (6\text{-}2)$$

式中，R_H 是霍尔常数。

U_H 与 B、I 成正比，提高 B 和 I 的值可增大 U_H，但都是有限的。一般 $I=3\sim20\text{mA}$，B 为零

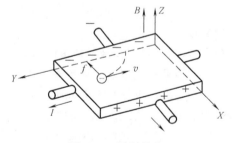

图 6-10　霍尔效应

点几特斯拉，所得的 U_H 为几十毫伏数量级。霍尔元件的厚度越小，灵敏度越高。一般 $d=0.1\sim0.2\text{mm}$，薄膜型霍尔元件只有 $1\mu m$ 左右。

使用霍尔元件时，除注意其灵敏度之外，还应考虑输入及输出阻抗、额定电流、温度系数和使用温度范围。输入阻抗是指图 6-10 中电流 I 进、出端之间的阻抗，额定电流是指 I 的最大值。输出阻抗是指霍尔电压输出的正、负端子间的内阻，外接负载阻抗最好和它相等，以便达到最佳匹配。

由于霍尔元件具有对磁场敏感，结构简单，体积小，频率响应宽，输出电动势的变化范围大，无活动部件，使用寿命长等优点，因而在测试技术、自动化技术和信息处理等方面有着广泛的应用。

2. 霍尔位移式传感器

霍尔位移式传感器主要由两个部分组成：一部分是接受位移信号的霍尔元件，另一部分是产生非均匀磁场（线性梯度磁场）的磁极组。

若电流 I 恒定，将霍尔片放在一个磁感应强度为 B 且在磁极间呈线性分布的非均匀磁场中移动，因 B 与位移呈线性关系，所以 U_H 随位移的不同呈线性变化，由此可测得微小位移量以及与位移量有关的其他参量。如图 6-11 所示，将霍尔元件置于一对磁极之间，当处于正中间位置时，此处磁感应强度 $B=0$，输出的霍尔电动势 $U_H=0$；当霍尔元件在 x 轴方向有位移时，因为 $B\neq0$，所以 $U_H\neq0$，即有霍尔电动势输出，且 U_H 与位移成正比。这种结构的霍尔位移式传感器，磁极间的距离越近，磁场梯度越大，其灵敏度就越高。

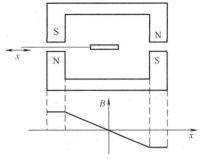

图 6-11 产生线性梯度磁场的磁极组

6.2.3 光纤式位移传感器

利用光导纤维可以制成微小位移传感器，其原理如图 6-12 所示。这是一种传光型光纤位移传感器，光从光源耦合到发送光纤，照射到被测物表面，再被反射回接收光纤，最后由光探测器接收。这两股光纤在接近被测物之前汇合成 Y 形，汇合后的光纤端面被仔细磨平抛光。

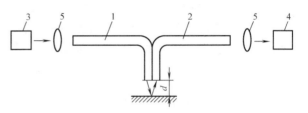

图 6-12 发射式光纤位移传感器
1—发送光纤 2—接收光纤 3—光源
4—光探测器 5—透镜

若被测物紧贴在光纤端面上，发射光纤中的光不能射出，则光敏元件接收的光强为零，这是 $d=0$ 的状态；若被测物很远，则发射光经反射后只有少部分传到光敏元件，因此接收的光强很小。只有在某个距离上接收的光强才最大。图 6-13 是接收的相对光强与距离 d 的关系，峰值以左的线段具有良好的线性，可以用来检测位移。所用光缆中的光纤可达数百根，可测几百微米的小位移。

6.2.4 计量光栅

光栅是一种在基体上刻制有等间距均匀分布条纹的光学元件，用于位移测量的光栅称为计量光栅。计量光栅具有较高的分辨率（$\leqslant1\mu m$），测量范围大（几乎不受限制），动

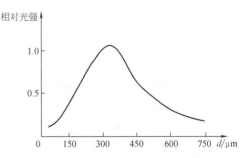

图 6-13 光纤式位移传感器的特性曲线

态范围宽，容易实现数字化测量和自动控制等特点，在数控机床和精密测量中有着广泛的应用。但它对使用环境要求较高，在工业现场使用时要求密封和防止油污、灰尘、铁屑等。在工业控制系统中使用的计量光栅又以透射式光栅为多，图 6-14 所示为透射式光栅的示意图。

1. 光栅的结构与种类

光栅是光栅尺的简称。光栅尺是一块尺子，尺面上刻有排列规则和形状规则的刻线。这些刻线是透明的和不透明的，或是对光反射的和不反射的。图6-15所示的是一块黑白型长光栅尺，尺上平行等距的刻线称为栅线。设其中透光的缝宽为 a，不透光的缝宽为 b，一般情况下，光栅透光的缝宽等于不透光的缝宽，即 $a=b$，也有刻成 $a:b=1.1:0.9$ 的。图中 $W=a+b$ 称为光栅栅距（或称光栅节距、光栅常数）。光栅栅距是光栅尺的一个重要参

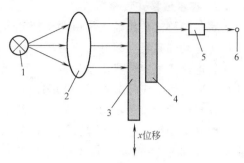

图6-14 透射式光栅的示意图
1—光源 2—凸透镜 3—主光栅 4—指示光栅
5—光电元件 6—输出

数。计量光栅的刻线密度一般有每毫米10线、25线、50线、100线、250线等几种形式。

用于测量位移的光栅，按照光路可分为透射光栅和反射光栅；按照作用原理可分为黑白光栅（辐射光栅）和相位光栅（炫耀光栅）；按照结构形式可分为长光栅和圆光栅。

2. 莫尔条纹

两块具有相同栅距的长光栅叠合在一起，使它们的刻线之间交叉一个很小的角度 θ，如图6-16所示，在与光栅刻线大致垂直的方向上，产生明暗相间的条纹，这些条纹称为莫尔条纹。其中Ⅰ为透光的亮条纹，Ⅱ为不透光的暗条纹。莫尔条纹的两个亮条纹或两个暗条纹之间的距离称为莫尔条纹的宽度或莫尔条纹的间距，在图6-16中，条纹间距以 B 表示。

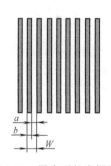

图6-15 黑白型长光栅尺

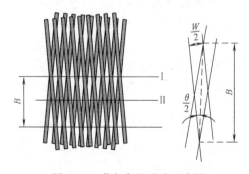

图6-16 莫尔条纹形成示意图

当两块相叠合的长光栅，沿垂直于栅线方向做相对运动时，莫尔条纹便沿着与栅线方向近似相同的方向相应地移动。两块长光栅尺相对移过一个栅距，莫尔条纹就移过一个条纹间距。如果不考虑光栅的衍射作用，而且假设两块光栅接触叠合，又设它们的栅距相等，缝宽和线宽也相等，则根据简单的遮光原理，在图6-16的位置Ⅰ处，两块光栅的栅线彼此不遮光，光通量最大；在位置Ⅱ处，两块光栅的栅线彼此完全遮光，光通量为0。此时光通过两块光栅后的光能量分布将是一个三角波，如图6-17a所示。但在实际中，光栅有衍射作用，而且为了避免两块光栅尺在做相对运动时的擦碰，两块光栅尺之间必须有适当的间隙。此外，照明光源有一定的宽度，两块光栅尺的缝宽和线宽也不严格相等，由于这些原因，实际的光能量分布将是一个近似的正弦波，如图6-17b所示，图中 U 表示电压，x 表示位移。

根据光能量的分布情况，如果在两块光栅的背面设置一个光栏，并用光电元件接收透过两块光栅的能量，则光电元件的输出信号将随着两块光栅尺的相对位移而有强弱变化，并且光电元件输出信号的周期数必将与两块光栅尺相对移过的栅距数相同。

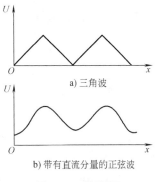

a) 三角波

b) 带有直流分量的正弦波

图 6-17　波形图

计量光栅主要由主光栅（或称标尺光栅）、指示光栅、光源和光电元件等组成。上述一对光栅尺中的一块光栅尺固定不动，称为指示光栅；另一块光栅尺随测量工作台一起移动，称为主光栅。当两块光栅尺相对移过一个栅距，莫尔条纹移过一个条纹间距时，光电元件便发出一个信号，计数器记取一个数。这样，根据光电元件发出的或计数器记取的信号数，便知主光栅尺移过的栅距数，即测得了测量工作台移过的位移量。这就是光栅测量系统进行位移测量或长度测量的基本原理。

莫尔条纹有两个重要特点：

1) 当指示光栅不动，主光栅向左右移动时，莫尔条纹将随着栅线的方向上下移动，查看莫尔条纹的移动方向，即可确定主光栅的移动方向。

2) 莫尔条纹具有位移的放大作用，当主光栅沿着与刻线垂直方向移动一个栅距 W 时，莫尔条纹移动一个条纹间距 B。当两个等距光栅的栅间夹角 θ 较小时，主光栅移动距离与莫尔条纹移动距离的关系为

$$K = \frac{B}{W} = \frac{1}{2\sin\frac{\theta}{2}} \approx \frac{1}{\theta} \tag{6-3}$$

式中，K 为莫尔条纹的放大系数。

由 (6-3) 式可知，当 θ 较小，如 $\theta=30'$ 时，$K=115$，表明莫尔条纹的放大倍数是相当大的。这样就可以把肉眼无法分辨的栅距位移变成清晰可见的条纹间距位移，从而实现高灵敏度的位移测量。

随着光栅技术在测量领域中的应用日益广泛，目前，最好的长光栅尺，其误差可控制在 $0.2\sim0.4\mu m/m$，测量装置的测量精确度高达 $0.5\sim3\mu m/1500mm$，分辨率可达 $0.1\mu m$，这时电路允许的计数速度为 200mm/s。

6.3　转速的测量

物体转动的速度称为转速。转动角速度等于 Δt 时间内转动的角位移 $\Delta\theta$ 与转动时间 Δt 之比，即

$$\omega = \frac{\Delta\theta}{\Delta t} \tag{6-4}$$

当 $\Delta\theta$（或 Δt）取得极小时，常称 $\Delta\theta/\Delta t$ 为瞬时角速度，角速度的单位为弧度/秒（rad/s）。转速通常用单位时间内的转数来表示，单位为转/分（r/min）。每秒钟的转数也称为转动频率，它是转动周期的倒数。

转速的测量方法很多，按其原理可分为模拟式和计数式测速法。

6.3.1 模拟式测速法

1. 测速发电机

测速发电机是根据电磁感应原理做成的专门测速的微型发电机，输出电压正比于输入轴上的转速，即

$$U_o = Blv = Blr\omega = 2\pi Blrn/60 \tag{6-5}$$

式中，B 是测速发电机中的磁感应强度；l 是测速发电机线圈的总有效长度；ω 是测速发电机转子的角速度；r 是测速发电机线圈的平均半径；n 是测速发电机每分钟的转数。

测速发电机可分为直流测速发电机和交流测速发电机两类。测速发电机的优点是线性好、灵敏度高和输出信号大。

2. 磁性转速表

磁性转速表的结构原理如图 6-18 所示，转轴随待测物旋转，永久磁铁也跟随同步旋转。铝制圆盘靠近永久磁铁，当永久磁铁旋转时，二者产生相对运动，从而在铝制圆盘中形成涡流。该涡流产生的磁场与永久磁铁产生的磁场相互作用，使铝制圆盘产生一定的转矩 M_e，该转矩与待测物的转速 n 成正比，即 $M_e = k_e n$。转矩 M_e 驱动圆盘转动，迫使游丝扭转变形并产生与转角 θ 成比例的反作用力矩 $M_s = k_s \theta$。当两力矩相等时，铝制圆盘及与其相连的指针停留于一定位置，此时指针指示的转角 θ 即对应于待测物的转速。

$$\theta = \frac{k_e}{k_s} n = kn \tag{6-6}$$

式中，k 是与结构有关的常数。

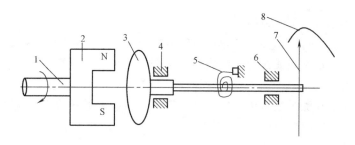

图 6-18 磁性转速表的结构原理

1—转轴 2—永久磁铁 3—铝制圆盘 4、6—支架

5—游丝 7—指针 8—刻度盘

这种转速表具有结构简单、维护和使用方便等优点，缺点是精确度不高。测量范围为 $1\sim20000\text{r/min}$，精确度为 $1.5\%\sim2.0\%$。

3. 离心式转速表

离心式转速表的结构原理如图 6-19 所示，当转轴转动时，重锤在锤的重力和杆的张力作用下做匀速圆周运动。连杆和拉杆的交点 A 在连杆张力和拉杆张力作用下也做匀速圆周运动，而套筒则在重锤离心力的作用下通过拉杆沿转轴的轴向向上或向下移动一个位移 x。套筒压缩或拉伸弹簧，弹簧产生一个反弹力，从而使套筒达到动态平衡。由于离心力 F_c 与

转动角速度的二次方成正比，即 $F_c = k_c \omega^2$，弹簧的反弹力 F_s 与套筒位移成正比，即 $F_s = k_s x$，二力平衡时有

$$x = \frac{k_c}{k_s} \omega^2 \qquad (6\text{-}7)$$

故检测出位移量即可知道待测物的转速。

离心式转速表具有结构简单、成本低、检测范围宽和输出信号大等优点。缺点是转动角速度 ω 与位移 x 是非线性关系，并且重锤的惯性大，不能用于测量变化快的转速。利用这种传感器输出信号大的特点，可制成蒸气机、汽轮和水力发电机用的无辅助能源的调节器，直接推动阀门。最高转速达20000r/min，精确度为 $1\% \sim 2\%$。

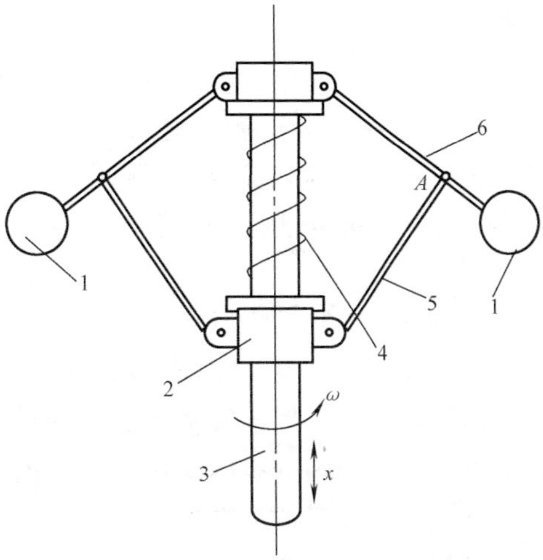

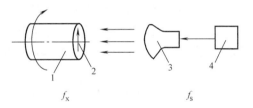

图 6-19　离心式转速表的结构原理
1—垂锤　2—套筒　3—转轴　4—弹簧　5—拉杆　6—连杆

4. 频闪转速表

频闪转速表测量的基本原理是基于人眼的视觉暂留现象，工作原理如图 6-20 所示。频率可调的多谐振荡器 4 产生某一频率的等幅信号，控制频闪管 3 发出相同频率的闪光至被测转轴 1 的反光标志 2 上。设 f_s 和 f_x 分别表示闪光频率和被测转轴的转动频率。当 $f_x = f_s$ 时，由于人眼的视觉惰性，反光标志看起来似乎在某一位置是停止不动的；当 $f_x < f_s$ 时，反光标志向与转轴转动的相反方向旋转；当 $f_x > f_s$ 时，反光标志则向与转轴转动的相同方向旋转。调节多谐振荡器的频率 f_s，直至看到反光标志最亮，且似乎静止不动时，可从仪器指示盘上直接读出被测的转速。

图 6-20　频闪转速表的原理图
1—被测转轴　2—反光标志　3—频闪管
4—多谐振荡器

频闪转速表方便灵活，可随意搬动测试，适用于中、高速测量，精确度为 $0.1\% \sim 2\%$。

6.3.2　计数式测速法

1. 测频计数式

测频计数式的方法有很多，其共同特点是在指定时间 T 内对转速传感器发出的脉冲进行计数。若每转一周传感器发出的脉冲数为 m，T 时间内的脉冲计数值为 N，则传感器脉冲的频率为

$$f = \frac{N}{T} = m \times \frac{n}{60} \qquad (6\text{-}8)$$

每分钟的转数 n 为

$$n = \frac{60N}{mT} \qquad (6\text{-}9)$$

由式(6-9)可见，测得 T 时间内传感器脉冲的个数 N 即可求得转速 n。m 的数值最好是 60 的整数倍。

（1）光电式　光电式转速传感器通常先将转速转换为光脉冲，再利用光电变换器将光脉冲变换成电脉冲，用频率计记录脉冲数，便可求出转速。根据光线照射到光电变换器上的方法不同分为反射式和直射式两种。

1）反射式。图 6-21 所示为反射式光电转速传感器的结构及工作原理图。在被测装置的转轴 7 上，用金属箔或反射纸带沿圆周方向贴上均匀分布的黑白相间的条纹。测量时，将传感器对准反射面，从光源 1 发出的光线经聚焦透镜 2 形成平行光束照射到半透明膜片 3 上，部分光线经反射并经过聚焦透镜 4 聚焦后照射在转轴黑

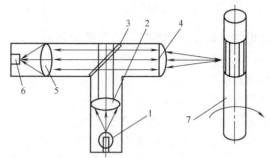

图 6-21　反射式光电转速传感器
1—光源　2、4、5—聚焦透镜　3—半透明膜片
6—光电元件　7—被测轴

白相间的条纹上。当转轴旋转时，具有反射能力的白条纹将光线反射回来，经透镜 4 变成平行光，透过半透明膜片 3 由聚焦透镜 5 聚焦到光电元件 6 上，形成电脉冲。此电脉冲与转速成正比，用数字测量电路就可以记录这个电脉冲的个数。

反射式光电转速传感器进行非接触测量，使用方便，不对被测系统造成附加载荷。国产 SZGB-Ⅱ型反射式光电转速传感器的测量范围为 30～4800r/min，被测轴径要求大于 3mm。

2）直射式。直射式光电转速传感器的原理如图 6-22 所示。在被测轴上，装上测速圆盘 2，沿圆盘的圆周均匀开有直径相同的小孔或槽，在圆盘的两侧装有光源 4 和光电管 3，当圆盘转动时，光源发出的光就不断投射到光电管上，产生一个一个的电脉冲。当圆盘转动一周时，光电管发出与圆盘上孔数相同的脉冲数，单位时间内的脉冲数与转速成正比。

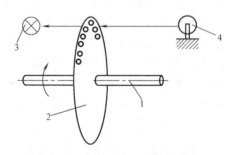

图 6-22　直射式光电转速传感器
1—被测轴　2—测速圆盘　3—光电管　4—光源

SZGB 型直射式光电转速传感器就是根据这个原理制成的，有单向和双向两种，每转脉冲数为 20～50，可测转速为 1000r/min。

（2）磁电式　磁电式转速传感器是利用磁电变换器将转速变成电信号，因为输出电压与转速成正比，故用模拟电路测量其输出电压的大小就可获得转速值。又由于感应电动势的频率和转速成正比，因而利用脉冲数字电路测其频率，就可以得到转速值。

闭磁路式转速传感器的结构原理如图 6-23 所示。它由转轴、转子、压块、永久磁铁、线圈架、线圈、定子和轴承等部分组成。定子和转子用工业纯铁制成，它们的圆环断面上铣有正弦波的槽，当转子转动时，转子相对于定子的间隙按正弦曲线的幅值在轴间变化，磁路中的磁通就发生变化，在线圈中产生的感应电动势也发生变化，其大小和频率均与转速有关。SZMB-4 型磁电式转速传感器就是根据此原理制成的，它测量转速的范围是 50～15000r/min。

（3）霍尔式　利用霍尔元件也可以实现非接触转速测量，如图 6-24 所示。

如图 6-24a 所示，将一非磁性圆盘固定在被测转轴上，圆盘的周边上等距离地嵌装着 m 个永久磁钢，相邻两个磁钢的极性相反。由磁导体和置于磁导体间隙中的霍尔元件组成测量头，磁导体尽可能安装在磁钢边上。当圆盘转动时，霍尔元件感受的磁感应强度周期性变化，霍尔元件输出正负交变的周期电动势。

图 6-24b 所示是在被测轴上安装一个齿轮状磁导体，对着齿轮固定一个马蹄形的永久磁铁，霍尔元件黏贴在磁极的端面上。当被测轴转动时，带动齿轮状磁导体转动，于是霍尔元件磁路中的磁阻发生周期性变化，使霍尔元件感受的磁感应强度也发生周期性的变化，从而输出一系列频率与转速成比例的单向电压脉冲。

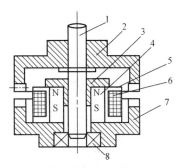

图 6-23　闭磁路式转速传感器的结构原理图
1—转轴　2—转子　3—压块　4—永久磁铁
5—线圈架　6—线圈　7—定子　8—轴承

以上两种霍尔式转速传感器，配以适当的电路即可构成数字式或模拟式非接触型转速表，这种转速表对被测轴影响小，输出信号的幅值又与转速无关，因此测量精确度高，测速范围大致为 $1 \sim 10^4\,\mathrm{r/min}$。

2. 测时计数式

当转速较慢或需要测量瞬时转速时，通常采用测量每转过一指定的 $\Delta\theta$ 角所需时间 Δt_i 的方法，按式（6-4）计算瞬时角速度 ω_i，有

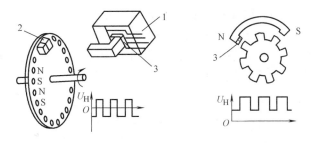

a) 被测轴上安装非磁性圆盘　　　b) 被测轴上安装齿轮状磁导体

图 6-24　霍尔式转速传感器
1—测量头　2—永久磁钢　3—霍尔元件

$$\omega_i = \frac{\Delta\theta}{\Delta t_i} \qquad (6\text{-}10)$$

若计时脉冲的频率为 f_0，Δt_i 时间内计入的时钟脉冲个数为 N_i，则

$$\Delta t_i = \frac{N_i}{f_0} \qquad (6\text{-}11)$$

通常每一周均匀分为 m 个测量点，每两个相邻测量点的间距均为 $\Delta\theta = 2\pi/m$，只要测出转过各段 $\Delta\theta$ 所需时间 Δt_i 内的计时脉冲数 N_i，据式（6-10）和式（6-11）即可求出每个测量点的瞬时角速度为

$$\omega_i = \frac{2\pi f_0}{m N_i} \qquad (6\text{-}12)$$

式中，$i = 1，2，\cdots，m$。

这种测量转速的方法称为测时法，这种方法的特点是把转速的测量转化为时间的测量。

若被测转轴匀速转动，则各瞬时角速度相等，均为

$$\omega = \frac{2\pi f_0}{mN} \qquad (6\text{-}13)$$

由式(6-13)可见，m 和 N 越大，f_0 越小，ω 的测量精确度越高。

当转速很慢时，通常是测量转动周期来反映转动快慢，若每转 $1/m$ 周计入的时钟脉冲个数为 N，时钟脉冲周期为 T_0，则转动周期为

$$T = mNT_0 \qquad (6\text{-}14)$$

6.3.3　激光式测速法

采用激光测速是因为激光是具有高亮度、低发散角的单色相干光源。采用激光测量转速具有如下的优点：

1）工作环境的杂光或振动对激光测速没有影响，抗干扰能力强，工作可靠。

2）因为激光的高亮度，使非接触测量的工作距离可达 10m 左右。

1. 激光测量转速的原理

如图 6-25 所示，在被测物体 6 的端面上贴一块定向反射材料 7，它随物体一起转动。激光器 1 发出的光束经过半透半反射镜 8 后，分成两路，一路透过 8 前行，经过透镜 4、5 聚焦在被测旋转物体 6 的端面上，另一路经过 8 反射后成为与光轴垂直并向上的光束。当激光束照射在被测物体端面上没有定向反射材料的区域时，激光束产生漫反射，激光传感器不会接收到任何信息；相反，

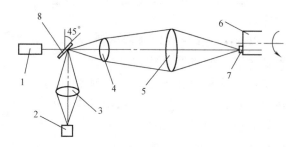

图 6-25　激光测量转速原理图
1—激光器　2—检测器　3、4、5—透镜　6—被测物体
7—定向反射材料　8—半透半反射镜

当激光束照射在定向反射材料 7 上时，一部分激光束沿原路返回，经 8 反射后一部分激光束会聚在检测器 2 上。因此，被测物体每转一周，定向反射材料 7 被激光照射一次，检测器 2 就收到一个激光脉冲，再经过后续处理，就可以获得转速值。

2. 采用激光测量速度（多普勒测速法）

多普勒效应指出：当单色光束入射到运动体上某点时，光波在该点（散射中心）被运动体散射，散射光频率和入射光频率相比较，产生了正比于运动体运动速度的频率偏移，这种偏移即被称为多普勒频移。或者换句话说，因为观察者观察到的是散射后的光线，所以原光线和观察者有相对运动。如图 6-26 所示，观察者接收到的频率和光源发出的频率不同，即发生了频移，

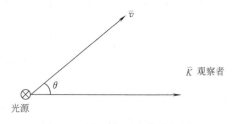

图 6-26　光源相对观察者运动

两个频率满足关系式：

$$f = f_0 \left(1 + \frac{v_1}{c}\right) = f_0 \left(1 + \frac{\overline{v} \cdot \overline{K}}{c}\right) \qquad (6\text{-}15)$$

式中，$\overline{v}$ 是光源的运动速度；$\overline{K}$ 是光源与观察者连线方向上的单位矢量；f 是观察者接收到的频率；f_0 是光源的频率；v_1 是 $\overline{v}$ 在 $\overline{K}$ 上的分量；c 是光速。

从式(6-15)可以看出，多普勒频移不仅与入射光本身的频率有关，而且带有运动体的速度信息，如果能测出多普勒频移，就可以知道运动速度。

6.4 力学量的测量

6.4.1 荷重传感器与电子秤

用于测量重力的力传感器称为荷重传感器，它是各类电子秤中能把荷重转换为电量输出的装置，在电子秤中俗称为"压头"。电子秤主要由荷重传感器及显示仪表组成。显示仪表有模拟显示和数字显示两种，随着计算机技术的发展，目前已经研制出各种带微型计算机控制的电子秤。电子秤的种类很多，常见的有以下几种。

1. 电子吊车秤

电子吊车秤将荷重传感器直接安装在吊车的吊钩或行车的小车上，在吊运过程中，可直接称量出物体的重量，并通过传输线送到显示仪表显示出来。这种秤广泛应用于工厂、仓库及港口等，是应用较多的一种电子秤。

2. 电子料斗秤

电子料斗秤是冶金、化工生产中用来配料的称重装置。当物料从料仓注入料斗后，荷重传感器将料斗的重量转换为电信号，送到二次仪表显示出来。

3. 电子平台秤和轨道秤

电子平台秤主要用于载重汽车、卡车等重量的称量。轨道秤（轨道衡）是列车在一定速度行进状态下，能连续自动地对各节货车进行称重的大型设备，主要用于车站货场、码头仓库以及进料场等。

4. 电子皮带秤

电子皮带秤是在皮带传送装置中安装的自动称量装置，它不但能称出某一瞬间传送带所输送的物料的重量，而且可以称出某段时间内输送物料重量的总和，广泛应用于矿山、矿井、码头及料场等。

电子皮带秤测量系统如图 6-27 所示，在传送带中间的适当部位，有一个专门用作自动称量的框架，这一段的长度 L 称为有效称量段。设某一瞬时 t 在有效称量段上的物料重量为 ΔW_g，经称量框架传给力敏传感器，使传感器产生应变，应变检测桥路及放大器输出的电压信号 E_1 与 ΔW_g 成正比。设有效长度 L 的单位长度上的料重为 $g(t)$，则

$$g(t) = \frac{\Delta W_g}{L} \tag{6-16}$$

显然 E_1 与 $g(t)$ 成正比，即 $E_1 = C_1 g(t)$。设传送带的移动速度为 $v(t)$，则传送带的瞬时输送量为

$$W(t) = g(t)v(t) \tag{6-17}$$

由此可见，要想测量传送带的瞬时输送量，不仅要测出 $g(t)$，而且还必须测出传送带的传送速度 $v(t)$。一般要通过传送带摩擦滚轮带动速度变换器，把滚轮的转速（正比于传送带传送速度）转换成频率信号 f，再经过频率/电压转换电路转换成与 $v(t)$ 成正比的电信号 E_2，$E_2 = C_2 v(t)$。

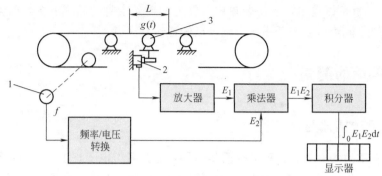

图 6-27　电子皮带秤原理图

1—转速传感器　2—力敏传感器　3—秤架

将 E_1、E_2 相乘后再进行积分，即可得出 $0\sim t$ 时间内输送物料的总重量：

$$W_g = \int_0^t W(t)\,dt = C\int_0^t E_1 E_2\,dt \qquad (6\text{-}18)$$

式中，C 是比例系数，$C = 1/(C_1 C_2)$。

6.4.2　加速度与振动的测量

凡是能够用于测量位移和速度的检测原理都可以用于加速度与振动的测量。凡是能将振动量转换成电信号的装置称为振动测量传感器（或测振传感器）。振动测量的种类较多，根据被测振动参数来分，有振动位移传感器、振动速度传感器和振动加速度传感器；根据所采用传感器的工作原理来分，有应变式、压电式、电涡流式、电容式、差动变压器式、电感式、磁电式和光电式等；根据选定的运动参照点来分，有相对振动传感器和绝对振动传感器。

1. 测振传感器的分类

在图 6-28 所示的测振系统力学模型中，有一个质量块 m、弹簧 K 和阻尼器 c（包括弹性体的内耗及弹性滞后），这样的测振系统统称为惯性式测振系统。惯性式测振系统必须紧固在被测振动体 A 上。当测振系统自身的固有振动频率 f_0 $\left(f_0 = \dfrac{1}{2\pi}\sqrt{\dfrac{K}{m}}\right)$ 远小于被测振动体 A 的振动频率 f，即 $f_0 < 5f$ 时，质量块相对于壳体的振幅 z 将与振动体 A 的振幅 x 成正比，这样的测振传感器称为振幅计，如差动变压器式测振仪等；当 $f_0 \approx f$，且阻尼 c 很大时，质量块的振幅 z 将与振动体 A 的振动速度 v 成正比，这样的测振传感器称为速度计，如磁电式速度传感器等；当 $f_0 \geqslant 5f$ 时，质量块与振动体 A 一起振动，质量块与振动体 A 所感受到的振动加速度基本一致，这样的测振传感器称为加速度计，如压电式振动加速度传感器等。

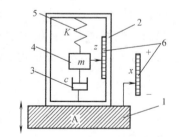

图 6-28　测振系统力学模型

1—振动体基座　2—壳体　3—阻尼器
4—惯性体　5—弹簧　6—标尺

2. 典型的测振传感器

（1）磁电式速度传感器　磁电式速度传感器是利用电磁感应原理将传感器与壳体的相对速度转换成电压输出。磁电式速度传感器可分为磁电式相对速度传感器和磁电式绝对速度传感器两种类型。

图 6-29 所示为磁电式相对速度传感器的结构图，它用于测量两个试件之间的相对速度。壳体 6 固定在一个试件上，顶杆 1 顶住另一个试件，磁铁 3 与壳体构成磁回路，线圈 4 置于回路的缝隙中，两个试件之间的相对振动速度通过顶杆使线圈在磁场气隙中运动，线圈因切割磁力线而产生感应电动势 e，其大小与线圈运动的速度 v 成正比。如果顶杆运动符合跟随条件，则线圈的运动速度就是被测物体的相对振动速度，因而输出电压与被测物体的相对振动速度成正比关系。

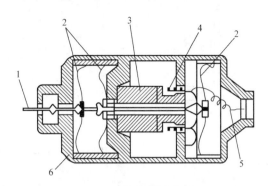

图 6-29　磁电式相对速度传感器
1—顶杆　2—弹簧片　3—磁铁　4—线圈
5—引出线　6—壳体

图 6-30 所示为磁电式绝对速度传感器的结构图。磁铁 4 与壳体 2 形成磁回路，装在芯轴 6 上的线圈 5 和阻尼环 3 组成惯性式测振系统的质量块在磁场中运动。弹簧片 1 径向刚度很大，轴向刚度很小，使惯性式测振系统既可得到可靠的惯性支承，又可保证有很低的轴向固有频率。铜制的阻尼环 3 一方面可增加惯性式测振系统质量块的质量、降低固有频率，另一方面又利用闭合铜环在磁场中运动产生的磁阻尼力使振动系统具有适当的阻尼，以减小共振对测量精确度的影响，并能扩大速度传感器的工作频率范围，有助于衰减干扰引起的自由振动和冲击。

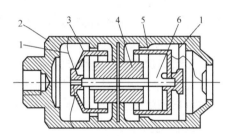

图 6-30　磁电式绝对速度传感器
1—弹簧片　2—壳体　3—阻尼环　4—磁铁
5—线圈　6—芯轴

当速度传感器承受沿其轴向的振动时，包括线圈在内的质量块与壳体发生相对运动，线圈在壳体与磁铁之间的气隙中切割磁力线，产生磁感应电动势 e（其大小与相对速度成正比）。当 $\omega \gg \omega_0$（临界频率）时，相对速度可以看成是壳体的绝对速度，因此输出电压也就与壳体的绝对速度成正比。当阻尼比 $\zeta = 0.5 \sim 0.7$，$f_0 = 10 \sim 15\mathrm{Hz}$ 时，用这类传感器来测量低频振动（$1.7\omega_0 < \omega < 6\omega_0$），就只能保证幅值精确度，无法保证相位精确度。因此，在低频范围内绝对速度传感器的相频特性很差，在涉及相位测量的情况下要特别注意。

（2）压电式加速度传感器　压电元件根据接受压力和变形方式可分为厚度变形、长度变形、体积变形和厚度剪切变形四种。相应的传感器也有几种，最常见的是基于厚度变形的压缩式和基于剪切变形的剪切式两种。图 6-31 所示为四种典型的压电式加速度传感器。

图 6-31a 中为外圆配合压缩式，国产的 822 型与 YD 型均为这种结构，通过硬弹簧对压电元件施加预应力。这种传感器结构简单、灵敏度高，但对环境比较敏感。图 6-31b 中为中心压缩式或单端压缩式（SEC），它具有高的灵敏度和高的共振频率，克服了对环境敏感的缺点，外壳仅起保护作用，与质量块、压电元件不直接接触，也可以将弹簧 4 改为螺母，将预应力加在压电元件 2 上，压电元件同时充当弹簧，但底座仍受安装表面的影响。ENDEVCO 公司生产的 ISOBASE 型加速度计，采用特殊的结构，将外壳与底座尽量分离开，从而把底座耦合的影响减小到最小，因而更适合于低振动级的测量，也较适合用于安装表面上有应力

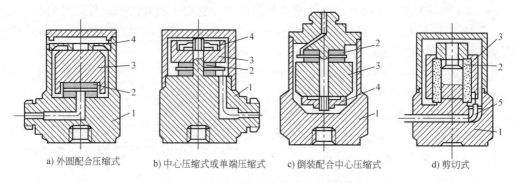

a) 外圆配合压缩式 b) 中心压缩式或单端压缩式 c) 倒装配合中心压缩式 d) 剪切式

图 6-31 压电式加速度传感器的结构形式

1—底座 2—压电元件 3—质量块 4—压簧或螺母 5—导线

的地方，或温度不稳定的地方。图 6-31c 是倒装配合中心压缩式结构。由于中心柱离开底座，所以可以避免底座变形引起的误差，但由于壳体是质量弹簧系统的一个组成部分，壳体的谐振会使传感器的谐振频率有所下降。图 6-31d 是剪切式传感器，它的底座向上延伸，如同一根圆柱，管式压电元件（极化方向平行于轴线）套在这根圆柱上，压电元件外圈再套上惯性质量环，压电元件受剪切变形。这种结构的传感器径向灵敏度大，横向灵敏度小，而且能有效减小底座应变的影响，它受噪声和温度等环境因素的影响也比较小，具有很高的固有振动频率，体积和质量都很小，特别适合于测量高频振动。

（3）压阻式加速度传感器 压阻式加速度传感器的工作原理是基于半导体材料的压阻效应。压阻式加速度传感器有两种形式：一种是将半导体应变片成对地安装在悬臂梁上组成，如图 6-32 所示；另一种是用扩散原理对硅片进行化学腐蚀，使其成为一个具有质量块、弹簧和四臂电桥的整体。这是一种硅片微机械加工技术，它能产生一个极小而牢固、具有兆级共振频率、线性范围在 $10^4 \times 9.8 \text{m/s}^2$ 以上的单体结构，如图 6-33 所示。如美国 ENDEVCC 公司生产的 7270A-200K 型微运动机构压阻式冲击加速度计，电压灵敏度为 $10^{-5} \text{mV}/(9.8 \text{m/s}^2)$，下限频率可测直流，谐振频率为 1200kHz，可测最大冲击加速度为 $19.6 \times 10^5 \text{m/s}^2$，但其价格昂贵。

图 6-32 所示为悬臂梁压阻式加速度传感器的典型结构。在悬臂梁的上下两侧分别黏贴两片半导体应变片，构成电桥电路。灵敏度的温度补偿用热敏电阻，为了扩大使用范围，克服半导体应变片温度稳定性差的缺点，在电路构成上做了特殊的处理，在 $-18 \sim 66$℃ 的温度

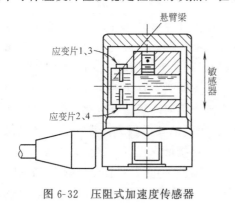

图 6-32 压阻式加速度传感器

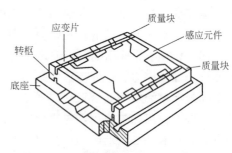

图 6-33 微机械加工的压阻式加速度传感器的敏感元件

范围内，灵敏度变化小于 5%。这种传感器的最大特点是低频响应可以到直流，适用于测量持续时间长的振动或冲击，体积小，质量轻（＜30g），谐振频率在 2.5～70kHz 范围内，电压灵敏度在 0.1～20.0mV/(9.8m/s²) 之间。

（4）电容式加速度传感器　图 6-34 所示为电容式加速度传感器的结构示意图。质量块 4 由两根簧片 3 支承，置于充满空气的壳体 2 内。当测量垂直方向上的直线加速度时，传感器壳体固定在被测振动体上，振动体的振动使壳体相对质量块运动，因而与壳体固定在一起的两固定极板 1、5 也相对质量块运动，致使固定极板 5 与质量块的 A 面（磨平抛光）组成的电容 C_{x1} 的值以及下固定极板 1 与质量块的 B 面（磨平抛光）组成的电容 C_{x2} 的值随之改变，一个增大，一个减小，它

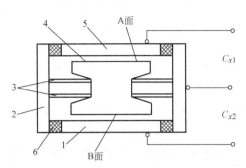

图 6-34　电容式加速度传感器的结构示意图
1、5—固定极板　2—壳体　3—簧片
4—质量块　6—绝缘体

们的差值正比于被测加速度。这种加速度传感器的测量精确度较高，频率响应范围宽，量程大，可用于较高加速度值的测量。

6.5　厚度、直径的测量

6.5.1　厚度的测量

两平面间垂直距离的大小称为厚度。厚度测量和位移测量一样也属于长度测量范畴，在很多情况下，可以用测长度、测位移的传感器及技术来测厚度。厚度的测量与控制在工业生产中有着重要的应用，例如，在轧钢、纺织和造纸等工业生产过程中，为了保证产品质量，必须对产品的厚度进行在线和非接触式的测量与控制。此外，厚度测量一般又分为绝对厚度测量和相对厚度测量。相对厚度测量往往不需要知道绝对厚度，而只要测出相对于标准厚度的偏差即可。从测量对象看，除了进行板材、带材和管材的厚度测量外，还有一些涂层或镀层的厚度测量。

1. 核辐射厚度计

图 6-35 所示为核辐射厚度计的原理图。辐射源在容器内以一定的立体角发出射线，其

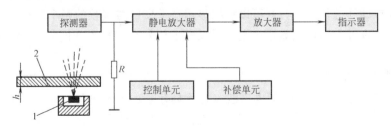

图 6-35　核辐射厚度计原理图
1—放射源　2—被测物体

强度在设计时已经选定。当射线穿过被测物体后，辐射强度被探测器接收。在 β 辐射厚度计中，探测器常用电离室，电离室输出一电流，其大小与进入电离室的辐射强度成正比。核辐射的衰减规律为 $I = I_0 e^{-\mu x}$，从测得的 I 值可获得被测物体的厚度 x，也就可以得到厚度 h 的大小。在实际的 β 辐射厚度计中，常用已知厚度 h 的标准片对仪器进行标定，在测量时，可根据校正曲线指示出被测物体的厚度。

由于对被测介质进行的是非接触测量，因而核辐射厚度计适用于高温、强腐蚀、剧毒及易燃易爆等介质的厚度测量。又因为放射线不受温度、压力、湿度以及电磁场等的影响，故这种厚度计可用于恶劣环境下，并且不常有人到的地方。放射线对人体有害，所以对它的剂量和使用范围要加以控制和限制。

2. 超声波传感器测厚度

用超声波传感器测量金属零件、钢管等的厚度，具有测量精确度高、测量仪器轻便、操作安全简单、易于读数和实现连续自动检测等一些优点。但是对于声衰减很大的材料，以及表面凹凸不平或形状很不规则的零件，超声波传感器测厚度较难实现。

超声波传感器测厚度的方法主要有脉冲回波法、共振法和干涉法等几种。应用较为广泛的是脉冲回波法，其原理如图 6-36 所示。脉冲回波法测量试件的厚度主要是测量超声波脉冲通过试件所需的时间间隔 t，然后根据超声波脉冲在试件中的传播速度 v 求出试件的厚度。主控制器控制发射电路发出一定重复频率的脉冲信号，送往发射电路，经电流放大激励压电式探头，以产生重复的超声波脉冲，并耦合到被测试件中，超声波脉冲传到试件另一面被反射回来，被同一探头接收。如果超声波在

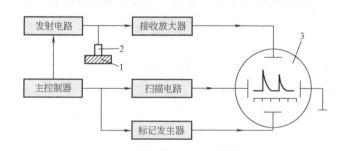

图 6-36 脉冲回波法测量原理图
1—试件 2—换能器 3—示波器

试件中的传播速度 v 是已知的，设试件厚度为 d，脉冲波从发射到接收的时间间隔 t 可以测量，因此可求出试件的厚度为

$$d = vt/2 \tag{6-19}$$

可用图 6-36 所示的方法，将发射和回波反射脉冲加至示波器垂直偏转板上，标记发生器输出已知时间间隔的脉冲，也加在示波器垂直偏转板上。因此可以从显示器上直接观察发射和回波反射脉冲，并求出时间间隔 t。标记信号一般是可调的，可根据测量要求选择。如果预先用标准试件进行校正，则可以根据显示器上发射与接收的两个脉冲间的标记信号直接读出厚度值。也可以用稳频晶振产生的时间标准信号来测量时间间隔 t，从而做成厚度数字显示仪表。

3. 微波传感器测厚度

微波是波长为 $1mm \sim 1m$ 的电磁波，它既具有电磁波的性质，又与普通的无线电波及光波不同。微波的空间辐射装置容易制造，遇到各种障碍物易于反射，绕射能力差，传输特性好。微波传感器就是根据微波特性来检测某些物理量的器件或装置。

（1）微波传感器的组成及原理 微波振荡器和微波天线是微波传感器的重要组成部分，

微波振荡器是产生微波的装置，由于微波很短，频率很高（300MHz～300GHz），要求振荡回路有非常小的电感与电容，因此不能用普通晶体管构成微波振荡器。

由微波振荡器产生的微波需要用波导管（波长在10cm以上可用同轴电缆）传输，并通过天线发射出去。为了使发射的微波具有一致的方向性，天线应具有特殊的结构和形状。常用的天线有喇叭形天线、抛物面天线和介质天线等。

微波传感器具有检测速度快、灵敏度高、适应环境能力强及非接触测量等优点。它的原理是由发射天线发出的微波，遇到被测物时将被吸收或反射，使功率发生变化。若利用接收天线接收通过被测物或由被测物反射回来的微波，并将它转换成电信号，再由测量电路处理后，显示出被测量，就实现了微波检测。

与一般传感器不同，微波传感器的敏感元件可认为是一个微波场，它的其他部分可视为一个转换器和接收器，如图6-37所示。转换器可以是一个微波场的有限空间，被测物即处于其中。如果微波源与转换器合二为一，则称之为有源微波传感器；如果微波源和接收器合二为一，则称之为自振荡式微波传感器。

图6-37　微波传感器的构成

（2）微波测厚仪　微波测厚仪是利用微波在传播过程中遇到被测物金属表面被反射，且反射波的波长与速度都不变的特性进行厚度测量的，如图6-38所示。在被测物的上下两个金属表面各安装一个终端器，微波信号源发出的微波，经过环行器A和上传输波导管传输到上终端器，由上终端器发射到被测物上表面，微波在被测物上表面全反射后又回到上终端器，再经上传输波导管、环行器A和下传输波导管传输到下终端器，由下终端器发射到被测物下表面的微波，经全反射后又回到下终端器，再经过下传输波导管回到环行器A。因此被测物的厚度与微波传输过程中的行程长度有密切关系，当被测物厚度增加时，微波传输的行程长度便减小。

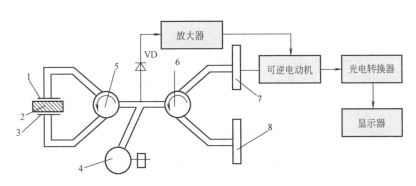

图6-38　微波测厚仪的原理图

1—上终端器　2—被测物　3—下终端器　4—微波信号源　5—环行器A　6—环行器B
7—补偿短路器　8—振动短路器

一般情况下，微波传输的行程长度的变化非常微小。为了精确地测量出这一微小的行程长度变化，通常采用微波自动平衡电桥法。以微波传输行程作为测量臂，而完全模拟测量臂的微波传输过程设置了一个参考臂，如图6-38右臂所示。若测量臂与参考臂的行程长度完全相同，则反相叠加的微波经检波器VD检波后，输出为零；若两臂行程长度不同，则反射回来的微波的相位角不同，经反射叠加后不能相互抵消，经检波器检波后便有不平衡信号输出。此差值信号经过放大器后控制可逆电动机旋转，带动补偿短路器产生位移，改变参考臂的行程，直到两臂行程长度完全相同为止。

补偿短路器的位移与被测物厚度增加量之间的关系为

$$\Delta S = L_B - (L_A - \Delta L_A) = L_B - (L_A - \Delta h) = \Delta h \qquad (6\text{-}20)$$

式中，L_A 是电桥平衡时测量臂的行程长度；L_B 是电桥平衡时参考臂的行程长度；ΔL_A 是被测物厚度变化 Δh 后引起测量臂行程长度的变化值；Δh 是被测物厚度的变化值。

由式(6-20)可知，补偿短路器的位移值 ΔS 即为被测量的变化值 Δh。

6.5.2　直径的测量

20 世纪 50 年代末，出现了激光理论；20 世纪 60 年代初，激光由于亮度高、单色性好、相干性好和方向性好等优点被广泛应用于精密测量技术中；20 世纪 70 年代起，激光测径仪得到了发展，可以对棒材、线材和管材的外径进行动态测量，测量范围可从几十微米到几百毫米，精确度可达 $0.1\% \sim 1\%$。

1. 激光测量直径的工作原理

用一束细光束以恒定的速度扫描被测线材，同时由放在线材另一侧的光电元件来接收光线。当光束扫描无线材区域时，由于没有遮光物，所以光电元件接收到光能，有信号输出；当光束扫描线材时，由于线材遮光，光电元件接收不到光能，故无信号输出。光电元件输出的电信号是一个方波脉冲，脉冲宽度与线材直径成正比。测出这个脉冲的宽度，原则上就测量了线材的直径，其工作原理如图 6-39 所示。

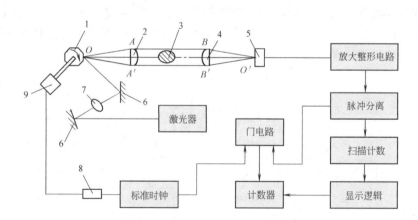

图 6-39　激光测径仪的工作原理图

1—多面棱镜　2、4—前后透镜　3—被测线材　5—光电元件　6—反射镜
7—透镜　8—同步供电装置　9—同步电动机

为了得到细光束，这里采用氦-氖激光器，激光具有其他光束无法比拟的优点。为了使光束以恒定的速度扫描测量区域，这里采用一个同步电动机 9 来带动多面棱镜 1 旋转，光线经过棱镜反射后，形成速度恒定的扫描光线，再经过前透镜 2 将旋转的光束变成平行移动的光束来扫描测量区域，通过后透镜 4 再把平行光束会聚到光电元件 5 上，光电元件再把光信号转变成电信号。本仪器利用石英晶体振荡器的振荡周期作为测量线材脉冲宽度的时间基准。

如图 6-39 所示，激光器发出的细光束，经光路透射到多面棱镜上，由于棱镜随着电动机匀速转动，那么反射光线以反射点 O（O 点为前透镜的焦点）为中心匀速旋转起来；此光线经过前透镜折射后则变为平行的扫描光束，此光束会先经过路径 $OABO'$，随着棱镜的旋转，它会向路径 $OA'B'O'$ 移动。平行扫描光束经后透镜聚焦在光电元件 O'（O' 为后透镜的焦点）上，光电元件把光信号转变成电信号，此信号是一个方波脉冲信号（低电平对应着线材遮光部分）。如果激光束很细，以至于可以看成理想的几何光线，那么线材脉冲就是一个理想的方波。

2. 误差分析

实质上光线扫描的线速度是不均匀的，即不是匀速的，这导致了原理误差。原理误差随着线材中心位置偏离光轴而增大，随线材直径而增大，当增大焦距 F 时，可减小误差，但 F 的增大会降低仪表的读数精确度。此测量系统采用了透镜，由于存在透镜像差或系统装校不合适，扫描光线不是严格的平行光线，光线或多或少地存在会聚或发散等，这些都会导致出现测量误差。另外，由于激光束不是几何光线，它有一定的线性度，当它与线材相遇时，光电元件输出的光电流是一个逐渐变化的过程，因此线材脉冲的上升和下降沿有一定的过渡时间，导致整形后的线材脉冲宽度变化，这也可以引起相应的测量误差。

本 章 小 结

本章主要介绍了能够检测位移、转速、加速度、振动、厚度和直径等机械量的传感器。位移的测量介绍了电感式传感器、霍尔式传感器、光纤式传感器和计量光栅；转速的测量介绍了模拟式测速法、计数式测速法和激光式测速法；力学量的测量介绍了各种电子秤和振动与加速度的测量方法；最后介绍了厚度与直径的测量方法。

本章需要重点掌握的有各种传感器的工作原理，它们的优缺点及应用场合。本章的难点在于有关激光式传感器（激光式测速法和激光式传感器测直径）的知识以及关于振动和加速度的测量方法，这些可以作为了解的内容来学习。

思考题和习题

1. 差动式自感传感器与简单自感传感器相比有哪些优缺点？
2. 差动变压器的测量电路中相敏整流器的作用是什么？
3. 霍尔式传感器测量位移的原理是什么？霍尔式传感器在应用时有哪些优缺点？
4. 试分析莫尔条纹放大作用的原理，并讨论数量关系。
5. 测速发电机的工作原理是什么？应用上有什么特点？
6. 反射式光电转速传感器的结构和工作原理是什么？
7. 电子吊车秤、电子料斗秤、电子平台秤和电子皮带秤分别可以应用于哪些不同场合？
8. 从测量原理分析，有哪些传感器可以用于测量加速度？
9. 除了本章介绍的几种测量厚度的传感器以外，还有哪些传感器可以用于测量厚度？试分析它们的工作原理。

第7章

分析仪器

7.1 概述

分析仪器是用来测量物质（包括混合物和化合物）成分、含量及某些物理特性的一类仪器的总称。用于实验室的称为实验室分析仪器，用于工业生产过程的称为过程在线自动分析仪器，也称为流程分析仪器。

在工业生产中，成分分析器为操作人员提供生产流程中的有用参数，或将这些参数送入计算机进行数据处理，以实现闭环控制或报警等。利用成分分析仪器，可以了解生产过程中的原料、中间产品及成品的质量。这种控制显然比控制其他参数（如温度、压力、流量等）要直接得多，特别是与微型计算机配合起来，把成分参数与其他参数综合进行分析处理，将更容易提高调节品质，达到优质、高产、低消耗的目标。

成分自动分析仪器利用各种物质的性质之间存在的差异，把所测得的成分或物质的性质转换成标准电信号，以便实现远传、指示、记录或控制。

7.1.1 过程分析仪器的组成

一般的过程分析仪器主要由4部分组成，其原理框图如图7-1所示。各部分功能如下。

（1）取样预处理及进样系统 这部分的作用是从流程中取出具有代表性的样品，并使其成分符合分析检查对样品的状态条件的要求，送入分析器。

（2）分析器 分析器的功能是将被分析样品的成分量（或物性量）转换成可以测量的量。随着科学技术的进步，分析器可以采用各种非电量电测法中所使用的各种敏感元件，如光敏电阻、热敏电阻及各种化学传感器等。

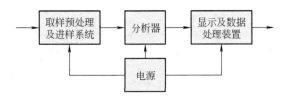

图 7-1 分析仪器的组成原理框图

（3）显示及数据处理系统 该系统用来指示、记录分析结果的数据，并将其转换成相应的电信号送入自动控制系统，以实现生产过程自动化。目前很多分析仪器都配有微型计算机，用来对数据进行处理或自动补偿，并对整个仪器的分析过程进行控制，组成智能分析仪器。

（4）电源 它为取样系统、分析器、显示及数据处理系统等提供稳定、可靠的电压。

1. 取样预处理系统

安装在生产流程中的分析仪器是否能正常地工作，很大程度上取决于取样预处理系统性能的好坏。

取样预处理系统包括取样、输送、预处理（清除对分析有干扰的物质，调整样品的压力、流量和温度等），以及样品的排放等整个系统。

对取样预处理系统的要求：

① 使样品从取样点流到分析器的滞后时间最短；

② 从取样点所取的样品应具有代表性，即与工艺管道（或设备）中的流体组分和含量相符合；

③ 能除去样品中造成仪器内部及管线堵塞和腐蚀的物质，以及对测量有干扰的物质，使处理后的样品清洁干净，压力、温度和流量均符合分析仪器工作要求。

2. 取样系统

（1）取样点选择 取样点选择应满足以下要求：①能正确地反映被测组分的变化；②不存在泄漏；③试样中含尘雾量少，不会发生堵塞现象；④样品不处于化学反应过程之中。

（2）取样探头 取样探头的功能是直接与被测介质接触而取得样品，并且初步净化试样。要求探头具有足够的机械强度，不与样品起化学反应和催化作用，不会造成过大的测量滞后，耐腐蚀，易安装、清洗等。

图 7-2 所示为敞口式探头结构示意图，图 7-2a 所示为一般取样探头，为了取得相对清洁的气样，采用法兰安装，需要清洗探头时，打开塞子，用杆刷插入清洗；当气样中带有较大颗粒灰尘时，可采用带有取样管调整的探头，如图 7-2b 所示，取样管的倾角可根据需要进行调整；图 7-2c 所示为过滤式取样探头，它适用于气样中含有较多灰尘的场合；在需要取得气样温度及气流速度时，可选用图 7-2d 所示的取样探头。以上 4 种探头只要取样管采用适当材料，可在 1000～1300℃ 使用。

（3）探头清洗 有些分析仪器的探头（如离子选择性电极、pH 电极等）经常被介质中的污物污染，导致探头及检测元件反应迟钝，需要定时清洗。清洗时，先用阀门将探头及检测元件与工艺流程隔开。自动清洗装置采用高压的流体喷射，或采用加热、化学法及超声波清洗。常见的清洗器如表 7-1 所示。

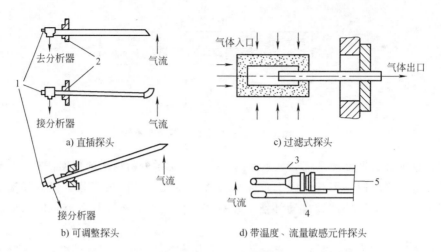

a) 直插探头

b) 可调整探头

c) 过滤式探头

d) 带温度、流量敏感元件探头

图 7-2　探头结构示意图

1—塞子　2—法兰　3—感温元件　4—皮托管　5—探头

表 7-1　常见清洗器的选择

清洗器种类		机 械 式		化 学 式			流体动力学	声学超声波
		刷子	旋转的刮削器	酸	碱	乳化剂		
被测介质	石油、脂肪		√			√		√
	树脂			√				√
	橡胶乳液		√					
	固体悬浮液						√	
	结晶沉积物（碳化物）	√	√	√				
	不结晶沉积物（氢氧化物）	√	√	√				√
清洗器	结构材料	不锈钢	不锈钢	PVC塑料	PVC塑料	PVC塑料	不锈钢	聚丙烯、不锈钢
	使用温度/℃	4～60	4～60	4～60	4～60	4～60	4～120	4～90

　　被分析的样品从工艺流程中取出到试样预处理系统和分析器，要求样品连续输送，并且要保持样品的完整性，因此在特殊情况时，需配备必要的加热或冷却管线等。

3. 试样预处理系统

　　试样预处理系统应除去分析样品中的灰尘、蒸汽、雾、有害物质和干扰组分等，保证样品符合分析仪器规定的使用条件。

　　（1）除尘　按微尘粒径不同，可采用不同的除尘方法。各种除尘器的性能如表 7-2 所示。

表 7-2　除尘器性能

除尘器	原　　理	除尘粒径/μm	含尘浓度	试样速度/(m/s)	压力损失/Pa	除尘率（%）	其　　他
重力沉降式	重力沉降	50 以上	大	0.1～0.4	650～2000	50～90	还能除去部分雾
惯性式		10～20	大	5～10	1300～4000	小	还能除去部分雾
离心式	旋转气流离心力使气固分离	2～20	大	8.5～15	6500～20000	50～90	还能除去部分雾
湿式	液体洗涤	1～5	小	1.5	250～1500	小	还能除雾
过滤式	多孔材质过滤作用	1 以上	小	0.15～0.3	60～150	85 以下	
电气式	静电除尘	5 以上	小	1～20	150～250	85～90	适用于除微尘

常用的除尘器结构如图 7-3 所示。

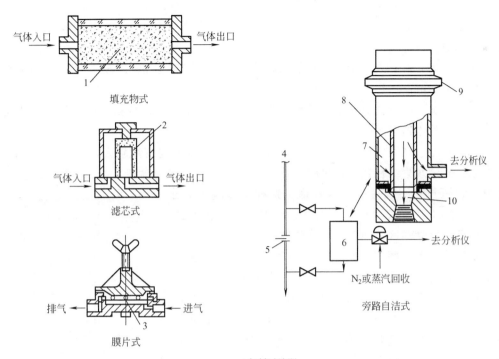

a) 机械过滤器

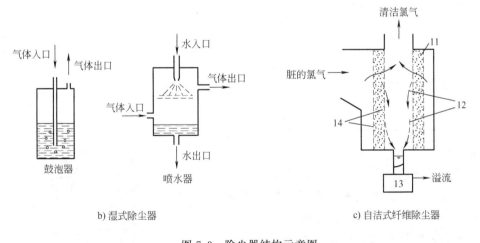

b) 湿式除尘器   c) 自洁式纤维除尘器

图 7-3 除尘器结构示意图

1—填充物 2—滤芯 3—过滤膜片 4—工艺管 5—阻力件 6—回路过滤器 7—清洁试样 8—400 目滤芯
9—快速拆开连接件 10—脏试件 11—纤维 12—排泄液体 13—密封罐 14—筛网

机械过滤器的填充物可以用玻璃棉、动物毛等，不要用植物纤维，如脱脂棉等，因它们遇水后，透气性很差。多孔滤芯可由碳化硅、不锈钢、青铜等粉末烧结而成。过滤薄膜用玻璃纤维布或聚苯乙烯薄膜，它们可以除去 1μm 以上的微尘。自洁式过滤器采用 400 目多孔金属滤芯，其特点是过滤器由流过试样清洗，滤芯不会发生堵塞。

湿式除尘器的原理是气体试样经过水或其他介质时直接进行清洗、吸附、凝缩、起泡等过程，借助吸附力和聚合力将灰尘和其他杂质清除掉。当气样中含有固体、液体及雾杂质时，应采用自洁式纤维除尘器。气样先经过筛网除去尘粒，液体微粒及雾在纤维表面形成液膜，由于气样流动阻力使液膜与纤维表面分离，由液膜本身重力使其向下移动，与此同时纤维得到清洗。

此外，尚有离心式除尘器，它依靠旋转离心力，使粒度和密度较大的物质向四周飞散沉积，能除去 20μm 以上的微尘。

由于各类分析仪器对微尘敏感程度不同，因此需根据具体分析器所允许气样中含尘率，选用合适的除尘器。

（2）除湿 高温气样经过冷却产生凝结水，或气样本身湿度较大，甚至含有大量蒸汽或游离水。凝结水聚结在管内，可能使管道堵塞。如果气样中含有 CO_2、SO_2、SO_3 等可溶性成分，它们与凝结水形成腐蚀性酸，这样不仅腐蚀管道，还给分析结果带来较大误差。因此，要求送入分析器的气样必须是经过除湿器处理后的干燥气体。

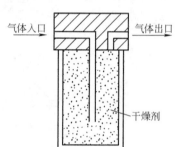

常用除湿器是图 7-4 所示的吸湿过滤器。气样通过干燥剂时，水分被干燥剂吸收。常用干燥剂如表 7-3 所示。应选用与气样不起化学反应及吸附作用的，并且气体通过后的残留水又能符合分析仪器要求的干燥剂。使用时吸湿过滤器中干燥剂需经常更换，并且不能处理含水率高的试样。现在，还有用分子筛作干燥剂的自动活化吸湿器，它能较长时间工作，而且维护简单。

图 7-4 吸湿过滤器

表 7-3 常用干燥剂

干燥剂	气体通过后气样中残留水/(mg/L)	干燥剂	气体通过后气样中残留水/(mg/L)
五氧化二磷	0.00002	氯化钙	0.14
硅胶	0.003	生石灰	0.20
氢氧化钾	0.003		

对于气体中含有较多游离子水的试样，可采用图 7-5 所示的气水分离器进行除湿。当气体流速较小时，靠碰撞及重力作用，除去质量较大的游离水；流速较高时，气体沿分离片旋转，靠离心力析出水滴，通过气水分离器后的残留水为 5%。聚结在底部的冷凝水需定期排走。

（3）有害成分处理 当被分析的气样中含有腐蚀性物质或对测量产生干扰造成分析误差的组分时，应注意选用合适的吸附剂，采用吸收或吸附、燃烧、化学反应等方法除去。常采用的吸附剂性能如表 7-4 所示。

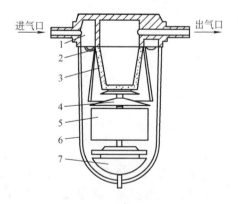

图 7-5 气水分离器工作原理
1—气室 2—分离片 3—过滤器 4—稳流器
5—浮子 6—外壳 7—膜片阀门

表 7-4   吸附剂性能

吸附剂	主要吸收成分	能被吸收的其他成分	吸附剂	主要吸收成分	能被吸收的其他成分
活性炭	SO_3、H_2SO_4		发烟硫酸	不饱和烃	
玻璃棉	油、溶剂、蒸汽	NH_3、SO_2、Cl_2、CO_2、C_nH_n	钯石棉	H_2	
碱灰	SO_2、CO_2	Cl_2、H_2O	硫酸亚铜	CO	
褐铁矿	H_2S、HCN	SO_2、H_2O、CO_2			

此外，还可采用燃烧法，将气样通过催化剂作用在高温燃烧室燃烧，使有害成分通过燃烧转化为无害成分。

（4）压力调整及抽吸装置   当过程压力较高时，取样需采用减压阀和稳压阀，使试样压力符合分析系统的要求，常用针阀，也可用蒸汽减压阀或液体减压阀来进行减压。当过程压力较低时，必须采用抽吸装置将试样从过程中抽出并导入分析系统。常用抽吸装置有振动膜式泵、喷射泵和水流抽气泵等。

（5）取样及预处理系统的配置   取样及预处理系统的配置原则：输送管线及预处理装置不堵塞，不被腐蚀，不泄漏；并且试样经过输送和预处理后不影响分析精确度，仍具有代表性，响应时间快，试样符合分析仪器使用要求；另外还需考虑投资少，维护检修方便等。因此，系统配置的程序为除尘→除湿→减压→除有害成分→调压（或稳压稳流）→分析检测→排放（或放空）。如工艺过程压力较高，则在取样口附近经减压阀减压后，再送入预处理系统。

一般情况下，根据试样压力和温度，连接导管是内径为 $4 \sim 6mm$ 的不锈钢管、铜管、铝管、聚氯乙烯管、尼龙管、橡胶管及玻璃管等。在有可能堵塞处，应局部加粗，避免堵塞。如在试样输送过程中因冷却而产生冷凝液时，则应安装加热伴管，同时还可设置冷凝液收集器。

对于高温、高湿、腐蚀性强、尘粒重、杂质多的试样，可采用带过滤器的取样探头，并且还需设置相应的预处理系统。

7.1.2   过程分析仪器的主要技术特性

过程分析仪器按工作原理可分为磁导式分析器、热导式分析器、红外线分析器、工业色谱仪、电化学式分析器、热化学式分析器和光电比色式分析器等；此外还有超声波黏度计、工业折光仪、气体热值分析仪、水质浊度计及密度式硫酸浓度计等。

过程分析仪器的特点是专用性强，每种分析器的适用范围都很有限。同一类分析器，即使有相同的测量范围，但由于待测试样的背景组成不同，并不一定都适用。目前我国对过程分析仪器各项技术性能的定义和指标还没有统一的规定，但基本的技术性能指标有精度、灵敏度、响应时间等。

（1）精度   由于微型计算机和计算技术的发展，过程分析仪器能自动监测工作条件变化，使用微处理器自动进行补偿，并且不用标准试样，能及时地自动校正零点漂移或由其他原因引起的测量误差，也能对仪器本身进行故障诊断等。这些仪器的精确度可达 $\pm 0.5\%$。一般分析仪器精度为 $\pm(1 \sim 2.5)\%$，微量分析的分析仪器精度为 $\pm(2 \sim 5)\%$，个别的为 $\pm 10\%$ 或更大。

（2）灵敏度   灵敏度是指仪器输出信号变化与被测组分浓度变化之比，比值越大，表明仪器越灵敏，即被测组分浓度有微小变化时，仪器就有较大的输出变化。灵敏度是衡量分析仪器质量的主要指标之一。

（3）响应时间　响应时间是表示被测组分的浓度发生变化后，仪器输出信号跟随变化的快慢。一般从样品含量发生变化开始，到仪器响应达到最大指示值的90％时所需的时间即为响应时间。

自动分析仪器的响应时间越短越好，特别是自动成分分析仪器的输出作在线自控信号时，更显得重要。

7.1.3　过程分析仪器的选用

目前分析气体的分析仪器已广泛应用于在线检测与控制，有些液体试样分析仪器在过程检测中应用也比较成熟。但因分析仪器品种繁多，选用时应根据具体试样及背景进行选择。表 7-5 所示是我国目前已能生产的自动分析仪器。

表 7-5　过程分析仪器选用简表

介质类别	待测组分（或物理量）	背 景 组 成	可选用的过程分析器
气体	H_2	N_2、O_2、Cl_2、Ar	NH_3、SO_2、Cl_2、CO_2、C_nH_n
	O_2	烟道气（N_2、CO_2）	① 热磁式氧分析器 ② 磁力机械式分析器 ③ 氧化锆氧分析器 ④ 极谱式氧分析器
		含过量氢	热化学式氧分析器
		SO_2	氧化锆氧分析器
		N_2、He、Ar	① 氧化锆氧分析器 ② 电化学式微氧分析器
	Ar	N_2、CO_2	热导式氩气分析器
	SO_2	空气	① 热导式 SO_2 分析器 ② 工业极谱式 SO_2 分析器 ③ 红外线 SO_2 分析器
	CH_2	N_2、H_2	红外线 CH_2 分析器
	CO_2	烟道气（N_2、O_2） 窑气（N_2、O_2）	① 热导式 CO_2 分析器 ② 红外线 CO_2 分析器
		N_2、H_2、CH_4	① 红外线 CO_2 分析器
		Ar、CO、NH_3	② 电导式微量 CO_2、CO 分析器
	CO	CO_2、N_2、H_2	① 红外线 CO 分析器 ② 电导式微量 CO_2、CO 分析器
	C_2H_2	空气、O_2 或 N_2	红外线 C_2H_2 分析器
	NH_4	N_2、H_2 等	电化学式（库仑滴定）分析器
	H_2S	天然气等	光电式比色 H_2S 分析器
	可燃性气体	空气	可燃性气体检测报警器
	多组分	各种气体	工业气相色谱仪
	水分	空气、H_2 或 O_2 惰性气体 CO 或 CO_2 烷烃或芳烃等气体	① 电解式微量水分分析器 ② 压电式微量水分分析器

介质类别	待测组分 （或物理量）	背 景 组 成	可选用的过程分析器
液体	热值	燃气、天然气或煤气	气体热值仪
	溶解	除氧器锅炉给水	电化学式水中氧分析器
		水、污水等	极谱式水中溶解氧分析器
	硅酸根	蒸汽或锅炉给水	硅酸根分析器
	磷酸根	锅炉给水	磷酸根分析器
	酸（HCl 或 H_2SO_4 或 H_2NO_3） 碱（NaOH）	H_2O	① 电磁式浓度计 ② 密度式酸碱浓度计 ③ 电导式酸碱浓度计
	盐	蒸汽	盐量计
	Cu	铜氨液	Cu 光电比色分析器
	对比电导率	阳离子交换器出口水	阳离子交换器失效监督仪
		阴离子交换器出口水	阴离子交换器失效监督仪
	电导率	水或离子交换后的水	工业电导仪
	浊度	自来水、工业用水	水质浊度计
	pH	各种溶液	工业酸度计（电极为玻璃电极）
		不含氧化还原性物质、重金属离子与锑电极能生成负离子物质的溶液	锑电极酸度计
	钠离子	纯水	工业钠度计
		联碱生产过程盐析结晶器液体	钠离子浓度计
	黏度	牛顿性液体	超声波黏度计
	折光率或浓度	各种溶液	工业折光仪（光电浓度变送器）

7.2 热导式气体分析仪

热导式气体分析仪属于热学式分析仪器中的一种。它是历史最悠久的一种物理式的分析方法。它结构简单，性能稳定，价格便宜，易于工程上的在线检测。我国生产的热导式分析仪器有氢气、二氧化碳、二氧化硫、氩气、氦气等气体分析仪。

7.2.1 测量原理

热导式气体分析仪是根据混合气体中待测组分含量的变化，引起混合气体总的导热系数 λ 变化这一物理特性来进行测量的。由于气体的导热系数很小，直接测量很困难，因此工业上常常把导热系数的变化转化成热敏元件阻值的变化，从而可由测得的电阻值的变化，得知待测组分含量的多少。

1. 气体导热系数

在热力学中用导热率（也称导热系数）来描述物质的热传导，传热快的物质导热率大。气体的导热率随温度变化而变化，即

$$\lambda_t = \lambda_0(1+\beta t) \tag{7-1}$$

式中，λ_0 为 0℃时的导热率；λ_t 为 t 时的导热率；β 为导热率的温度系数；t 为温度。

2. 混合气体的导热率

实验结果表明，互不发生化学反应的气体混合物的导热率可由下式计算：

$$\lambda = \lambda_1 C_1 + \lambda_2(1-C_1) \tag{7-2}$$

式中，λ 为混合气体的导热率；λ_1、C_1 为待测组分的导热率及百分含量；λ_2 为其他组分的平均导热率。

热导式气体分析仪就是利用各种气体导热率的差异和导热率与含量的关系来进行测量分析的。

7.2.2 热导池的结构

热导式气体分析仪中的测量气室和参比气室，一般称为测量热导池和参比热导池。热导池是热导式气体分析仪的关键部件，它的结构形式直接影响仪器的响应速度和检测精度。工业上常用热导池结构按被分析气体流过热导池的方式，可分为直通式、对流式、扩散式和对流扩散式 4 种形式，如图 7-6 所示，常用的为直通式和对流扩散式。

1. 直通式

图 7-6a 所示为双臂直通式，被测气体主要流经主气管排出，部分经节流孔进入测量室，直接与热阻丝进行热交换，再经上部节流孔与主气管气体一起排出。恒节流孔的作用是使进入测量气室的气体量与主气管的气体量保持一定比例。这种结构具有响应速度快，测量滞后小的优点；但当气体流量变化时，就会改变进入测量室的气体量，引起测量误差。

2. 对流扩散式

图 7-6d 所示为对流扩散式，被测气体大多流经主气管排出，由于扩散和热对流作用，

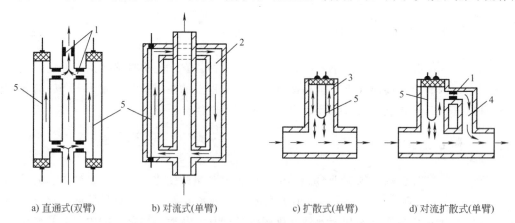

a) 直通式(双臂)　　　b) 对流式(单臂)　　　c) 扩散式(单臂)　　　d) 对流扩散式(单臂)

图 7-6　被分析气体流过热导池的方式

1—节流孔　2—循环管　3—扩散管　4—支气管　5—热阻丝

使部分气体进入测量室，然后流经支气管，与主气管气体一起排出。这样既避免进入测量室的气体发生倒流及气体囤积现象，又保证了待测气体有一定的流速流经测量室。这种结构形式提高了响应速度，减小了测量滞后，并且气体流量的波动对测量影响也较小，故目前生产的热导式气体分析仪，大都采用这种结构形式。

图7-7为常用热导式分析仪的热导池结构示意图，将两个测量热导池和两个参比热导池，制作在同一块导热性能良好的金属块上。这种结构因4个热导池均处于相同的环境温度之中，减少了测量误差。

在热导式气体分析仪中，普遍采用铂丝作为热敏元件。热导池中的铂丝电阻元件，按照铂丝元件表面状况，可分为裸体和包封在玻璃内两种，其支承的方法也有所

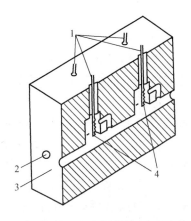

图 7-7　热导池结构示意图
1—引线　2—参比气体
3—试样　4—检测元件

不同。裸体铂丝的支承方法有 V 形、直线形和弓形 3 种，如图 7-8 所示。弓形结构是目前最常用的，它的优点是制造方便，灵敏度高，但它的热对称性不如直线形元件。裸体铂丝元件的响应时间比包封在玻璃内的铂丝元件短，但抗震性和抗腐蚀性差。图 7-9 所示为 3 种包封在玻璃内的元件结构，它们均由 0.02mm 纯铂丝制成。U 形元件制作简单；螺旋形能控制冷态电阻，而且阻值较大，测量较灵敏。

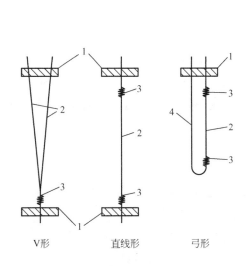

图 7-8　裸体铂丝的支承方法
1—绝缘子　2—铂丝　3—铂铱弹簧　4—铂铱丝弓架

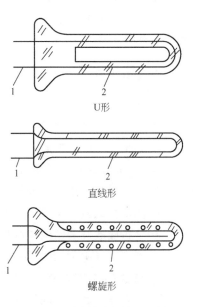

U形

直线形

螺旋形

图 7-9　覆盖玻璃的铂丝元件
1—铂铱引线　2—铂丝

铂丝两端一般都用铂铱合金丝作引线，有的制成铂铱丝小弹簧拉紧热阻丝，使其几何位置固定，热胀冷缩时热阻丝不会变形。

7.2.3 测量方法

图 7-10 所示为热导式气体分析仪测量线路原理图。核心部分是发送器电桥部分，此外还有电源部分和显示仪表部分。显示仪表一般采用自动电子电位差计。

从图 7-10 可知，发送器部分由测量气室与参比气室组成电桥的 4 个桥臂 R_1、R_2、R_3、R_4，均为完全相同的铂丝电阻。R_2、R_4 为参比桥臂，它们封在充有标准下限气体的密闭室内；R_1、R_3 为测量桥臂，它们置于有待测气体流过的工作室内。R_0 为调零电阻，RP_S 为量程电位器，电桥的加热电流由稳压电源供给，通过调整电位器 RP_1，使加热电流为规定值。当工作室流过标准下限气体，测量值为零而桥路不平衡时，也可调整 R_0 使电桥输出为零

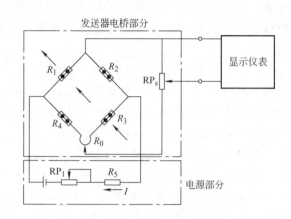

图 7-10 热导式气体分析仪测量线路原理图

（即零位调节）。当测量气室通入上限标准气体时，电桥呈不平衡状态，调节 RP_S，使显示仪表指示于刻度上限处（即调量程上限）。当测量气室通入待测气体，其组分与参比气室中标准气体不同，其导热率也不同，引起工作气室中铂丝电阻值的改变，电桥失去平衡，产生一个不平衡电压信号输出，它通过二次仪表进行指示、记录或调节，即可测得待测组分的百分含量。

7.2.4 热导式气体分析仪的应用及使用条件

1. 应用

热导式气体分析仪的应用范围很广，如 H_2、Cl_2、NH_3、CO_2、Ar、SO_2 及 H_2 中的 O_2，O_2 中的 H_2 和 N_2 中的 H_2 等；它的测量范围也很宽，在 0～100％ 范围内均可测量。热导式气体分析仪在工业上具体应用于下列几个方面：

① 锅炉燃烧过程中，分析烟道气中 CO_2 的含量；

② 测定合成氨厂循环气中的 H_2 的含量；

③ 分析硫酸及磷肥生产流程气体中 SO_2 的含量；

④ 测定空气中 H_2 和 CO_2 的含量及特殊气体中 H_2 的含量；

⑤ 测量 Cl_2 生产流程中 Cl_2 中的含氢量，确保安全生产；

⑥ 用来测定制氢、制氧过程的纯氢中的氧及纯氧中的含氢量；

⑦ 用来测定有机工业生产中，碳氢化合物中 H_2 含量等。

2. 使用条件

从理论上讲，热导式分析仪只能正确测定二元混合气体的组分含量，在分析三元或三元以上的混合气体时，必须满足以下条件：

① 三元混合气体中某一种组分含量基本保持恒定，或变动很小；

② 被测组分的导热率与其他各组分导热率相差较大，而且其余组分的导热率基本相同或很接近；

③ 背景气体的平均导热率保持恒定等。

7.3 氧量分析仪

7.3.1 概述

氧量分析仪是目前工业生产自动控制中应用最多的在线分析仪器，主要用来分析混合气体（多为窑炉废气）和钢水中的含氧量等。

氧量分析仪大致可分为两大类：一类是根据电化学法制成，如原电池法、固体电介质法和极谱法等；另一类是根据物理法制成，如热磁式、磁力机械式等。电化学法灵敏度高，选择性好，但响应速度较慢，维护工作量较大，目前常用于微氧量分析。物理法响应速度快，不消耗被分析气体，稳定性较好，使用维修方便，广泛地应用于常量分析。磁力机械式氧量分析仪更有不受背景气体导热率、热容的干扰，具有良好的线性响应，精确度高等优点。各种氧量分析仪的性能如表 7-6 所示。

表 7-6 各种氧量分析仪的性能

分析仪原理	测量范围	基本误差（%）	响应时间/s	输出信号	应 用
热磁式	0～5% 0～10% 90%～100% 95%～100% O_2 0～100% 0～2.5% 98%～100% O_2	±2.5 ±5	9～14	0～10mA 0～10mV	通用性氧量分析仪，可用于燃烧系统及其他流程的气体分析
磁力机械式	0～2.5% 0～5% 0～25% 0～100% 0～1.0% O_2	±0.125% O_2 ±2 <±10	$T_{90} \leqslant 7$	0～10mV	通用型氧量分析仪，可用于分析混合气样或分析复杂的流程
固体电介质（氧化锆）	0～10% O_2 及其他量程 10^{-6} 级	±5	$T_{90} = 0.1～0.2$	0～10mA、4～20mA 及 mV 信号	特别适用锅炉烟道气分析和高温炉中气体氧分析，也可用于其他方面
极谱式	常量 10^{-6} 级	±2.5	$T_{90} = 10～20$		分析混合气体、液体中氧，适用于食品、医学，也可用于废气中氧测定
原电池式	0～10×10^{-6} 至 0～1000×10^{-6}	±2.5	$T_{90} = 30～120$		气体中微量氧测定及水中溶解氧测定

7.3.2 磁性氧量分析仪

1. 气体的磁性

任何物质在外磁场的作用下都能被感应磁化。由于物质的结构组成不同,各种物质的磁化率(κ)也不同。根据磁化率大小,物质可分为顺磁性的($\kappa>0$)和逆磁性的($\kappa<0$)。在外磁场的作用下,顺磁性物质会被拉向磁场强度大的方向,而逆磁性物质正好相反,会被推向磁场弱的方向。顺磁性和逆磁性物质不仅限于固体,气体也有这种现象。氧气就是一种很强的顺磁性气体。常见气体在温度为20℃时的体积磁化率如表7-7所示。

表7-7 常见气体在温度为20℃时的体积磁化率

气体	分子式	$\kappa \times 10^{-6}$ C.G.S	气体	分子式	$\kappa \times 10^{-6}$ C.G.S	气体	分子式	$\kappa \times 10^{-6}$ C.G.S
空气		+22.9	二氧化碳	CO_2	-0.42	氯气	Cl_2	-0.59
氧气	O_2	+106.2	水蒸气	H_2O	-0.43	氦气	He	-0.47
一氧化氮	NO	+48.06	氢气	H_2	-1.97	乙炔	C_2H_2	-0.48
二氧化氮	NO_2	+6.71	氮气	N_2	-0.34	甲烷	CH_4	-2.50

由表7-7可知,只有O_2、NO、NO_2和空气为顺磁性气体,而O_2的磁化率最大,因此可利用这一特性对混合气体中的含氧量进行分析。

实验证明,彼此不进行化学反应的混合气体的磁化率由下式求得:

$$\kappa = \kappa_1 C_1 + (1 + C_1)\kappa_n \tag{7-3}$$

式中,κ_1为氧气的磁化率;κ_n混合气中非氧组分的磁化率;C_1为氧气的百分含量。

由于氧气的磁化率远比其他气体的高,上式中末项的值是微不足道的,可以忽略不计,这样就可以根据混合气体中气体体积磁化率的大小来确定氧气的含量。但必须指出,当混合气体中有NO、NO_2时,上述结论就不正确了。

顺磁性物质的磁化率κ还与温度T有下述关系:

$$\kappa = \frac{CM_r p}{RT^2} \tag{7-4}$$

式中,C为居里常数;M_r为气体相对分子质量;p为气体绝对压力;R为气体常数;T为气体绝对温度。

由式(7-4)可知,κ与T^2成反比,即当气体温度上升时,气体的磁化率κ值将大大地下降。热磁式氧分析器正是利用氧气是一种强顺磁性气体,以及氧气的磁化率与温度二次方成反比这一特性进行测量的。它是利用气体的热磁对流形成磁风,即把被测混合气体中氧气含量的大小转换为磁风的强弱。那么磁风是怎样形成的呢?如图7-11所示,在一个水平石英管的外边绕有直径0.03mm的铂电阻丝,铂电阻丝既作为加热元件,又作为测量元件,电阻丝通以恒定加热电流。在管的左端有永久磁钢的一对磁极,形成一个固定的不均匀磁场。气样从水平管的左端由下而上运动,在经过水平管左端时,由于气样中含有氧气,而氧气又是一种很强的顺磁性气体,它必然要被拉向磁场强的方向,于是有氧气进入到水平管道中去。进入水平管道的气体又要受到铂电阻丝的加热,于是它的κ值会大大下降,这部分气体又会被推出水平横管，从水平管右端流出。这个过程不断地进行，在水平管中形成气流，称之为磁风，也即热磁对流。图 7-11 下端的曲线表示了沿 x 方向的磁场分布 $H(x)$ 和温度分布 $T(x)$ 的情况。若控制气样由下向上运动时的流量值、温度值和压力值不变，并保持水平管的外磁场和温度场的恒定，那么磁风的大小仅与气样中的 κ 值即与氧含量有关。磁风的大小并不能直接加以测量，而是利用气样中氧含量增加→磁风加大→横管中流量加大→带走热量增加→铂电阻丝的平衡温度下降→铂电阻丝的阻值下降，这个转化过程是把氧含量转变成铂电阻阻值的变化来进行测量的。

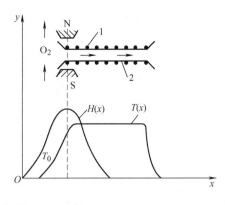

图 7-11 磁风的形成
1—加热线圈 2—石英管

2. 热磁式氧分析器

热磁式氧分析器的发送器有两种，一种称为环形发送器，如图 7-12 所示。这种形式的发送器从结构上看与前面所讲的水平石英管的结构基本相同。不同的是加热电阻丝分成两组 R_1 和 R_2，并与电阻 R_3、R_4 组成电桥测量电路。电桥的不平衡输出即代表了气样中氧含量的多少。这种结构也称为内对流式，即电阻丝包围被分析的气样。环形发送器由于结构上的限制，存在一些不足之处。首先是这种发送器的测量上限受到限制，当氧含量变化时，由于磁风的作用，R_1 和 R_2 的阻值会有差别，但当氧含量很大时，R_1 和 R_2 的差值反而变小，所以环形发送器的测量上限只有 40% 左右。其次，环形发送器的安装有严格的限制，要严格保证绕有电阻丝的水平管处于水平状态。仪器倾斜会引起自然对流，使仪器零点发生变化，引起误差。此外，发送器周围环境温度的变化要影响 R_1 和 R_2 的散热条件，也会带来误差，因此环形发送器目前使用得较少。

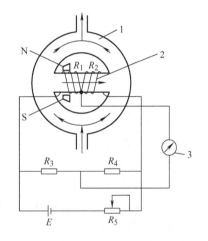

图 7-12 环形发送器
1—环形管 2—中间通道 3—显示仪表

第二种称为线形发送器，如图 7-13 所示。这是一种外对流式发送器，即被分析气样包围着热电阻丝。在一块金属块中做有两个气室，每个气室中均有加热电阻丝，即 R_1 和 R_2。在 R_2 的气室中，气样进口处装有一对磁极，称为测量气室。R_1 气室中没有磁极，称为参比气室。当气样经过水平管道时，两个气室内均有对流换热，但测量气室内还存在热磁对流换热，两个气室换热条件的差别就会带来平衡温度的差别，也就会使电阻丝电阻值产生差别，而引起电桥的不平衡信号输出，这个信号的大小就代表了气样中氧含量的多少。线形发送器的优点是灵敏度高、指示值线性好、测量范围大。但气室内电阻丝的安装位置对测量的影响较大。以磁风原理为基础的热磁式氧气测量系统依赖于氧气的顺磁特性，但往往还要受到背景气体中导热系数大的气体例如氢气的影响，所以在进行测量之前要把干扰组分去除掉。

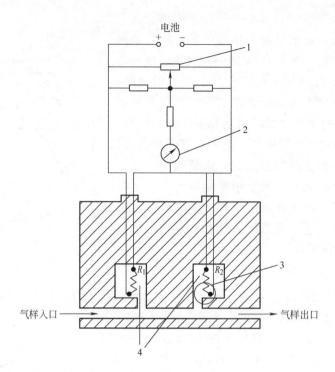

图 7-13　线形发送器

1—零位调整　2—显示仪表　3—磁场　4—两个空腔

3. 磁力机械式氧分析仪

磁力机械式氧分析仪采用对氧的顺磁特性直接测量的方法。这种仪器灵敏度高，除可进行常规的氧含量测量外，还可以测量微量氧含量。它不受气样的导热性能、密度等变化的影响。实用的发送器是在一根杆的两端装有两个石英小球，形状像一支哑铃，所以也称这种仪器为哑铃式氧分析仪。发送器的结构如图 7-14 所示。在一个密闭的气室 1 中装有两对磁极 2 和 3，在气室内形成不均匀磁场。磁极 2 和磁极 3 的磁场梯度正好相反。两个石英空心小球 4 内充以 N_2 气，两小球之间有一杆相连形成哑铃形状，两个小球分别置于两对磁极的中间。哑铃由金属吊带 5 固定，哑铃可以绕吊带转动。当含有氧气的混合气样进入检测气室时，哑铃的两个球会受到一个转动力矩，于是产生偏转，转动力矩最后和吊带的扭转反作用力矩相平衡，转角的大小可由平面反射镜 6 的反射光束来加以检测。

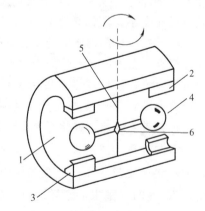

图 7-14　哑铃式氧分析仪发送器结构

1—气室　2、3—磁极　4—石英空心小球
5—吊带　6—平面反射镜

一种典型的磁力机械式氧分析仪的工作原理如图 7-15 所示。传感元件是一对密封的哑铃，由稍具反磁性的石英或玻璃制成，小球空心，内装 N_2 气，它由石英线悬挂在非均匀的磁场中。在哑铃的中间有一反射镜，光源经过透镜聚焦后照射在反射镜上，光反射后经过分

光棱镜分别照射在两个光电管上。当被分析的气样中不含氧气时，哑铃没有偏转，经过分光棱镜后的两束光强度相等。两个光电管接收的信号相同，仪器输出为零。气样中含氧量增加后，哑铃产生偏转，仪器有信号输出，这个输出信号又会反馈到哑铃左边小球上，形成一反方向的磁力去平衡原有磁场对哑铃的作用力。反馈电压由放大器的输出端电压分压后得到，这样就形成了整个系统的负反馈，仪器精度因此大大提高了，线性也改善了。整个测量组件安装在一个大热容量的铝壳内，在壳的外边再套上一个铝套，这样可以保护哑铃的磁性悬浮免受冲击和振动。整个装置安装在一个温度控制在（50±1）℃的气密钢板箱内，在箱子的正面装有指示表头、零位和量程调整旋钮。磁力机械式氧分析仪具有以下特点：

1）在0～100％范围内线性刻度，可以制成多种量程的氧分析仪。仪器校验方便，用氮气校验零点，用空气校验20.8％这一点。

2）测量室内没有热丝存在，因此不受氢气等导热系数高的背景气体的影响，响应速度快，对安装没有严格的要求。

3）一氧化氮也是一种较强的顺磁性气体，若背景气体中含有一氧化氮气体，则会产生严重的干扰，要想办法在气样进入发送器检测室之前把它去除掉。另外气样流量的变化、环境温度的变化、仪器的振动均会产生误差，因此要采用恒温、防振和恒定流量的措施。

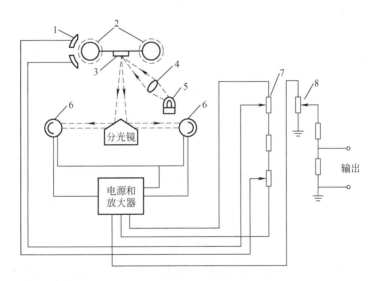

图 7-15　磁力机械式氧分析仪的工作原理

1—电极　2—磁场　3—镜子　4—透镜　5—灯　6—光电管　7—零位调整电位器　8—量程调整电位器

磁力机械式氧分析仪的历史比热磁式更悠久，后来在提高仪器精度方面遇到了当时技术上不能解决的问题，因此其发展停滞了一段时间。近期随着技术的发展，磁力机械式氧分析仪在结构、元件和工艺上都有了新的突破，目前其生产和使用的数量都比热磁式氧分析仪多。

7.3.3　氧化锆氧量计

氧化锆氧量计属于电化学分析器中的一种。氧化锆（ZrO_2）是一种氧离子导电的固体电解质。氧化锆氧量计是在 20 世纪 60 年代初期出现的过程氧量分析仪。这种氧量计除了灵敏度高、稳定性好、响应快和测量范围宽，可以直接插入恶劣环境（如锅炉烟道）中检测含氧量，采样和预处理都很简单。它可以用来连续地分析各种工业窑炉烟气中的氧含量，然后控制送风量来调整过剩空气系数值，以保证最佳的空气燃料比，达到节能及环保的双重效果，所以得到了广泛的应用。

1. 测量原理

氧化锆是固体电解质，在高温下具有传导氧离子的特性。氧浓差电池的原理如图 7-16 所示。在氧化锆电解质的两侧各烧结上一层多孔的铂电极，便形成了氧浓差电池。电池左边是被测的烟气，氧浓度为 φ_1。电池的右边是参比气体，浓度为 φ_2。如果接通电路，就有电流从正极流向负极。具体导电过程如下：在正极，即氧浓度大的空气侧，氧分子 O_2 从铂电极取得 4 个电子，变成氧离子 O^{2-}，即

$$O_2 + 4e \longrightarrow 2O^{2-}$$

这些氧离子 O^{2-} 经过固体电解质氧化锆中的空穴，迁移到铂电极的负极，在负极上释放出电子，并结合成氧分子 O_2 而析出，即

$$2O^{2-} - 4e \longrightarrow O_2$$

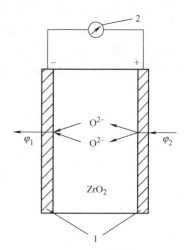

图 7-16 氧浓差电池原理
1—铂电极 2—显示仪表

这样，就构成了以氧化锆管为电解质的浓差电池。两极之间的电动势 E 可由能斯特公式求得：

$$E = \frac{RT}{nF}\ln\frac{\varphi_2}{\varphi_1} \qquad (7\text{-}5)$$

式中，n 为转移电子数，在这里取 $n=4$；R 为气体常数；T 为绝对温度，单位为 K；F 为法拉第常数；φ_1 为被测气体氧浓度百分数；φ_2 为参比气体氧浓度百分数。

设 $\varphi_2 = 20.8\%$，即以空气为参比气体，在 1 个大气压下，把气体常数 $R = 8.314\text{J/(mol·K)}$、$n=4$、法拉第常数 $F = 96500\text{C/mol}$ 代入，并把自然对数换成以 10 为底的对数，则有

$$E = 4.9615 \times 10^{-2} T \lg\frac{20.8}{\varphi_1} \qquad (7\text{-}6)$$

从式(7-6)可以看出，E 和 φ_1 为非线性关系。E 的大小除受 φ_1 的影响外，还会受到被测气体绝对温度 T 的影响，所以归纳出保证仪器正常工作的三个条件：

1）应使氧化锆氧量计的温度恒定，一般保持在 $T = 850$℃ 左右时仪器灵敏度最高。温度 T 的变化直接影响氧浓差电动势 E 的大小，仪器应加温度补偿装置。

2）必须要有参比气体，而且参比气体的氧含量要稳定不变。参比气体的氧含量与被测气体的氧含量差别越大，仪器灵敏度越高。例如用氧化锆氧量计分析烟气的氧含量时，用空气作为参比气体，空气中氧含量为 20.8%，烟气中氧含量一般为 3%～4%，其差值较大，氧化锆氧量计的信号可达几十毫伏。

3）被测气体和参比气体应具有相同的压力，这样仪器可以直接以氧浓度来刻度。从信号 E 求出 φ_1 时，要进行反对数运算。

2. 仪器的结构和安装

氧化锆氧量计主要由氧化锆管组成。氧化锆管的结构有两种：一种是一头封闭，一头开

放；另一种是两头开放。一般外径为 11mm，长度为 80～90mm，内外电极及其引线采用金属铂，要求铂电极具有多孔性，并牢固地烧结在氧化锆管的内外侧，内电极的引线是通过在氧化锆管上打一个 0.8mm 小孔引出的。带恒温装置的氧化锆传感器如图 7-17 所示。空气进入一头封闭的氧化锆管的内部作为参比气体。烟气经陶瓷过滤器后作为被测气体流过氧化锆管的外部。为了稳定氧化锆管的温度，在氧化锆管的外围装有加热电阻丝，并装有热电偶用来监测管温度，通过调节器调整加热电阻丝电流的大小，使氧化锆管稳定在 850℃ 左右。

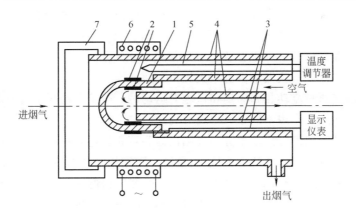

图 7-17　氧化锆传感器结构

1—氧化锆管　2—内外铂电极　3—铂电极引线　4—Al₂O₃管　5—热电偶

6—加热炉丝　7—过滤器

　　氧化锆氧量计的现场安装有两种方式：一种为直插式，如图 7-18 所示，这种形式多用于锅炉、窑炉的烟气含氧量的测量，使用温度在 600～850℃ 之间。另一种为抽吸式，如图 7-19 所示，这种形式在石油、化工生产中可测量最高达 1400℃ 的高温气体。

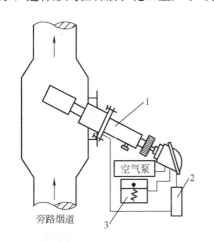

图 7-18　直插式测量系统

1—氧化锆探头　2—温度控制器　3—显示仪表

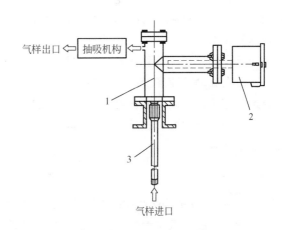

图 7-19　抽吸式测量系统

1—高温用探头接合器　2—高温用检测器　3—探头

　　影响氧化锆氧量计测量的因素有：①内外电极温度不等给测量带来的附加误差；②烟道中烟气气压与空气气压不相同引起的误差；③烟气中的 SO_2 和 SO_3 对探头的腐蚀作用；④电极的老化；⑤烟气灰尘沉积在电极上，引起电极上气体更新不好而带来的误差。

7.4 气相色谱仪

最初的色谱是一种分离技术，它是 1906 年俄国植物学家茨维特首先提出来的。茨维特把被分离的含有植物色素的液体试样加到装有吸附剂 $CaCO_3$ 颗粒的玻璃管的顶端，用纯净的石油醚倒入试管内加以冲洗，结果试样流出时各种植物色素得到分离，形成不同颜色的谱带，称为色谱。这种分离技术因此而得名，称为色谱技术。这种管子叫色谱柱，管子内填充的 $CaCO_3$ 颗粒叫固定相（吸附剂），在管子中流动的石油醚叫流动相（冲洗剂）。

色谱技术现在已成为一种很有效的成分分离与分析方法，它可以定性、定量地一次分析多种物质。色谱仪在分析仪器中占有很大比重。

色谱技术的实质是流动相和固定相做相对运动时，由于流动相中被分离的不同物质受到固定相的吸附、溶解等作用不同，而得到分离。

按流动相不同，色谱分离技术分为气相色谱和液相色谱，每种中又按固定相不同分为两类。气相色谱中固定相为固体的称为气-固色谱，固定相为液体的称为气-液色谱。同样，液相色谱中也分为液-固色谱与液-液色谱。本节只研究气相色谱。色谱技术按固定相的配置方式不同，又分为柱色谱、纸色谱与薄层色谱。其中柱色谱应用最为广泛，因此，在本节中仅研究柱色谱。

7.4.1 色谱分析仪的原理

色谱分析是一种物质的分离方法，它包括两个核心的技术：第一是分离技术，它要把复杂的多组分的混合物分离开，这取决于现代色谱柱技术；第二是检测技术，经过色谱柱分离开的组分要进行定性和定量的分析，这取决于现代检测器的技术。

色谱分析仪的基本原理是，根据不同物质在固定相和流动相所构成的体系中具有不同的分配系数而进行分离。当两相做相对运动时，这些物质也随流动相一起运动，并在两相之间进行反复多次的分配。对于气-固色谱来讲，是吸附和脱附的过程。对于气-液色谱来讲，是溶解和析出的过程。这种反复的分配可达 $10^3 \sim 10^6$ 次，这就使得那些分配系数只有微小差别的物质在移动的速度上产生了差别，只要有足够的分配次数和足够的时间，最终都可使各组分达到完全的分离。混合物在色谱柱中的分离情况如图 7-20 所示。不同的物质在两相中具有不同的分配情况，这是由组分的物理性质所决定的。为了表示组分的这种特征，我们定义分配系数为

$$K_i = \frac{C_s}{C_m} \tag{7-7}$$

式中，K_i 为组分 i 的分配系数；C_s 为组分 i 在固定相中的浓度；C_m 为组分 i 在移动相中的浓度。

显然，分配系数越大的组分在固定相中的浓度就越大，因此在色谱柱中流动的速度就越小，越晚流出色谱柱。反之，分配系数越小的组分，在色谱柱中流动的速度就越大，越早流出色谱柱。从图 7-20 中可以看出两个组分 A 和 B 的混合物经过一定长度的色谱柱后，将逐步地分离，在不同的时间流出色谱柱，进入检测器产生信号，于是在记录仪出现色谱峰。我们可以根据色谱峰出现的不同时间如 t_4 和 t_5 来进行定性分析，同时还可以根据色谱峰的高度或峰面积进行定量分析。

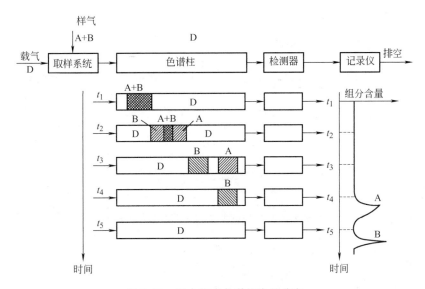

图 7-20　混合物在色谱柱中的分离

7.4.2　气相色谱仪的结构特点

气相色谱仪的基本设备和工作流程如图 7-21 所示。气相色谱仪中的流动相为气体，称为载气，一般可用 N_2、H_2、He、Ar 等。载气装在高压载气瓶中，经过减压阀调整后输出，再经过流量计以便监视载气流速的变化。调整减压阀可以使载气流量发生变化。被分析样品进样后，首先进入汽化室，若样品为液体则会立即汽化（这是由加热装置完成的）。进入的样品在载气的带动下进入色谱柱，色谱柱安装在由电路控制的恒温箱内，由于载气的不断冲刷，具有不同分配系数的组分在色谱柱中前进的速度产生了差别，因而各种组分流出色谱柱的时间也就不同。组分流出色谱柱后进入检测器中，在检测器中产生电信号，经放大器放大处理后由记录仪在记录纸上画出曲线，称为色谱图。确定各组分百分含量的一种最简单的方法是按色谱图中各个峰波面积的相对大小来计算。图 7-22 中，样品中确定有 4 个组分，而它们的峰波面积分别为 A_1、A_2、A_3 和 A_4，则第 1 个组分的百分含量为

$$C_1 \% = \frac{A_1}{A_1 + A_2 + A_3 + A_4} \times 100\% \tag{7-8}$$

注意：这种求法样品中各组分必须出峰波，而且各组分的灵敏度也要相等。

色谱柱是色谱分析仪的核心部分，混合样品中的各组分是在色谱柱中进行分离的。色谱柱质量的好坏，对整个仪器的性能具有重要的作用。色谱柱又分为管柱和毛细管柱两种。管柱一般采用对样品不具活性和吸附性的材料制成，大都采用铜和不锈钢制成，内径为 4～6mm，总长为 4～15m，形状为 U 形和螺旋形。柱长主要取决于被测组分的分配系数的大小，分配系数越是接近的物质，在分离时所需要的柱越长。管柱又可以分为气液柱（分配柱）和气固柱（吸附柱）。气液柱的流动相是载气，固定相为固定液，柱里充填的是由担体和涂敷在担体上的高沸点有机化合物组成的固定相。担体是支撑有机化合物的多孔固体颗粒，一般用硅藻土型担体，它们吸附性弱，孔径分布和粒度均匀。固定液种类繁多，常用的

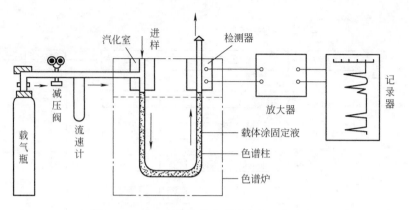

图 7-21　气相色谱仪的基本设备和工作流程

有邻苯二甲酸脂类和阿匹松脂类等，它们都
有很高的化学稳定性，对被分离的物质有较
高的选择性且蒸气压力较低。气固柱是以吸
附剂作为固定相，载气作为流动相。常用的
吸附剂有活性炭、分子筛、硅胶和活性氧化
铝 4 种。把它们制成颗粒均匀的小球，这样
可以增大吸附面积并把它们填充在柱中。这
种吸附柱主要用来分析 CO、H_2、O_2、Ar、
CH_4 和 NO 及其他低沸点的组分。毛细管色

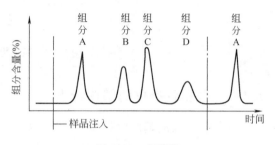

图 7-22　色谱图

谱柱又称为空心柱，它的固定液不是涂敷在担体上，而是直接涂敷在毛细管的内壁上，形成
一层液体膜，液体膜厚度约为 $1\mu m$。制作的方法是把液体涂在管内，然后把管拉制成毛细
管。毛细管柱较高，样品用量小，压降较低，分离速度比较快，一般用不锈钢材料制成。

色谱分析仪具有下述特点：

① 高效率。它可以一次分析上百种组分。

② 高选择性。对同位素和烃类异构体这类性质极为相近的物质也能区分。

③ 高灵敏度。它可进行痕量分析，可测出 $10^{-11} \sim 10^{-13}$ g 的物质，对高纯试剂中所含
10^{-7} 的杂质也能分辨出来。

④ 高速度。在几分钟至几十分钟内可以连续得到上百个数据。

⑤ 范围广。对于气体、液体、有机物和无机物都可以分析。

7.5　工业 pH 计

pH 计又叫酸度计。工业 pH 计是能连续测量工业流程中水溶液的氢离子浓度的仪器。
纯水的 pH=7，为中性；酸性溶液的 pH<7；碱性溶液的 pH>7。

工业 pH 计由发送器和测量仪器两大部分组成。发送器由玻璃电极和甘汞电极组成，它
的作用是把 pH 值转换成直流信号。工业 pH 计的测量仪器一般用电子电位差计即可。

7.5.1 检测原理

电位测定法的基本原理是在被测溶液中插入两个不同的电极，其中一个电极的电位随溶液氢离子浓度的改变而变化，称为工作电极；另一个电极具有固定的电位，称为参比电极。这两个电极形成一个原电池，如图 7-23 所示，测定两电极间的电动势就可知道被测溶液的 pH 值。

1. 参比电极

常用的参比电极有甘汞电极和银-氯化银电极。

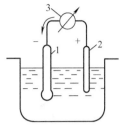

图 7-23 工业 pH 计测量电路
1—玻璃电极　2—甘汞电极
3—pH 指示表

（1）甘汞电极　在溶液 pH 值的测定中使用最普遍的参比电极是甘汞电极，其结构如图 7-24 所示。甘汞电极由一个内电极装入一个玻璃外壳制成。内电极的引线下端浸入汞中，汞下面装有糊状的甘汞（甘汞由 Hg_2Cl_2 和 Hg 共同研磨后加 KCl 溶液调制而成），并用浸在氯化钾溶液中的纤维丝堵塞。下部为溶液通道（一般为多孔陶瓷制成）。氯化钾溶液作为盐桥（由于钾离子 K^+ 和氯离子 Cl^- 的浓度较接近，可使溶液接界电位减小到最小）。盐桥连接内电极和被测溶液，使之形成电通路。由能斯特公式，甘汞电极的电位为

$$V=V_0-\frac{RT}{F}\ln[Cl^-] \tag{7-9}$$

式中，V_0 为电极的标准电位；R 为气体常数；T 为溶液的绝对温度；F 为法拉第常数；$[Cl^-]$ 为氯离子的浓度。

由此可见，甘汞电极的电位取决于氯离子 $[Cl^-]$ 的浓度，改变氯离子的浓度就能得到不同的电极电位。

采用不同浓度的氯化钾溶液，可以制得不同电位的甘汞电极。甘汞电极可分为饱和式、3.5N 式、1N 式和 0.1N 式等几种，常用的是饱和式甘汞电极，因为饱和氯化钾溶液的浓度易于保持。当氯化钾溶液为饱和，温度为 25℃ 时，甘汞电极电位为 $V=0.2433V$。

甘汞电极结构简单，电位较稳定，但电极电位受温度的影响较大。

（2）银-氯化银电极　其原理与甘汞电极相似。对于饱和的氯化钾溶液，在 25℃ 温度下，其电极电位 $V=0.297V$。这种电极结构比较简单，电极电位在温度较高时仍然较稳定。

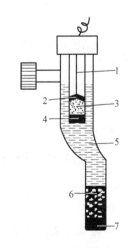

图 7-24 甘汞电极
1—引出导线　2—汞
3—甘汞　4—棉花
5—氯化钾溶液　6—氯化钾结晶
7—磨口玻璃

2. 工作电极

工业 pH 计的工作电极有玻璃电极、氢醌电极和锑电极等。工业上常用的是玻璃电极，锑电极主要用于测量半固体、胶状物及水油混合物中的 pH 值。

（1）玻璃电极　图 7-25 所示为一种常用普通式 pH 玻璃电极。当玻璃电极插入被测试样时，在 pH 敏感玻璃内部溶液（参比溶液）和被测溶液之间

建立起氢离子的平衡状态。对于给定的玻璃电极，参比溶液的氢离子的浓度是一个常数，则电极电位只与被测溶液氢离子的浓度有函数关系。

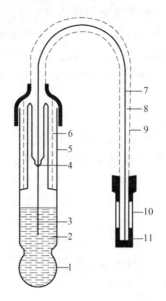

图 7-25　普通式 pH 玻璃电极

1—玻璃膜球　2—参比溶液　3—银-氯化银电极　4、7—电极导线　5—玻璃管
6—静电隔离层　8、10—高绝缘塑料　9—金属隔离罩　11—电极接头

同样玻璃电极受温度的影响较大，必须把温度补偿电阻接入测量电路，以补偿温度对 pH 值测量的影响。玻璃电极的正常工作温度在 2～55℃ 之间。

（2）氢醌电极　将铂极片浸于饱和醌-氢醌溶液中，即形成氢醌电极，其电极电位正比于溶液的 pH 值。氢醌电极的优点是结构简单，反应速度快，但温度影响大，在高温下电极电位不稳定。

（3）锑电极　这是一种金属-金属氧化物电极，其电极电位产生于金属与覆盖其表面上的氧化物的界面上。锑电极的结构也比较简单，可用于半固体等混合物中的 pH 值的测量，但测量精度不高。

7.5.2　仪器的维护与检修

该仪器在运行过程中，因它在高阻抗的条件下工作，日常维护工作的好坏将直接影响它的正常使用。为此维护时必须注意以下几点：

① 玻璃电极勿倒置，甘汞电极内从甘汞到陶瓷芯不能有气泡，如有气泡必须拆下清洗；

② 必须保持玻璃接线柱、引线连接部分等的清洁，不能沾污油腻，切勿受潮和用汗手去摸，以免引起检测误差；

③ 在安装和拆卸发送器时，必须注意玻璃电极球泡不要碰撞，防止损坏，同时不宜接触油性物质。应定时清洗玻璃泡，可用 0.1mol/L 的 HCl 溶液清洗，然后浸在蒸馏水中活化。

仪器的常见故障修理如下：

① 指针不稳有摆动现象时，应检查接地是否良好；检查高阻转换器是否工作稳定；检查各线端子是否接好等。

② 当指示值超出刻度不能读数时，应检查甘汞电极瓶内的溶液是否流完，陶瓷管内是否有气泡，或测量回路是否开路等；检查电极接线是否脱落、断线；检查高阻转换器是否正常工作；还应检查电极是否有气泡等。

③ 当指示值不准，但指针在刻度范围内时，应检查电极是否有油污，若有，可用干净的药棉轻轻地擦球泡部分，或者用 0.1mol/L 的稀盐酸清洗、擦干。另外可检查发送器部分的电极和电缆接线端子，以及仪器和电缆的接线端是否绝缘良好，可用低电压绝缘计进行检查，但检测时必须将电极断开，连接仪器的插头也要断开，如发现不好，用乙醚清洗，然后在 100℃ 温度下烘干；若玻璃电极球泡已老化或有裂纹，则应更换新的电极，新电极在使用前必须在蒸馏水中浸泡 24h，检查发送器接线盒内是否漏水等。

本 章 小 结

本章介绍了热导式气体分析仪、氧量分析仪、气相色谱仪、工业 pH 计的原理和结构，并将常用的检测方法及过程分析时样品的采集和处理知识也一并列入其中，内容丰富。

由于本章内容较多，而且原理各不相同，所涉及的基础知识面宽广，学习起来有一定难度，可以根据课时进行适当删减。

思考题和习题

1. 热磁式氧分析器的测量原理是什么？热磁式与磁力机械式氧分析仪的发送器有什么不同？它们是怎样把氧浓度转化为电信号的？

2. 什么叫氧浓差电池？它的工作原理是什么？

3. 气相色谱仪的分析原理和工作流程是什么？

4. 气相色谱仪的定性和定量分析方法有哪几种？

5. 本章所介绍的各种气体分析仪都能分析哪些气体？不能分析哪些气体？

6. 过程分析仪器的采样和预处理装置分几大部分？它们各起什么作用？

附　　录

附录 A　标准化热电偶分度表

表 A-1　铂铑₁₀—铂热电偶分度表

分度号：S　　　　　　　　　　　　　　　　　　　　　　　　　　（自由端温度为 0℃）

工作端温度/℃	0	10	20	30	40	50	60	70	80	90
	热电动势/mV									
0	0.000	0.055	0.133	0.173	0.235	0.299	0.365	0.432	0.502	0.573
100	0.645	0.719	0.795	0.872	0.950	1.029	1.109	1.190	1.273	1.356
200	1.440	1.525	1.611	1.698	1.785	1.873	1.962	2.051	2.141	2.232
300	2.323	2.414	2.506	2.599	2.692	2.786	2.880	2.974	3.069	3.164
400	3.260	3.356	3.452	3.549	3.645	3.743	3.840	3.938	4.036	4.135
500	4.234	4.333	4.432	4.532	4.632	4.732	4.832	4.933	5.034	5.136
600	5.237	5.339	5.442	5.544	5.648	5.751	5.855	5.960	6.064	6.169
700	6.274	6.380	6.486	6.592	6.699	6.805	6.913	7.020	7.128	7.236
800	7.345	7.454	7.563	7.672	7.782	7.892	8.003	8.114	8.225	8.336
900	8.448	8.560	8.673	8.786	8.899	9.012	9.126	9.240	9.355	9.470
1000	9.585	9.700	9.816	9.932	10.048	10.165	10.282	10.400	10.517	10.635
1100	10.745	10.872	10.991	11.110	11.229	11.348	11.467	11.587	11.707	11.827
1200	11.947	12.067	12.188	12.308	12.429	12.550	12.671	12.792	12.913	13.034
1300	13.155	13.276	13.397	13.519	13.640	13.761	13.883	14.004	14.125	14.247
1400	14.368	14.489	14.610	14.731	14.852	14.973	15.094	15.215	15.330	15.456
1500	15.576	15.697	15.817	15.937	16.057	16.176	16.296	16.415	16.534	16.653
1600	16.771	16.890	17.008	17.125	17.243	17.360	17.477	17.594	17.711	17.826
1700	17.942	18.056	18.170	18.282	18.394	18.504	18.612			

表 A-2　镍铬—镍硅（镍铝）热电偶分度表

分度号：K　　　　　　　　　　　　　　　　　　　　　　　　　　（自由端温度为 0℃）

工作端温度/℃	0	10	20	30	40	50	60	70	80	90
	热电动势/mV									
−0	−0.000	−0.392	−0.777	−1.156	−1.527	−1.889	−2.243	−2.586	−2.920	−3.242
+0	0.000	0.397	0.798	1.203	1.611	2.022	2.436	2.850	3.266	3.681
100	4.095	4.508	4.919	5.327	5.733	6.137	6.539	6.939	7.338	7.737
200	8.137	8.537	8.938	9.341	9.745	10.151	10.560	10.969	11.381	11.793
300	12.207	12.623	13.039	13.456	13.874	14.292	14.712	15.132	15.552	15.974
400	16.395	16.818	17.241	17.664	18.088	18.513	18.938	19.363	19.788	20.214
500	20.640	21.066	21.493	21.919	22.346	22.772	23.198	23.624	24.050	24.476
600	24.902	25.327	25.751	26.176	26.599	27.022	27.445	27.867	28.288	28.709
700	29.128	29.547	29.965	30.383	30.799	31.214	31.629	32.042	32.455	32.866
800	33.277	33.686	34.095	34.502	34.909	35.314	35.718	36.121	36.524	36.925
900	37.325	37.724	38.122	38.519	38.915	39.310	39.703	40.096	40.488	40.897
1000	41.264	41.657	42.045	42.432	42.817	43.202	43.585	43.968	44.349	44.729
1100	45.108	45.486	45.863	46.238	46.612	46.985	47.356	47.726	48.095	48.462
1200	48.828	49.192	49.555	49.916	50.276	50.663	50.990	51.344	51.697	52.049
1300	52.398	52.747	53.096	53.439	53.782	54.125	54.466	54.807		

表 A-3　铂铑30—铂铑6 热电偶分度表

分度号：B　　　　　　　　　　　　　　　　　　　　　　　　　　（自由端温度为 0℃）

工作端温度/℃	0	10	20	30	40	50	60	70	80	90
	热电动势/mV									
0	−0.000	−0.002	−0.003	−0.002	−0.000	0.002	0.006	0.011	0.017	0.025
100	0.033	0.040	0.053	0.065	0.078	0.092	0.107	0.123	0.140	0.159
200	0.178	0.199	0.220	0.243	0.266	0.291	0.317	0.344	0.372	0.401
300	0.431	0.462	0.494	0.527	0.561	0.596	0.632	0.669	0.707	0.746
400	0.786	0.827	0.870	0.913	0.957	1.002	1.048	1.095	1.143	1.192
500	1.241	1.292	1.344	1.397	1.450	1.505	1.560	1.617	1.674	1.732
600	1.791	1.851	1.912	1.974	2.036	2.100	2.164	2.230	2.296	2.366
700	2.430	2.499	2.569	2.639	2.710	2.782	2.855	2.928	3.003	3.078
800	3.154	3.231	3.308	3.387	3.466	3.546	3.626	3.708	3.790	3.873
900	3.957	4.041	4.126	4.212	4.298	4.386	4.474	4.562	4.652	4.742
1000	4.833	4.924	5.016	5.109	5.202	5.297	5.391	5.487	5.583	5.680
1100	5.777	5.875	5.973	6.073	6.172	6.273	6.374	6.475	6.577	6.680
1200	6.783	6.887	6.991	7.096	7.202	7.308	7.414	7.521	7.628	7.736
1300	7.848	7.935	8.063	8.172	8.283	8.393	8.504	8.616	8.727	8.839
1400	8.952	9.065	9.178	9.291	9.405	9.519	9.634	9.748	9.863	9.979
1500	10.094	10.210	10.325	10.441	10.558	10.674	10.790	10.907	11.024	11.141
1600	11.257	11.374	11.491	11.608	11.725	11.842	11.959	12.076	12.193	12.310
1700	12.426	12.543	12.659	12.776	12.892	13.008	13.124	13.239	13.354	13.470
1800	13.585	13.699	13.814							

表 A-4　铜—康铜热电偶分度表

分度号：T　　　　　　　　　　　　　　　　　　　　　　　　　　（自由端温度为 0℃）

工作端温度/℃	0	10	20	30	40	50	60	70	80	90
	热电动势/mV									
−200	−5.603	−5.753	−5.889	−6.007	−6.105	−6.181	−6.232	−6.258		
−100	−3.378	−3.656	−3.923	−4.177	−4.419	−4.648	−4.865	−5.069	−5.261	−5.439
−0	−0.000	−0.383	−0.757	−1.121	−1.475	−1.819	−2.152	−2.475	−2.788	−3.089
0	0.000	0.391	0.789	1.196	1.611	2.035	2.467	2.908	3.357	3.813
100	4.277	4.749	5.227	5.712	6.204	6.702	7.207	7.718	8.235	8.757
200	9.286	9.820	10.360	10.905	11.465	12.011	12.572	13.137	13.707	14.281
300	14.860	15.443	16.030	16.621	17.217	17.816	18.420	19.027	19.638	20.252
400	20.869									

表 A-5　铁—康铜热电偶分度表

分度号：J　　　　　　　　　　　　　　　　　　　　　　　　　　（自由端温度为 0℃）

工作端温度/℃	0	10	20	30	40	50	60	70	80	90
	热电动势/mV									
−200	−7.890	−7.659	−7.402	−7.122	−6.821	−6.499	−6.159	−5.801	−5.426	−5.036
−100	−4.632	−4.215	−3.785	−3.344	−2.892	−2.431	−1.960	−1.481	−0.995	−0.501
0	0	0.507	1.109	1.536	2.058	2.585	3.115	3.649	4.186	4.725
100	5.268	5.812	6.359	6.907	7.457	8.008	8.560	9.113	9.667	10.222
200	10.777	11.332	11.887	12.442	12.998	13.553	14.108	14.663	15.217	15.771
300	16.325	16.879	17.432	17.984	18.537	19.089	19.640	20.192	20.743	21.295
400	21.846	22.397	22.949	23.501	24.054	24.607	25.161	25.716	26.272	26.829
500	27.388	27.949	28.511	29.075	29.642	30.210	30.782	31.356	31.933	32.513
600	33.096	33.683	34.273	34.867	35.464	36.066	36.671	37.280	37.893	38.510
700	39.130	39.754	40.382	41.013	41.647	42.283	42.922	43.563	44.207	44.852
800	45.498	46.144	46.790	47.434	48.076	48.716	49.354	49.989	50.621	51.249
900	51.875	52.496	53.115	53.729	54.341	54.948	55.553	56.155	56.753	57.349
1000	57.492	58.533	59.121	59.708	60.293	60.876	61.459	62.039	62.619	63.199
1100	63.777	64.355	64.933	64.510	66.087	66.664	67.240	67.815	68.390	68.964
1200	69.536									

表 A-6 铂铑₁₃—铂热电偶分度表

分度号：R   （自由端温度为 0℃）

工作端温度/℃	0	10	20	30	40	50	60	70	80	90
	热电动势/mV									
−100						−0.226	−0.188	−0.145	−0.100	−0.051
0	0	0.054	0.111	0.171	0.242	0.296	0.363	0.431	0.501	0.573
100	0.647	0.723	0.800	0.879	0.959	1.041	1.124	1.208	1.294	1.380
200	1.468	1.557	1.647	1.738	1.830	1.923	2.017	2.111	2.207	2.303
300	2.400	2.498	2.595	2.695	2.795	2.896	2.997	3.099	3.201	3.304
400	3.407	3.511	3.616	3.721	3.826	3.933	4.039	4.146	4.254	4.362
500	4.471	4.580	4.689	4.799	4.910	5.021	5.132	5.244	5.356	5.469
600	5.582	5.696	5.810	5.925	6.040	6.155	6.272	6.388	6.505	6.623
700	6.741	6.860	6.979	7.098	7.218	7.339	7.460	7.582	7.703	7.826
800	7.949	8.072	8.196	8.320	8.445	8.570	8.696	8.822	8.949	9.076
900	9.203	9.331	9.460	9.589	9.718	9.848	9.978	10.109	10.240	10.371
1000	10.503	10.636	10.768	10.902	11.035	11.170	11.304	11.439	11.574	11.710
1100	11.846	11.983	12.119	12.257	12.394	12.532	12.669	12.808	12.946	13.085
1200	13.224	13.363	13.502	13.642	13.782	13.922	14.062	14.202	14.343	14.483
1300	14.624	14.765	14.906	15.042	15.188	15.329	15.470	15.611	15.752	15.893
1400	16.035	16.176	16.317	16.458	16.599	16.741	16.882	17.022	17.163	17.304
1500	17.445	17.585	17.726	17.866	18.006	18.146	18.286	18.425	18.564	18.703
1600	18.842	18.981	19.119	19.257	19.395	19.533	19.670	19.807	19.944	20.080
1700	20.215	20.350	20.483	20.616	20.748	20.878	22.006			

表 A-7 镍铬—康铜热电偶分度表

分度号：E   （自由端温度为 0℃）

工作端温度/℃	0	10	20	30	40	50	60	70	80	90
	热电动势/mV									
−300				−9.835	−9.797	−9.719	−9.604	−9.455	−9.274	−9.063
−200	−8.824	−8.564	−8.273	−7.963	−7.631	−7.279	−6.907	−6.516	−6.107	−5.680
−100	−5.237	−4.777	−4.301	−3.811	−3.306	−2.787	−2.254	−1.709	−1.151	−0.581
0	0	0.591	1.192	1.801	2.419	3.047	3.683	4.329	4.983	5.646
100	6.317	6.996	7.683	8.377	9.078	9.787	10.501	11.222	11.949	12.681
200	13.419	14.161	14.909	15.661	16.417	17.178	17.942	18.710	19.481	20.256
300	21.033	21.814	22.597	23.393	24.171	24.961	25.754	26.549	27.345	28.143
400	28.943	29.744	30.546	31.350	32.155	32.960	33.767	34.574	35.382	36.190
500	36.999	37.808	38.617	39.426	40.236	41.045	41.853	42.662	43.470	44.278
600	45.085	45.891	46.697	47.502	48.306	49.109	49.911	50.713	51.513	52.312
700	53.110	53.907	54.703	55.498	56.291	57.083	57.873	58.663	59.451	60.237
800	61.022	61.806	62.588	63.368	64.147	64.924	65.700	66.493	67.245	68.015
900	68.783	69.549	70.313	71.075	71.835	72.593	73.350	74.104	74.857	75.608
1000	76.358									

附录 B　标准化热电阻分度表

表 B-1　铂电阻分度表

分度号：Pt₁₀₀　　　　　　　　$R_0 = 100.00\,\Omega$　　　　　　　　$\alpha = 0.003850$

温度/℃ (IPTS-68)	0	10	20	30	40	50	60	70	80	90
	电阻值/Ω									
−200	18.49	—	—	—	—	—	—	—	—	—
−100	60.25	56.19	52.11	48.00	43.87	39.71	35.53	31.32	27.08	22.80
−0	100.00	96.09	92.16	88.22	84.27	80.31	76.33	72.33	68.33	64.30
0	100.00	103.90	107.79	111.67	115.54	119.40	123.24	127.07	130.89	134.70
100	138.50	142.29	146.06	149.82	153.58	157.31	161.04	164.76	168.46	172.16
200	175.84	179.51	183.17	186.32	190.45	194.07	197.69	201.29	204.88	208.45
300	212.02	215.57	219.12	222.65	226.17	229.67	233.17	236.65	240.13	243.59
400	247.04	250.48	253.90	257.32	260.72	264.11	267.49	270.86	272.22	277.56
500	280.90	284.22	287.53	290.83	294.11	297.39	300.65	303.91	307.15	310.38
600	313.59	316.80	319.99	323.18	326.35	329.51	332.66	335.79	338.92	342.03
700	345.13	348.22	351.30	354.37	357.42	360.47	363.50	366.52	369.53	372.52
800	375.51	378.48	381.45	384.40	387.34	390.26				

表 B-2　铜电阻分度表

分度号：Cu₅₀　　　　　　　　$R_0 = 50\,\Omega$　　　　　　　　$\alpha = 0.004280$

温度/℃ (IPTS-68)	0	10	20	30	40	50	60	70	80	90
	电阻值/Ω									
−50	39.24	—	—	—	—	—	—	—	—	—
−0	50.00	47.85	45.70	43.55	41.40	39.24	—	—	—	—
0	50.00	52.14	54.28	56.42	58.56	60.70	62.84	64.98	67.12	69.26
100	71.40	73.54	75.68	77.83	79.98	82.13	—	—	—	—

表 B-3　铜电阻分度表

分度号：Cu₁₀₀　　　　　　　　$R_0 = 100\,\Omega$　　　　　　　　$\alpha = 0.004280$

温度/℃ (IPTS-68)	0	10	20	30	40	50	60	70	80	90
	电阻值/Ω									
−50	78.49	—	—	—	—	—	—	—	—	—
−0	100.00	95.70	91.40	87.10	82.80	78.49	—	—	—	—
0	100.00	104.28	108.56	112.84	117.12	121.40	125.68	129.96	134.24	138.52
100	142.80	147.08	151.36	155.66	159.96	164.27	—	—	—	—

参考文献

[1] 陶云峰. 检测技术及仪表 [M]. 西安：西安出版社，2000.

[2] 王俊杰. 检测技术与仪表 [M]. 武汉：武汉理工大学出版社，2002.

[3] 张华，赵文柱. 热工测量仪表 [M]. 北京：冶金工业出版社，2006.

[4] 梁森，欧阳三泰，王侃夫. 自动检测技术及应用 [M]. 北京：机械工业出版社，2006.

[5] 杜水友. 压力测量技术及仪表 [M]. 北京：机械工业出版社，2005.

[6] 徐科军. 传感器与检测技术 [M]. 北京：电子工业出版社，2004.

[7] 谢志萍. 传感器与检测技术 [M]. 北京：电子工业出版社，2006.

[8] 沈聿农. 传感器与检测技术 [M]. 北京：化学工业出版社，2005.

[9] 柳桂国，赵巧娥，任玉珍，等. 检测技术及应用 [M]. 北京：电子工业出版社，2005.

[10] 周生国，李世义，等. 机械工程测试技术 [M]. 2版. 北京：国防工业出版社，2005.

[11] 张毅，张宝芬，曹丽，等. 自动检测技术及仪表控制系统 [M]. 2版. 北京：化学工业出版社，2005.

[12] 纪纲. 流量测量仪表应用技巧 [M]. 北京：化学工业出版社，2003.

[13] 谭定忠. 传感器与测试技术 [M]. 北京：中央广播电视大学出版社，2002.

[14] 林德杰. 过程控制仪表及控制系统 [M]. 北京：机械工业出版社，2004.

[15] 金发庆. 传感器技术与应用 [M]. 北京：机械工业出版社，2002.

[16] 宋文绪，杨帆. 传感器与检测技术 [M]. 北京：高等教育出版社，2004.

[17] 余成波，胡新宇，赵勇. 传感器与自动检测技术 [M]. 北京：高等教育出版社，2004.

[18] 金捷. 检测技术 [M]. 北京：清华大学出版社，2005.

[19] 孙传友，孙晓斌. 感测技术基础 [M]. 北京：电子工业出版社，2001.

[20] 张岩，胡秀芳. 传感器应用技术 [M]. 福州：福建科学技术出版社，2006.

[21] 王俊峰，孟令启. 现代传感器应用技术 [M]. 北京：机械工业出版社，2006.

[22] 李新光，张华，孙岩，等. 过程检测技术 [M]. 北京：机械工业出版社，2004.

[23] 王燕，方景林. 过程检测与控制 [M]. 北京：清华大学出版社，2006.

[24] 朱炳兴，王森. 仪表工试题集——现场仪表分册 [M]. 2版. 北京：化学工业出版社，2002.

[25] 苏家健，常慧玲，等. 自动检测与转换技术 [M]. 北京：电子工业出版社，2006.